建筑与市政工程施工现场专业人员职业培训教材

机械员岗位知识与专业技能

本书编委会 编

中国建材工业出版社

图书在版编目(CIP)数据

机械员岗位知识与专业技能 /《机械员岗位知识与专业技能》编委会编. —— 北京 ：中国建材工业出版社，2016.10 (2017.5 重印)
建筑与市政工程施工现场专业人员职业培训教材
ISBN 978-7-5160-1696-1

Ⅰ. ①机… Ⅱ. ①机… Ⅲ. ①建筑机械—职业培训—教材 Ⅳ. ①TU6

中国版本图书馆 CIP 数据核字(2016)第 243201 号

机械员岗位知识与专业技能
本书编委会 编
出版发行：中国建材工业出版社
地　址：北京市海淀区三里河路 1 号
邮　编：100044
经　销：全国各地新华书店
印　刷：北京雁林吉兆印刷有限公司
开　本：787mm×1092mm　1/16
印　张：15.5
字　数：330 千字
版　次：2016 年 10 月第 1 版
印　次：2017 年 5 月第 2 次
定　价：45.00 元

本社网址：www.jccbs.com　微信公众号：zgjcgycbs
本书如出现印装质量问题，由我社市场营销部负责调换。电话：(010)88386906

《建筑与市政工程施工现场专业人员职业培训教材》

编审委员会

前　言

随着工程建设的不断发展和建筑科技的进步，国家及行业对于工程质量安全的严格要求，对于工程技术人员岗位职业技能要求也不断提高，为了更好地贯彻落实《建筑与市政工程施工现场专业人员职业标准》(JGJ/T 250—2011)和2015年最新颁布的《建筑业企业资质管理规定》对于工程建设专业技术人员素质与专业技能要求，全面提升工程技术人员队伍管理和技术水平，促进建设科技的工程应用，完善和提高工程建设现代化管理水平，我们组织编写了这套《建筑与市政工程施工现场专业人员职业培训教材》。本丛书旨在从岗前考核培训到实际工程现场施工应用中，为工程专业技术人员提供全面、系统、最新的专业技术与管理知识，满足现场施工实际工作需要。

本丛书主要依据现场施工中各专业岗位的实际工作内容和具体需要，按照职业标准要求，针对各岗位工作职责、专业知识、专业技能等知识内容，遵循易学、易懂、能现场应用的原则，划分知识单元、知识讲座，这样既便于上岗前培训学习时使用，也方便日常工作中查询、了解和掌握相关知识，做到理论结合实践。本丛书以不断加强和提升工程技术人员职业素养为前提，深入贯彻国家、行业和地方现行工程技术标准、规范、规程及法规文件要求；以突出工程技术人员施工现场岗位管理工作为重点，满足技术管理需要和实际施工应用，力求做到岗位管理知识及专业技术知识的系统性、完整性、先进性和实用性相统一。

本丛书内容丰富、全面、实用，技术先进，适合作为建筑与市政工程施工现场专业人员岗前培训教材，也是建筑与市政工程施工现场专业人员必备的技术参考书。

由于时间仓促和能力有限，本书难免有谬误之处和不完善的地方，敬请读者批评指正，以期通过不断修订与完善，使本丛书能真正成为工程技术人员岗位工作的必备助手。

编委会

2016年10月

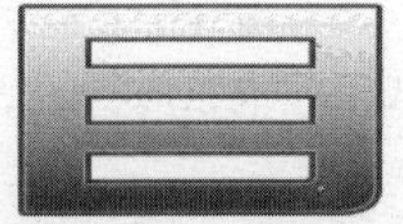

CONTENTS 目录

第1部分　土石方工程机械选型及使用......1

第1单元　单斗挖掘机......1

第1讲　单斗挖掘机的分类......1

第2讲　单斗挖掘机的构造组成......2

第3讲　单斗挖掘机的性能与规格......4

第4讲　挖掘机的选择......5

第5讲　单斗挖掘机生产率的计算......6

第2单元　推土机......11

第1讲　推土机的分类......11

第2讲　推土机的构造组成......11

第3讲　推土机的性能与规格......12

第4讲　推土机的选择......13

第5讲　推土机生产率的计算......14

第6讲　推土机的安全操作......15

第3单元　铲运机......17

第1讲　铲运机的分类......17

第2讲　铲运机的性能与规格......18

第3讲　铲运机的选择......18

第4讲　铲运机的生产率计算......19

第5讲　铲运机的安全操作......20

第4单元　装载机......22

第1讲　装载机的分类......22

第2讲 装载机的构造组成......23

第3讲　装载机的性能与规格......25

第4讲　装载机的选择......26

第5讲　装载机生产率计算......26

第6讲　装载机的安全操作......27

第5单元　平地机......29

第1讲　平地机的分类和主要特点......29

第3讲　平地机的构造组成......30

第3讲　平地机的主要技术性能......31

第 4 讲 平地机的安全操作 32
第 6 单元 压实机械 33
第 1 讲 静作用压路机 34
第 2 讲 振动压路机 43
第 3 讲 夯实机械 45
第 2 部分 桩工机械选型及使用 50
第 1 单元 桩架 50
第 1 讲 履带式桩架 50
第 3 讲 步履式桩架 54
第 2 单元 柴油打桩锤 55
第 1 讲 柴油打桩锤的分类 55
第 2 讲 柴油打桩锤的主要参数 56
第 4 讲 柴油锤的安全操作要点 57
第 3 单元 振动桩锤 58
第 1 讲 振动桩锤的分类与构造 58
第 2 讲 振动桩锤的技术性能 60
第 3 讲 振动桩锤的选择 62
第 4 讲 振动桩锤的安全操作要点 63
第 4 单元 静力压桩机 64
第 1 讲 静力压桩机构造组成 64
第 2 讲 静力压桩机的技术性能 67
第 3 讲 静力压桩机的安全操作要点 67
第 3 部分 起重工程机械选型及使用 70
第 1 单元 起重机械的特点及主要性能 70
第 1 讲 起重机械的特点和适用范围 70
第 2 讲 起重机械的主要性能参数 71
第 2 单元 起重机械的选型要点 72
第 1 讲 起重机技术性能的选择 72
第 2 讲 起重机经济性能的选择 74
第 3 单元 起重机安全使用要点 74
第 1 讲 塔式起重机进场前准备工作 74
第 2 讲 塔式起重机安装验收 78
第 3 讲 塔式起重机检验 78
第 4 讲 塔式起重机使用和维修保养 79
第 5 讲 塔式起重机安全操作要点 81
第 3 单元 轮式起重机 85
第 1 讲 汽车式起重机 86

第 2 讲　轮胎式起重机 87
第 3 讲　轮胎式起重机的安全操作要点 89
第 4 单元　履带式起重机 90
第 1 讲　履带式起重机的分类与构造组成 90
第 2 讲　履带式起重机的技术性能 91
第 3 讲　履带式起重机安全操作要点 91
第 4 单元　卷扬机选型及安全操作 92
第 1 讲　卷扬机的分类及构造组成 92
第 2 讲　卷扬机的技术性能 93
第 3 讲　卷扬机的选择 96
第 4 讲　卷扬机的使用要点和保养 97
第 5 单元　施工升降机选型及安全操作 98
第 1 讲　施工升降机的分类及构造 98
第 2 讲　施工升降机的性能与规格 99
第 3 讲　施工升降机安全操作要点 101
第 3 讲　施工升降机常见故障排除方法 102
第 6 单元　带式输送机 104
第 1 讲　带式输送机的类型和特点 104
第 2 讲　带式输送机的构造及性能 104
第 3 讲　带式输送机的安全操作要点 108
第 4 部分　钢筋工程机械选型及使用 110
第 1 单元　钢筋调直剪切机 110
第 1 讲　钢筋调直剪切机的构造及原理 110
第 2 讲　钢筋调直剪切机的技术性能 111
第 3 讲　钢筋调直剪切机的安全操作要点 112
第 4 讲　钢筋调直剪切机的保养与维修 114
第 2 单元　钢筋冷拉机 115
第 1 讲　卷扬机式钢筋冷拉机 115
第 2 讲　阻力轮式钢筋冷拉机 116
第 3 讲　钢筋冷拉机安全操作要点 117
第 3 单元　钢筋切断机 118
第 1 讲　钢筋切断机的构造及原理 118
第 2 讲　钢筋切断机的安全操作要点 118
第 3 讲　钢筋切断机的故障及排除 119
第 4 单元　钢筋弯曲机 119
第 1 讲　钢筋弯曲机的构造及原理 119
第 2 讲　钢筋弯曲机的技术性能 121

第 3 讲　钢筋弯曲机的安全操作要点 122
第 4 讲　钢筋弯曲机的维护及故障排除 122
第 5 单元　钢筋对焊机 123
第 1 讲　钢筋对焊机的构造 123
第 2 讲　钢筋对焊机的主要技术性能 124
第 3 讲　钢筋对焊机安装操作方法 125
第 4 讲　钢筋对焊机安全操作要点 126
第 5 讲　钢筋对焊机的维护与保养 127
第 6 讲　钢筋对焊机的检修 128
第 6 单元　钢筋点焊机 129
第 1 讲　钢筋点焊机的基本构造 129
第 2 讲　钢筋点焊机的技术性能 130
第 3 讲　钢筋点焊机的安全操作要点 131
第 7 单元　钢筋气压焊机具 131
第 1 讲　钢筋气压焊工艺简介 131
第 2 讲　钢筋气压焊设备 132
第 3 讲　气焊设备安全操作要点 134
第 8 单元　预应力钢筋加工机械 135
第 1 讲　锚具、夹具和连接器 135
第 2 讲　张拉机械设备 140
第 3 讲　安全操作要点 148
第 5 部分　混凝土工程机械选型及使用 150
第 1 单元　混凝土搅拌机 150
第 1 讲　混凝土搅拌机的分类和特点 150
第 2 讲　混凝土搅拌机的型号 151
第 3 讲　混凝土搅拌机的构造组成 152
第 4 讲　混凝土搅拌机的技术性能 155
第 5 讲　混凝土搅拌机的主要参数 156
第 6 讲　混凝土搅拌机的选用 157
第 7 讲　混凝土搅拌机的安全操作要点 158
第 2 单元　混凝土搅拌站（楼） 160
第 1 讲　混凝土搅拌站（楼）的分类与特点 160
第 2 讲　混凝土搅拌站（楼）的选择 161
第 3 讲　混凝土搅拌站（楼）的安全操作要点 162
第 4 讲　混凝土搅拌站（楼）的保养与维护 163
第 3 单元　混凝土输送泵和泵车 164
第 1 讲　混凝土泵的分类 164

第 2 讲 混凝土泵的构造组成 165
第 3 讲 混凝土泵的技术性能 166
第 4 讲 混凝土泵及泵车生产计算 169
第 5 讲 混凝土泵及泵车的安全操作要点 171
第 3 单元 混凝土振动机具 174
第 1 讲 混凝土振动器的作用及分类 174
第 2 讲 混凝土内部振动器 174
第 3 讲 混凝土表面振动器 176
第 4 讲 振动台 178
第 6 部分 饰装修工程机械选型及使用 180
第 1 单元 灰浆搅拌机 180
第 1 讲 灰浆搅拌机的分类 180
第 2 讲 灰浆搅拌机的构造与原理 180
第 3 讲 灰浆搅拌机的技术性能 181
第 4 讲 灰浆搅拌机的操作要点 182
第 5 讲 灰浆搅拌机的故障排除 182
第 2 单元 灰浆泵 183
第 1 讲 灰浆输送泵的分类及构造 183
第 2 讲 灰浆泵的技术性能 185
第 3 讲 灰浆泵的操作要点 186
第 4 讲 灰浆泵的故障及排除方法 187
第 3 单元 喷浆泵 189
第 1 讲 喷浆泵的构造和分类 189
第 2 讲 喷浆泵的技术性能 190
第 3 讲 喷浆泵的操作要点 191
第 4 讲 喷浆泵的故障排除 191
第 4 单元 水磨石机 192
第 1 讲 水磨石机的分类 192
第 2 讲 水磨石机的构造 192
第 3 讲 水磨石机的技术性能 193
第 4 讲 水磨石机的安全操作与维护 194
第 5 讲 水磨石机的故障排除 195
第 5 单元 地坪抹光机 195
第 1 讲 地坪抹光机的构造与原理 195
第 2 讲 地坪抹光机的技术性能 196
第 3 讲 地坪抹光机的操作要点 196
第 7 部分 建筑机械安全用电 198

第1单元 电路的基本知识……198
第1讲 电路的基本概念……198
第2讲 电路的基本物理量及欧姆定律……199
第3讲 电路的三种状态……201
第4讲 电气设备的额定值……202
第5讲 三相交流电路……203
第6讲 交流电动机摔制电路简介……206
第2单元 供电线路与安全供电……213
第1讲 供电线路安全……213
第2讲 高、低压的安全供电……215
第3单元 建筑机械的安全保护电路……217
第1讲 短路保护……218
第2讲 过载保护……218
第3讲 缺相保护……218
第4讲 失压保护和欠压保护……220
第5讲 联锁保护电路……220
第4单元 建筑施工现场的安全供电……221
第1讲 施工现场临时用电的管理与要求……221
第2讲 施工现场电工及用电人员要求……223
第3讲 配电箱、开关箱及其电器保护装置的设置要求……223
第4讲 第电气设备的保护接地和保护接零……224
第5讲 人体触电的防护知识……229
第6讲 机械设备现场防雷的要求……230
第7讲 电气火灾和电气爆炸……231
第5单元 常用建筑机械安全用电要求……232
第1讲 建筑机械安全用电的一般规定……232
第2讲 起重机械安全用电的要求……233
第3讲 桩工机械安全用电的要求……233
第4讲 夯十机械安全用电的要求……234
第5讲 焊接机械安伞用电的要求……234
第6讲 其他电动建筑机械安全用电的要求……234
参考文献……236

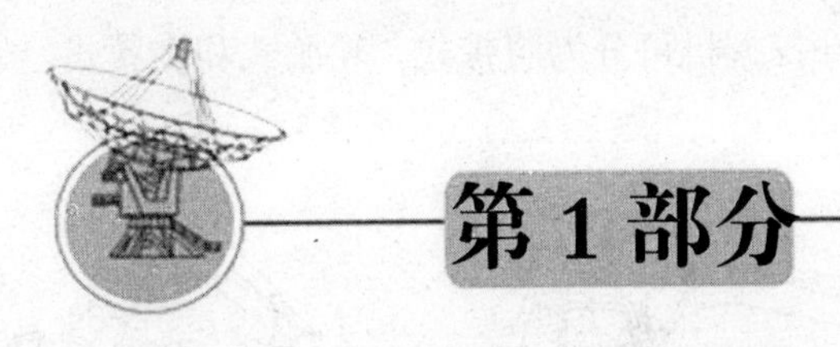

第1部分

土石方工程机械选型及使用

第1单元　单斗挖掘机

第1讲　单斗挖掘机的分类

单斗挖掘机的种类很多，一般按下列方式分类。

（1）按传动的类型不同单斗挖掘机可分为机械式（图1—1）和液压式，目前，在建筑工程中主要采用单斗液压式挖掘机（图1—2）。

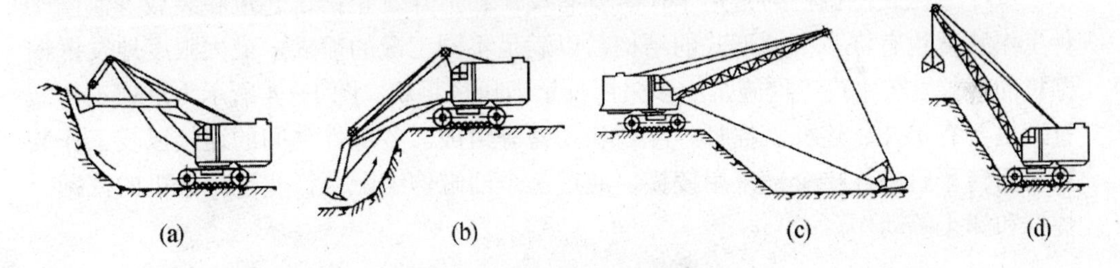

图1—1 机械式单斗挖掘机

（a）正铲；（b）反铲；（c）拉铲；（d）抓斗

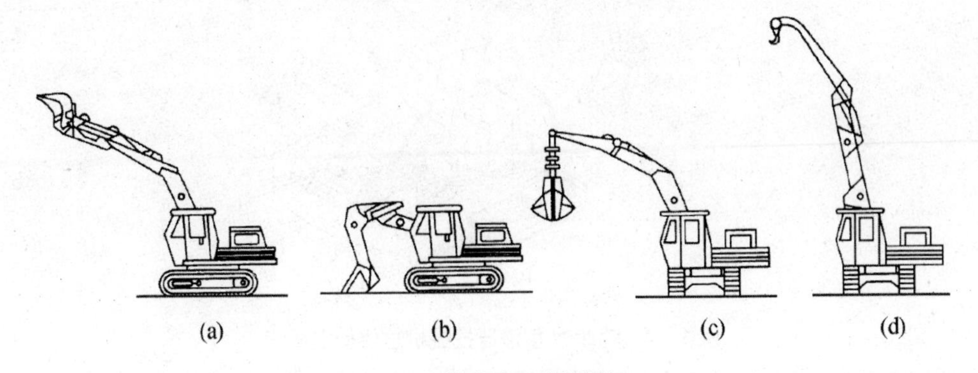

图1—2 单斗液压式挖掘机

（a）反铲；（b）正铲或装载；（c）抓斗；（d）起重

（2）按行走装置不同，单斗挖掘机可分为履带式、轮胎式和步履式，如图1—3所示。

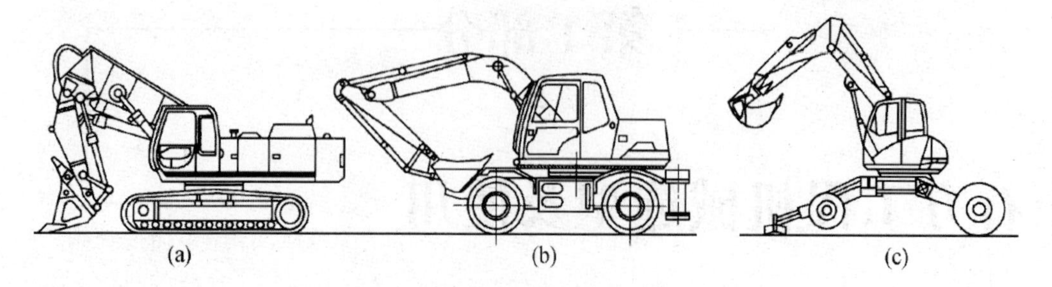

图1—3　挖掘机行走装置的结构形式

（a）履带式；（b）轮胎式；（c）步履式

（3）按工作对象不同，单斗挖掘机可分为反铲、正铲、拉铲和抓斗等。

第2讲　单斗挖掘机的构造组成

一、工作装置

单斗液压式挖掘机的常用工作装置有反铲、抓斗、正铲、起重和装载等，同一种工作装置也有许多不同形式的结构，以满足不同工况的需求，最大限度地发挥挖掘机的效能。在建筑工程施工中多采用反铲液压挖掘机。图1—4所示为反铲工作装置。主要有铲斗、连杆、摇杆、斗杆和动臂等组成。各部件之间的连接以及工作装置与回转平台的连接全部采用铰接，通过三个油缸伸缩配合，实现挖掘机的挖掘、提升和卸土等动作。

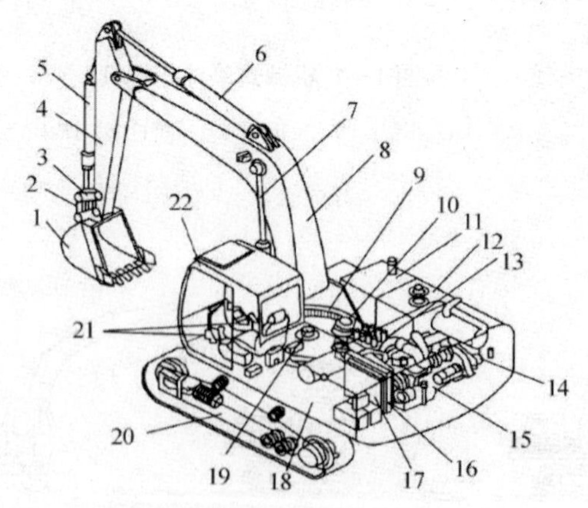

图1—4　EX200V型液压挖掘机总体构造简图

1—铲斗；2—连杆；3—摇杆；4—斗杆；5—铲头油缸；6—斗杆油缸；7—动臂油缸；8—动臂；9—回转支承；10—回转驱动装置；11—燃油箱；12—液压油箱；13—控制阀；14—液压泵；15—发动机；16—水箱；17—液压油冷却器；18—平台；19—中央回转接头；20—行走装置；21—操作系统；22—驾驶室

二、回转机构

EX200 单斗挖掘机回转机构由回转驱动装置和回转支承组成，如图 1—5 所示。回转支承连接平台与行走装置，承受平台上的各种弯矩、扭矩和载荷。采用单排滚珠式回转支承，由外圈、内圈、滚球、隔离块和上下封圈等组成。滚球之间用隔离块隔开，内圈固定在行走架上，外圈固定在回转平台上。

三、回转平台

回转平台上布置有回转支承、回转驱动装置、柴油箱、液压油箱、多路控制阀、液压泵装置、发动机等部件。工作装置铰接在平台的前端。回转平台通过回转支承与行走装置连接，回转驱动装置使平台相对底盘 360°全回转，从而带动工作装置绕回转中心转动。

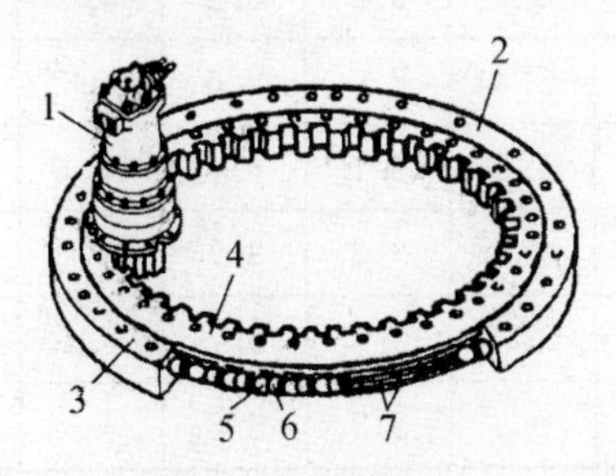

图 1—5　回转机构

1—回转驱动装置；2—回转支承；3—外圈；4—内圈；5—滚球；6—隔离块；7—上下密封圈

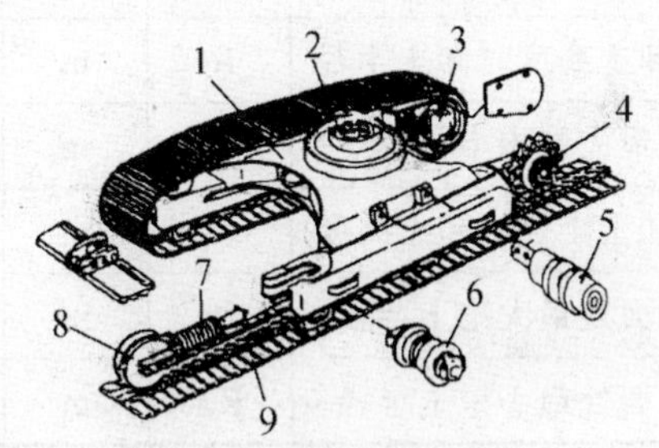

图 1—6　履带式行走装置

1—行走架；2—中心回转接头；3—行走驱动装置；4—驱动轮；5—托链轮；6—支重轮；7—履带张紧装置；8—引导轮；9—履带

四、履带行走装置

单斗液压挖掘机的行走装置是整个挖掘机的支承部分，支承整机自重和工作荷载，完成工作性和转场性移动。行走装置分为履带式和轮胎式，常用的为履带式底盘。

履带式行走装置如图 1—6 所示，由行走架、中心回转接头、行走驱动装置、驱动轮、托链轮、支重轮、引导轮和履带及履带张紧装置等组成。

履带行走装置的特点是牵引力大、接地比压小、转弯半径小、机动灵活，但行走速度慢，通常在 0.5～0.6 km/h，转移工地时需用平板车搬运。

五、轮胎式行走装置

轮胎式行走装置有多种形式，采用轮式拖拉机底盘和标准汽车底盘改装的单斗液压挖掘机斗容量小。对斗容量 0.5 m^3 以上的较大斗容量，工作性能要求较高的轮胎式挖掘机采用专用底盘。

第3讲 单斗挖掘机的性能与规格

单斗液压挖掘机的主要技术性能参数见表1—1～表1—3。

表1—1 正铲挖土机技术性能

工作项目	符号	单位	W_1-50		W_1-100		W_1-200	
动臂倾角	α	°	45°	60°	45°	60°	45°	60°
最大挖土高度	H_1	m	6.5	7.9	8.0	9.0	9.0	10.0
最大挖土半径	R	m	7.8	7.2	9.8	9.0	11.5	10.8
最大卸土高度	H_2	m	4.5	5.6	5.6	6.8	6.0	7.0
最大卸土高度时卸土半径	R_2	m	6.5	5.4	8.0	7.0	10.2	8.5
最大卸土半径	R_3	m	7.1	6.5	8.7	8.0	10.0	9.6
最大卸土半径时卸土高度	H_3	m	2.7	3.0	3.3	3.7	3.75	4.7
停机面处最大挖土半径	R_1	m	4.7	4.35	6.4	5.7	7.4	6.25
停机面处最小挖土半径	R'_1	m	2.5	2.8	3.3	3.6	—	—

注：W_1-50 型斗容量为 0.5 m^3；W_1-100 型斗容量为 1.0 m^3；W_1-200 型斗容量为 2.0 m^3。

表1—2 单斗液压反铲挖掘机技术性能

符号	名称	单位	机型			
			WY40	WY60	WY100	WY160
	铲斗容量	m^3	0.4	0.6	1～1.2	1.6
	动臂长度	m	—	—	5.3	—
	斗柄长度	m	—	—	2	2
A	停机面上最大挖掘半径	m	6.9	8.2	8.7	9.8
B	最大挖掘深度时挖掘半径	m	3.0	4.7	4.0	4.5
C	最大挖掘深度	m	4.0	5.3	5.7	6.1
D	停机面上最小挖掘半径	m	—	3.2	—	3.3
E	最大挖掘半径	m	7.18	8.63	9.0	10.6
F	最大挖掘半径时挖掘高度	m	1.97	1.3	1.8	2
G	最大卸载高度时卸载半径	m	5.27	5.1	4.7	5.4
H	最大卸载高度	m	3.8	4.48	5.4	5.83
I	最大挖掘高度时挖掘半径	m	6.37	7.35	6.7	7.8
J	最大挖掘高度	m	5.1	6.0	7.6	8.1

表1—3　抓铲挖掘机型号及技术性能

项目	型号							
	W－501				W01001			
抓斗容量/m^3	0.5				1.0			
伸臂长度/m	10				13		16	
回转半径/m	4.0	6.0	8.0	9.0	12.5	4.5	14.5	5.0
最大卸载高度/m	7.6	7.5	5.8	4.6	1.6	10.8	4.8	13.2
抓斗开度/m	—				2.4			
对地面的压力/MPa	0.062				0.093			

第4讲　挖掘机的选择

一、挖掘机的选择

挖掘机选择应根据以下几个方面考虑。

（1）按施工土方位置选择：当挖掘土方在机械停机面以上时，可选择正铲挖掘机；当挖掘土方在停机面以下时，一般选择反铲挖掘机。

（2）按土的性质选择：挖取水下或潮湿泥土时，应选用拉铲或反铲挖掘机；如挖掘坚硬土或开挖冻土时，应选用重型挖掘机；装卸松散物料时，应采用抓斗挖掘机。

（3）按土方运距选择：如挖掘不需将土外运的基础、沟槽等，可选用挖掘装载机；长距离管沟的挖掘，应选用多斗挖掘机；当运土距离较远时，应采用自卸汽车配合挖掘机运土，选择自卸汽车的容量与挖土斗容量能合理配合的机型。

（4）按土方量大小选择：当土方工程量不大而必须采用挖掘机施工时，可选用机动性能好的轮胎式挖掘机或装载机；而大型土方工程，则应选用大型、专用的挖掘机，并采用多种机械联合施工。

按照上述各因素选型时，还必须进行综合评价。挖掘机的容量应根据土方工程量、土层厚度和土的性质综合考虑。如正铲挖掘机的最小工程量和工作面最小高度的关系见表1—4。

表 1—4 一般正铲挖掘机工程量和工作面高度关系

挖土斗容量/m^3	最小工程量/m^3	土的类别	工作面最小高度/m
0.5	15000	Ⅰ～Ⅱ	1.5
		Ⅲ	2.0
		Ⅳ	2.5
1.0	20000	Ⅰ～Ⅱ	2.0
		Ⅲ	2.5
		Ⅳ	3.0
1.5	40000	Ⅰ～Ⅱ	2.5
		Ⅲ	3.0
		Ⅳ	3.5

二、挖掘机需用台数选择

挖掘机需用台数 N 可用下式计算：

$$N = \frac{W}{QT}$$

式中 W——设计期限内应由挖掘机完成的总工程量，m^3；

Q——所选定挖掘机的实际生产率，m^3/h；

T——设计期限内挖掘机的有效工作时间，h。

三、运输机械的选配

运输机械配合挖掘机运土时，为保证流水作业连续均衡，提高总的生产效率。如采用自卸汽车时，汽车的车厢容量应是挖掘机斗容量的整倍数，一般选用 3 倍。挖掘机与自卸汽车联合施工时，每台挖掘机应配自卸汽车的台数可按下式计算：

$$N_{汽} = \frac{T_{汽}}{nt_{挖}}$$

式中 $T_{汽}$——汽车运土循环时间，min；

$t_{挖}$——挖掘机工作循环时间；

n——每台汽车装土的斗数。

第 5 讲 单斗挖掘机生产率的计算

单斗挖掘机每小时生产量 Q 可按下式计算：

$$Q=\frac{3600}{T}\cdot q\cdot K\cdot \eta\cdot f_c\cdot f_L\cdot c_1\cdot c_2 \quad (m^3/h)$$

式中　T——工作循环时间，s；

Q——铲斗容量，m^3；

K——铲斗装满系数，按表1—5取；

η——时间利用系数，按表1—6取；

f_c——工作难易系数，按1—7取；

f_L——装料松紧方换算系数，按表1—8取；

c_1——回转角度与挖掘深度修正系数，按表1—9取；

c_2——挖掘工具修正系数，按表1—10取。

表1—5　装满系数 K

材料	装满系数 K	材料	装满系数 K
湿壤土,砂黏土,表皮土	1.00～1.25	爆破良好岩石	0.65～0.85
砂砾石,压实土壤	0.95～1.25	爆破不好岩石	0.50～0.65
硬黏土	0.80～1.00		

注:大斗用较高装满系数,小斗用较小值。

表1—6　时间利用系数 η

效率高低	每小时纯工作时间/min	时间利用系数 η	效率高低	每小时纯工作时间/min	时间利用系数 η
卓越	55	0.92	低于平均	40	0.67
良好	50	0.83	不利条件	35	0.58
平均	45	0.75			

表1—7　工作难易系数 f_c

可装性,土壤条件	工作难易系数 f_c	可装性,土壤条件	工作难易系数 f_c
容易挖掘	0.95～1.10	难挖	0.60～0.70
中等难度挖掘	0.80～0.95	最难挖	0.50～0.60
中等～难挖	0.70～0.80		

表1—8 材料重量与装料系数 f_L

材料		松方容重/(kg/m^3)	紧方容重/(kg/m^3)	装料系数
盐基石		1425	1900	0.75
铁碴		560	860	0.65
铀矿		1630	2200	0.74
黏土	自然态	1660	2020	0.82
	干态	1480	1840	0.81
	湿态	1660	2080	0.84
黏土与砾石	干态	1425	1660	0.86
	湿态	1540	1840	0.80
无烟煤	未洗	1190	1600	0.74
	已洗	1100	1480	0.74
烟煤	未洗	950	1275	0.74
	已洗	830	1130	0.74
风化石	含石 75%	1960	2790	0.70
	含石 50%	1720	2280	0.75
	含石 25%	1570	1960	0.85
压实干土		1510	1900	0.80
挖土湿土		1600	2020	0.79
壤土		1245	1540	0.81
表土		950	1360	0.70
破碎花岗岩		1660	2730	0.61
砾石	干	1930	2170	0.89
	干 5～50/mm	1510	1690	0.89
	湿	1690	1900	0.89
	湿 6～50/mm	2020	2260	
石膏	破碎	1810	3180	0.57
	粉碎	1600	2790	0.57
赤铁矿		1810～2450	2130～2900	0.85
破碎石灰岩		1540	2610	0.59
磁铁矿		2790	3260	0.85
黄铁矿		2580	3020	0.85

续表

材料		松方容重/(kg/m³)	紧方容重/(kg/m³)	装料系数
砂	干	1420	1600	0.89
	潮润	1690	1900	0.89
	湿	1840	2080	0.89
砂黏土	松	1600	2020	0.79
	压实		2400	
砂砾	干	1720	1930	0.89
	湿	2020	2230	0.91
砂岩		1510	2520	0.60
铁渣		1750	2940	0.60
碎石		1600	2670	0.60
破碎淡黑色岩		1750	2610	0.67

表1—9 回转角度和掘深修正系数 c_1

最佳深度/(%)	回转角度						
	45°	60°	75°	90°	120°	150°	180°
50	0.97	0.95	0.93	0.90	0.86	0.83	0.80
100	1.08	1.05	1.03	1.00	0.96	0.92	0.89
150	1.03	1.00	0.98	0.95	0.91	0.87	0.85
200	0.98	0.96	0.94	0.91	0.87	0.84	0.81
250	0.94	0.91	0.90	0.87	0.84	0.80	0.77
300	0.90	0.87	0.85	0.83	0.80	0.76	0.74
400	0.83	0.81	0.79	0.77	0.74	0.71	0.69

表1—10 挖掘工具修正系数 c_2

挖掘工具	反铲	底卸式正铲	掘土抓斗
修正系数 c_2	1.0	1.1	0.85

(1)单斗挖掘机的作业和行走场地应平整坚实，对松软地面应垫以枕木或垫板，沼泽地区应先作路基处理或更换湿地专用履带板。

(2)轮胎式挖掘机使用前应支好支腿并保持水平位置，支腿应置于作业面的方向，转向驱动桥应置于作业面的后方。采用液压悬挂装置的挖掘机，应锁住两个悬挂液压缸。履带式挖掘机的驱动轮应置于作业面的后方。

（3）平整作业场地时，不得用铲斗进行横扫或用铲斗对地面进行夯实。

（4）挖掘岩石时，应先进行爆破。挖掘冻土时，应采用破冰锤或爆破法使冻土层破碎。

（5）挖掘机正铲作业时，除松散土壤外，其最大开挖高度和深度，不应超过机械本身性能规定。在拉铲或反铲作业时，履带距工作面边缘距离应大于 1.0 m，轮胎距工作面边缘距离应大于 1.5 m。

（6）作业前重点检查项目应符合下列要求：

1）照明、信号及报警装置等齐全有效；

2）燃油、润滑油、液压油符合规定；

3）各铰接部分连接可靠；

4）液压系统无泄漏现象；

5）轮胎气压符合规定。

（7）启动后，接合动力输出，应先使液压系统从低速到高速空载循环 10～20 min，无吸空等不正常噪声，工作有效，并检查各仪表指示值，待运转正常再接合主离合器，进行空载运转，顺序操纵各工作机构并测试各制动器，确认正常后，方可作业。

（8）作业时，挖掘机应保持水平位置，将行走机构制动住，并将履带或轮胎楔紧。

（9）遇较大的坚硬石块或障碍物时，应待清除后方可开挖，不得用铲斗破碎石块、冻土，或用单边斗齿硬啃。

（10）挖掘悬崖时，应采取防护措施。作业面不得留有伞沿及松动的大块石，当发现有塌方危险时，应立即处理或将挖掘机撤至安全地带。

（11）作业时，应待机身停稳后再挖土，当铲斗未离开工作面时，不得作回转、行走等动作。回转制动时，应使用回转制动器，不得用转向离合器反转制动。

（12）作业时，各操纵过程应平稳，不宜紧急制动。铲斗升降不得过猛，下降时，不得撞碰车架或履带。

（13）斗臂在抬高及回转时，不得碰到洞壁、沟槽侧面或其他物体。

（14）向运土车辆装车时，宜降低挖铲斗，减小卸落高度，不得偏装或砸坏车厢。在汽车未停稳或铲斗需越过驾驶室而司机未离开前不得装车。

（15）作业中，当液压缸伸缩将达到极限位时，应动作平稳不得冲撞极限块。

（16）作业中，当需制动时，应将变速阀置于低速位置。

（17）作业中，当发现挖掘力突然变化，应停机检查，严禁在未查明原因前擅自调整分配阀压力。

（18）作业中不得打开压力表开关，且不得将工况选择阀的操纵手柄放在高速挡位置。

（19）反铲作业时，斗臂应停稳后再挖土。挖土时，斗柄伸出不宜过长，提斗不得过猛。

（20）作业中，履带式挖掘机作短距离行走时，主动轮应在后面，斗臂应在正前方与履带平行，制动住回转机构，铲斗应离地面的上下坡道不得超过机械本身允许最大坡度，下坡应慢速行驶。不得在坡道上变速和空挡滑行。

（21）轮胎式挖掘机行驶前，应收回支腿并固定好，监控仪表和报警信号灯应处于正常显示状态、气压表压力应符合规定，工作装置应处于行驶方向的正前方，铲斗应离地面 1 m。长距离行驶时，应采用固定销将回转平台锁定，并将回转制动板踩下后锁定。

（22）当在坡道上行走且内燃机熄火时，应立即制动并住履带或轮胎，待重新发动后，方可继续行走。

（23）作业后，挖掘机不得停放在高边坡附近和填方区，应停放在坚实、平坦、安全的地带，将铲斗收回平放在地面上，所有操纵杆置于中位，关闭操纵室和机棚。

（24）履带式挖掘机转移工地应采用平板拖车装运。短距离自行转移时，应低速缓行，每行走 500～1000 m 应对行走机构进行检查和润滑。

（25）保养或检修挖掘机时，除检查内燃机运行状态外，必须将内燃机熄火，并将液压系统卸荷，铲斗落地。

（26）利用铲斗将底盘顶起进行检修时，应使用垫木将抬起的轮胎垫稳，并用木楔将落地轮胎牢，然后将液压系统卸荷，否则严禁进入底盘下工作。

第 2 单元　推土机

第 1 讲　推土机的分类

推土机的种类很多，通常按以下方式分类。

（1）按行走装置可分为：履带式推土机和轮胎式推土机。

（2）按操作方式不同可分为：机械式推土机和液压式推土机。

（3）按发动机功率可分为：小型推土机（37 kW 以下）；中型推土机（37～250 kW）；大型推土机（250 kW 以上）。

（4）按推土板安装形式可分为：固定式铲刀推土机和回转式推土机。

（5）按用途不同可分为：普通型推土机和专用型推土机。

第 2 讲　推土机的构造组成

推土机主要由发动机、底盘、液压系统、电气系统、工作装置和辅助设备等组成，如图 1—7 所示。发动机是推土机的动力装置，大多采用柴油机。发动机往往布置在推土机的前部，通过减震装置固定在机架上。电气系统包括发动机的电启动装置和全机照明装置。辅助设备主要由燃油箱、驾驶室等组成。

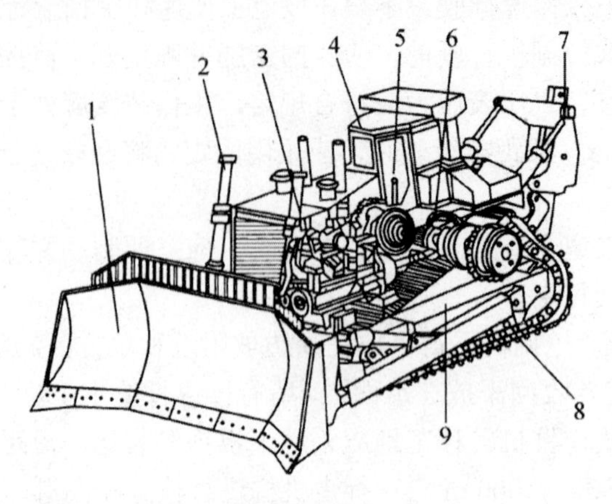

图 1—7 推土机的总体构造

1—铲刀；2—液压系统；3—发动机；4—驾驶室；5—操纵机构；6—传动系统；7—松土器；8—行走装置；9—机架

第 3 讲 推土机的性能与规格

常用推土机型号及技术性能参数见表 1—11。

表 1—11 常用推土机型号及技术性能

项目 \ 型号	T_3－100	T－120	上海－120A	T－180	TL－180	T－220
铲刀(宽×高)/mm	3030×1100	3760×1100	3760×1000	4200×1100	3190×990	3725×1315
最大提升高度/mm	900	1000	1000	1260	900	1210
最大切土深度/mm	180	300	330	530	400	540
移动速度：前进/(km/h)	2.36～10.13	2.27～10.44	2.23～10.23	2.43～10.12	7～49	2.5～9.9
后退/(km/h)	2.79～7.63	2.73～8.99	2.68～8.82	3.16～9.78	—	3.0～9.4
额定牵引力/kN	90	120	130	188	85	240
发动机额定功率/hP	100	135	120	180	180	220
对地面单位压力/MPa	0.065	0.059	0.064	—	—	0.091
外形尺寸(长×宽×高)/m	5.0×3.03×2.992	6.506×3.76×2.875	5.366×3.76×3.01	7.176×4.2×3.091	6.13×3.19×2.84	6.79×3.725×3.575
总重量/t	13.43	14.7	16.2	—	12.8	27.89

第4讲 推土机的选择

一、推土机类型的选择

推土机类型选择，主要从以下四个方面来考虑，技术性和经济性适合的机型。

（1）土方工程量：当土方量大而且集中时，应选用大型推土机；土方量小而且分散时，应选用中、小型推土机；土质条件允许时，应选用轮胎式推土机。

（2）土的性质：一般推土机均适合Ⅰ、Ⅱ类土施工或Ⅲ、Ⅳ类土预松后施工。如土质比较密实、坚硬，或冬季的冻土，应选用重型推土机，或带松土器的推土机；如土质属潮湿软泥，最好选用宽履带的湿地推土机。

（3）施工条件：修筑半挖半填的傍山坡道，可选用角铲式推土机；在水下作业，可选用水下推土机；在市区施工，应选用低噪声推土机。

（4）作业条件：根据施工作业的多种要求，为减少投入机械台数和扩大机械作业范围，最好选用多功能推土机。

对推土机选型时，还必须考虑其经济性，即单位成本最低。单位土方成本决定于机械使用费和机械生产率，因此，在选择机型时，可根据使用经验资料，结合施工现场情况，合理选择有关参数，计算其生产率，然后按台班费用定额计算单位成本，经过分析比较，选择生产率高，单位成本低的机型。

二、推土机铲土方式的选择

（1）直铲作业：直铲作业是推土机常用的作业方法，用于土和石碴的向前铲推和场地平整作业。推运的经济距离：小型推土机一般为50 m以内；大、中型推土机为50～100 m，最远可达150 m。上坡推土时采用最小经济运距，下坡推土时则采用最大经济运距。轮胎式推土机的推运距离一般为50～80 m，最远可达150 m。

（2）斜铲作业：斜铲作业主要用于傍山铲土、单侧弃土或落方推运。作业时铲刀的水平回转角一般为左右各25°。并能在切削土的同时将土移至一侧。推土机在进行斜铲作业时，应特别注意防止机身因受侧向力而转动。斜铲作业的经济距离较短，生产率也较低。

（3）侧铲作业：侧铲作业主要用于坡度不大的斜坡上铲削硬土以及挖沟等作业，推土铲刀可在垂直面上下倾斜9°。工作场地的纵向坡度以不大于30°，横向坡度以不大于25°为宜。

三、推土机自行压实的选择

在工程量较小的情况下，利用推土机运行过程压实土，代替压实机械，可获得较高的经济效益。推土机自行压实的方法主要有以下两种。

（1）推填压实法。在砂质土中填筑土方，采用推填压实法的生产率最高。方法：推土机将土成堆地向前推挤，待土层厚为0.5～1 m时，再纵向平整和碾压。

（2）分层压实法。在黏性土中填筑土方，为保证压实质量，将土铺成 0.2～0.3 m 的土层，在继续前进铺土的过程中碾压一遍；为保证土层普遍被碾压，要求推土机的运行路线适当错开。当铺填两层（纵向延长 20 m 以上）之后，应在纵向再平整压实 3～5 次，然后继续填筑。

第 5 讲　推土机生产率的计算

（1）推土机用直铲进行铲推作业时的生产率计算见下式：

$$Q_1 = \frac{3600 g K_B K_y}{T} \quad (m^3/h)$$

式中 K_B——时间利用系数，一般为 0.80～0.85；

K_y——坡度影响系数，平坡时 K_y=1.0，上坡时（坡度 5%～10%）K_y=0.5～0.7，下坡时（坡度 5%～15%）K_y=1.3～2.3；

g——推土机一次推运土壤的体积，按密度土方计量（m^3）计算见下式。

$$g = \frac{LH^2 K_n}{2K_p \tan\varphi_0}$$

L——推土板长度，m；

H——推土板高度，m；

φ_0——土壤自然坡度角，（°），对于砂土 φ_0=35°；黏土 φ_0=35°～45°；种植土 φ_0=25°～40°。

K_n——运移时土壤的漏损系数，一般为 0.75～0.95；

K_p——土壤的松散系数，一般为 1.08～1.35；

T——每一工作循环的延续时间（s）计算见下式：

$$T = \frac{S_1}{v_1} + \frac{S_2}{v_2} + \frac{S_1 + S_2}{v_3} + 2t_1 + t_2 + t_3$$

S_1——铲土距离，m，一般土质 S1=6～10 m；

S_2——运土距离，m；

v_1、v_2、v_3——分别为铲土、运土和返回时的行驶速度，m/s；

t_1——换挡时间，s，推土机采用不调头的作业方法时，需在运行路线两头停下换挡即起步，t_1=4～5 s；

t_2——放下推土板（下刀）的时间，s，t_2=1～2 s；

t_3——推土机采用调头作业方法的转向时间，s，t_3=10 s。采用不调头作业方法时，则 t_3=0。

（2）推土机平整场地时生产率 Q_2。

$$Q_2=\frac{3600L(l\cdot\sin\varphi-b)K_B H}{n\left(\frac{L}{v}+t_n\right)}(\mathrm{m^3/h})$$

式中 L——平整地段长度，m；

l——推土板长度，m；

n——在同一地点上的重复平整次数，次；

v——推土机运行速度，m/s；

b——两相邻平整地段重叠部分宽度，b=0.3～0.5 m；

φ——推土板水平回转角度，(°)；

t_n——推土机转向时间，s。

第6讲　推土机的安全操作

（1）推土机在坚硬土壤或多石土壤地带作业时，应先进行爆破或用松土器翻松。在沼泽地带作业时，应更换湿地专用履带板。

（2）推土机行驶通过或在其上作业的桥、涵、堤、坝等，应具备相应的承载能力。

（3）不得用推土机推石灰、烟灰等粉尘物料和用作碾碎石块的作业。

（4）牵引其他机械设备时，应有专人负责指挥。钢丝绳的连接应牢固可靠。在坡道或长距离牵引时，应采用牵引杆连接。

（5）作业前重点检查项目应符合下列要求。

1）各部件无松动、连接良好。

2）燃油、润滑油、液压油等符合规定。

3）各系统管路无裂纹或泄漏。

4）各操纵杆和制动踏板的行程、履带的松紧度或轮胎气压均符合要求。

（6）启动后应检查各仪表指示值，液压系统应工作有效；当运转正常、水温达到55℃、机油温度达到45℃时，方可全载荷作业。

（7）推土机行驶前，严禁有人站在履带或刀片的支架上。机械四周应无障碍物。确认安全后，方可开动。

（8）采用主离合器传动的推土机接合应平稳，起步不得过猛，不得使离合器处于半接合状态下运转；液力传动的推土机，应先解除变速杆的锁紧状态，踏下减速器踏板，变速杆应在一定档位，然后缓慢释放减速踏板。

（9）在块石路面行驶时，应将履带张紧。当需要原地旋转或急转弯时，应采用低速挡进行。当行走机构夹入块石时，应采用正、反向往复行驶使块石排除。

（10）在浅水地带行驶或作业时，应查明水深，冷却风扇叶不得接触水面。下水前和出水后，均应对行走装置加注润滑脂。

（11）推土机上、下坡或超过障碍物时应采用低速挡。上坡不得换挡，下坡不得空挡滑行。横向行驶的坡度不得超过 10°。当需要在陡坡上推土时，应先进行填挖，使机身保持平衡，方可作业。

（12）在上坡途中，当内燃机突然熄灭，应立即放下铲刀，并锁住制动踏板。在分离主离合器后，方可重新启动内燃机。

（13）下坡时，当推土机下行速度大于内燃机传动速度时，转向动作的操纵应与平地行走时操纵的方向相反，此时不得使用制动器。

（14）填沟作业驶近边坡时，铲刀不得越出边缘。后退时，应先换挡，方可提升铲刀进行倒车。

（15）在深沟、基坑或陡坡地区作业时，应有专人指挥，其垂直边坡高度不应大于 2 m。

（16）在推土或松土作业中不得超载，不得作有损于铲刀、推土架、松土器等装置的动作，各项操作应缓慢平稳。无液力变矩器装置的推土机，在作业中有超载趋势时，应稍微提升刀片或变换低速挡。

（17）推树时，树干不得倒向推土机及高空架设物。推屋墙或围墙时，其高度不宜超过 2.5 m。严禁推带有钢筋或与地基基础连接的混凝土桩等建筑物。

（18）两台以上推土机在同一地区作业时，前后距离应大于 8.0 m；左右距离应大于 1.5 m。在狭窄道路上行驶时，未得前机同意，后机不得超越。

（19）推土机顶推铲运机作助铲时，应符合下列要求：

1）进入助铲位置进行顶推时，应与铲运机保持同一直线行驶。

2）铲刀的提升高度应适当，不得触及铲斗的轮胎。

3）助铲时应均匀用力，不得猛推猛撞，应防止将铲斗后轮胎顶离地面或使铲斗吃土过深。

4）铲斗满载提升时，应减少推力，待铲斗提离地面后即减速脱离接触。

5）后退时，应先看清后方情况，当需绕过正后方驶来的铲运机倒向助铲位置时，宜从来车的左侧绕行。

（20）推土机转移行驶时，铲刀距地面宜为 400 mm，不得用高速挡行驶和进行急转弯。不得长距离倒退行驶。

（21）作业完毕后，应将推土机开到平坦安全的地方，落下铲刀，有松土器的，应将松土器爪落下。在坡道上停机时，应将变速杆挂低速挡，接合主离合器，锁住制动踏板，并将履带或轮胎楔住。

（22）停机时，应先降低内燃机转速，变速杆放在空挡，锁紧液力传动的变速杆，分开主离合器，踏下制动踏板并锁紧，待水温降到 75℃以下，油温度降到 90℃以下时，方可熄火。

（23）推土机长途转移工地时，应采用平板拖车装运。短途行走转移时，距离不宜超过 10 km，并在行走过程中应经常检查和润滑行走装置。

（24）在推土机下面检修时，内燃机必须熄火，铲刀应放下或垫稳。

第3单元　铲 运 机

铲运机是一种挖土兼运土的机械设备，可以在一个工作循环中独立完成挖土、装土、运输和卸土等工作，还兼有一定的压实和平地作用。铲运机动土距离较远，铲斗的容量也较大，是土方工程中应用最广泛的重要机种之一，主要用于大土方量的填挖和运输作业。

第1讲　铲运机的分类

（1）根据行走方式可分为拖式铲运机（图1—8）和自行式铲运机（图1—9）。其中拖式铲运机经济运距为100～800 m，自行式铲运机经济运距为800～2000 m。

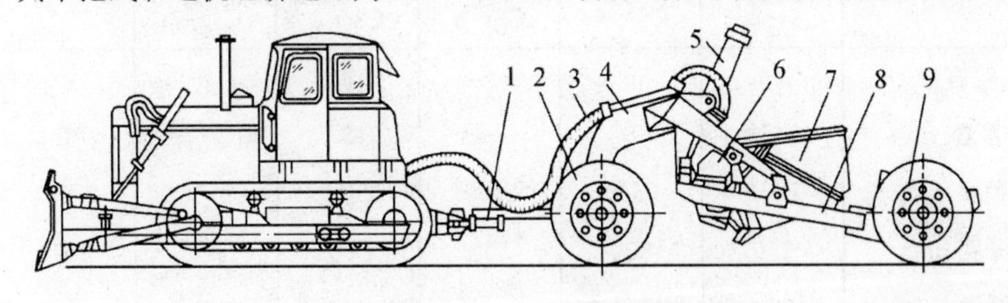

图1—8　CTY2.5型铲运机的构造

1—拖把；2—前轮；3—油管；4—辕架；5—工作油缸；6—斗门；7—铲斗；8—机架；9—后轮

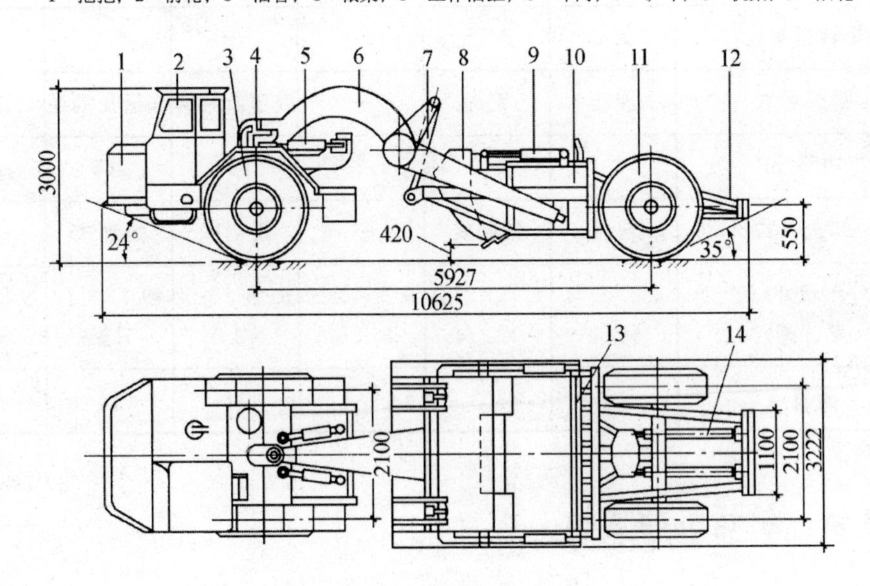

图1—9　CL7型铲运机（mm）

1—发动机；2—单轴牵引车；3—前轮；4—转向支架；5—转向液压缸；6—辕架；7—提升油缸；8—斗门；9—斗门油缸；10—铲斗；11—后轮；12—尾架；13—卸土板；14—卸土油缸

（2）按铲斗容量可分为小型铲运机（3 m³以下）、中型铲运机（4～14 m³）、大型铲运机（15～30 m³）和特大型铲运机（30 m³以上）四种。

（3）按操纵系统形式不同可分为钢索滑轮式铲运机和液压操纵式铲运机。

（4）按卸土方式可分为强制式铲运机、半强制式铲运机和自由式铲运机。

第 2 讲　铲运机的性能与规格

常用铲运机技术性能和规格见表 1—12。

表 1—12 铲运机的技术性能和规格

项目	拖式铲运机			自行式铲运机		
	C6～2.5	C5～6	C3～6	C3～6	C4～7	CL7
铲斗:几何容量/m³	2.5	6	6～8	6	7	7
堆尖容量/m³	2.75	8	—	8	9	9
铲刀宽度/mm	1900	2600	2600	2600	2700	2700
切土深度/mm	150	300	300	300	300	300
铺土厚度/mm	230	380	—	380	400	—
铲土角度(°)	35～68	30	30	30	—	—
最小转弯半径/m	2.7	3.75	—	—	6.7	—
操纵形式	液压	钢绳	—	液压及钢绳	液压及钢绳	液压
功率/hP	60	100	—	120	160	180
卸土方式	自由	强制式	—	强制式	强制式	—
外形尺寸(长×宽×高)/m	5.6×2.44×2.4	8.77×3.12×2.54	8.77×3.12×2.54	10.39×3.07×3.06	9.7×3.1×2.8	9.8×3.2×2.98
重量/t	2.0	7.3	7.3	14	14	15

第 3 讲　铲运机的选择

铲运机应根据挖运的土的性质、运距长短、土方量大小以及气候条件等因素，选择合适的机型。

一、按运土距离选择

（1）当运距小于 70 m 时，使用铲运机不经济，应采用推土机施工。

（2）当运距在 70～300 m 时，可选择小型（斗容量 4 m^3 以下）拖式铲运机，其经济运距为 100 m 左右。

（3）当运距在 800 m 以内时，可选择中型（斗容量 6～9 m^3）拖式铲运机，其经济距离为 200～350 m。

（4）当运距超过 800 m 时，可选择自行式铲运机，其经济运距为 800～1500 m，最大运距可达 5000 m；也可采用挖掘机配自卸汽车挖运；此时，应进行经济分析和比较，选择施工成本最低的方案。

二、按土的性质选择

（1）铲运Ⅰ、Ⅱ类土时，各型铲运机都能适用；铲运Ⅲ类土时，应选择大功率的液压操纵式铲运机；铲运Ⅳ类土时，应预先进行翻松。如果采用助铲式预松土的施工方法，即使遇到Ⅲ、Ⅳ类土，一般铲运机也可以胜任。

（2）当土的含水量在 25%以下时，最适宜用铲运机施工；如土的湿度较大或雨季施工，应选择强制式或半强制式卸土的铲运机；如施工地段为软泥或沙地，应选择履带式拖拉机牵引的铲运机。

三、按土方数量选择

铲运机的斗容量越大，不仅施工速度快，经济效益也高。如用斗容量 25 m^3 自行式铲运机与斗容量 8～10 m^3 拖式铲运机相比，使用前者成本可降低 30%～50%，生产率提高 2～3 倍。因此，土方量较大的工程，应尽量选用大容量的自行式铲运机。对于零星土方，选用小容量铲运机较为合算。

第 4 讲　铲运机的生产率计算

铲运机的生产率（Q）可用下式计算：

$$Q_c = \frac{60Vk_H k_B}{t_T k_s} \quad (m^3/h)$$

式中 V——铲斗的几何容积，m^3；

k_H——铲斗的充满系数（表 1—13）；

k_B——时间利用系数（0.75～0.8）；

k_s——土的松散系数（表 1—14）；

t_T——铲运机每一工作循环所用的时间，min，由下式计算：

$$t_T = \frac{L_1}{v_1} + \frac{L_2}{v_2} + \frac{L_3}{v_3} + \frac{L_4}{v_4} + nt_1 + 2t_2$$

式中 L_1、L_2、L_3、L_4——铲土、运土、卸土、回驶的行程，m；

v_1、v_2、v_3、v_4——铲土、运土、卸土、回驶的运程，m；

t_1——换挡时间，min；

t_2——每循环中始点和终点转向用的时间，min；

n——换挡次数。

表1—13 铲运机铲斗的充满系数

土的种类	充满系数	土的种类	充满系数
干砂	0.6～0.7	砂土与黏性土(含水量4%～6%)	1.1～1.2
湿砂(含水量12%～15%)	0.7～0.9	干黏土	1.0～1.1

表1—14 土的松散系数

土的种类和等级		土的松散系数		土的种类和等级		土的松散系数	
		标准值	平均值			标准值	平均值
Ⅰ	植物性以外的土	1.08～1.17	1.0	Ⅳ	—	1.24～1.30	1.25
Ⅱ	植物土、泥炭黑土	1.20～1.30	1.0	Ⅴ	除软石灰外	1.26～1.32	1.30
Ⅲ	—	1.4～1.28	1.0	Ⅵ	软石灰石	1.33～1.37	1.30

第5讲 铲运机的安全操作

一、拖式铲运机

（1）铲运机作业区内应无树根、树桩、大的石块和过多的杂草等。

（2）铲运机行驶道路应平整结实，路面比机身应宽出2 m。

（3）作业前，应检查钢丝绳、轮胎气压、铲土斗及卸土板回缩弹簧、拖把方向接头、撑架以及各部滑轮等；液压式铲运机铲斗与拖拉机连接的叉座与牵引连接块应锁定，各液压管路连接应可靠，确认正常后，方可启动。

（4）开动前，应使铲斗离开地面，机械周围应无障碍物，确认安全后，方可开动。

（5）作业中，严禁任何人上下机械，传递物件，以及在铲斗内、拖把或机架上坐立。

（6）多台铲运机联合作业时，各机之间前后距离不得小于10 m（铲土时不得小于5 m），左右距离不得小于2 m。行驶中，应遵守下坡让上坡、空载让重载、支线让干线的原则。

（7）在狭窄地段运行时，未经前机同意，后机不得超越。两机交会或超越平行时应减速，两机间距不得小于 0.5 m。

（8）铲运机上、下坡道时，应低速行驶，不得中途换挡，下坡时不得空挡滑行，行驶的横向坡度不得超过 6°，坡宽应大于机身 2 m 以上。

（9）在新填筑的土堤上作业时，离堤坡边缘不得小于 1 m。需要在斜坡横向作业时，应先将斜坡挖填，使机身保持平衡。

（10）在坡道上不得进行检修作业。在陡坡上严禁转弯、倒车或停车。在坡上熄火时，应将铲斗落地、制动牢靠后再行启动。下陡坡时，应将铲斗触地行驶，帮助制动。

（11）铲土时，铲斗与机身应保持直线行驶。助铲时应有助铲装置，应正确掌握斗门开启的大小，不得切土过深。两机动作应协调配合，做到平稳接触，等速助铲。

（12）在下陡坡铲土时，铲斗装满后，在铲斗后轮未到达缓坡地段前，不得将铲斗提离地面，应防铲斗快速下滑冲击主机。

（13）在凹凸不平地段行驶转弯时，应放低铲斗，不得将铲斗提升到最高位置。

（14）拖拉陷车时，应有专人指挥，前后操作人员应协调，确认安全后，方可起步。

（15）作业后，应将铲运机停放在平坦地面，并应将铲斗落在地面上。液压操纵的铲运机应将液压缸缩回，将操纵杆放在中间位置，进行清洁、润滑后，锁好门窗。

（16）非作业行驶时，铲斗必须用锁紧链条挂牢在运输行驶位置上。机上任何部位均不得载人或装载易燃、易爆物品。

（17）修理斗门或在铲斗下检修作业时，必须将铲斗提起后用销子或锁紧链条固定，再用垫木将斗身顶住，并用木楔住轮胎。

二、自行式铲运机

（1）自行式铲运机的行驶道路应平整坚实，单行道宽度不应小于 5.5 m。

（2）多台铲运机联合作业时，前后距离不得小于 20 m（铲土时不得小于 10 m），左右距离不得小于 2 m。

（3）作业前，应检查铲运机的转向和制动系统，并确认灵敏可靠。

（4）铲土时，或在利用推土机助铲时，应随时微调转向盘，铲运机应始终保持直线前进，不得在转弯情况下铲土。

（5）下坡时，不得空挡滑行，应踩下制动踏板辅以内燃机制动，必要时可放下铲斗，以降低下滑速度。

（6）转弯时，应采用较大回转半径低速转向，操纵转向盘不得过猛；当重载行驶或在弯道上、下坡时，应缓慢转向。

（7）不得在大于 15°的横坡上行驶，也不得在横坡上铲土。

（8）沿沟边或填方边坡作业时，轮胎离路肩不得小于 0.7 m，并应放低铲斗，降速缓行。

（9）在坡道上不得进行检修作业。遇在坡道上熄火时，应立即制动，下降铲斗，把变速杆放在空挡位置，然后方可启动内燃机。

（10）穿越泥泞或软地面时，铲运机应直线行驶，当一侧轮胎打滑时，可踏下差速器锁止踏板。当离开不良地面时，应停止使用差速器锁止踏板。不得在差速器锁止时转弯。

（11）夜间作业时，前后照明应齐全完好，前大灯应能照至30 m；当对方来车时，应在100 m以外将大灯光改为小灯光，并低速靠边行驶。非作业行驶时，应符合本节五、1.（16）条的规定。

第4单元 装载机

装载机是一种作业效率很高的铲装机械，它不仅能对松散物料进行装、运、卸作业，还能对爆破后的矿石以及土壤作轻度的铲掘工作。如果交换相应的工作装置后，还可以完成挖土、推土、起重及装卸等工作。因此，装载机被广泛应用于建筑工程施工中。

第1讲 装载机的分类

装载机的分类及主要特点见表1—15。

表1—15 装载机的分类及主要特点

分类方法	类型	主要特点
按行走装置分	(1)履带式:采用履带行走装置; (2)轮胎式:采用两轴驱动的轮胎行走装置	(1)接地比压低,牵引力大,但行驶速度低,转移不灵活; (2)行驶速度快,转移方便,可在城市道路上行驶,使用广泛
按机身结构分	(1)刚性式:机岙系刚性结构; (2)铰接式:机身前部和后部采用铰接	(1)转弯半径大,因而需要较大的作业活动场地; (2)转弯半径小,可在狭小地方作业
按回转方式分	(1)全回转:回转台能回转360°; (2)90°回转:铲斗的动臂可左右回转90°; (3)非回转式:铲斗不能回转	(1)可在狭窄的场地作业,卸料时对机械停放位置无严格要求; (2)可在半圆范围内任意位置卸料,在狭窄的地方也能发挥作用; (3)要求作业场地较宽
按传动方式分	(1)机械传动:这是传统的传动方式; (2)液力机械传动:当前普遍采用的传动方式 (3)液压传动:一般用于110 kW以下的装载机上	(1)牵引力不能随外载荷的变化而自动变化,不能满足装载作业要求; (2)牵引力和车速变化范围大,随着外阻力的增加,车速自动下降而牵引力能增大,并能减少冲击,减少动载荷; (3)可充分利用发动机功率,提高生产率,但车速变化范围窄,车速偏低

第2讲　装载机的构造组成

装载机主要由工作装置、行走装置、发动机、传动系统、转向制动系统、液压系统、操作系统和辅助系统组成。轮式装载机总体结构如图1—10所示。

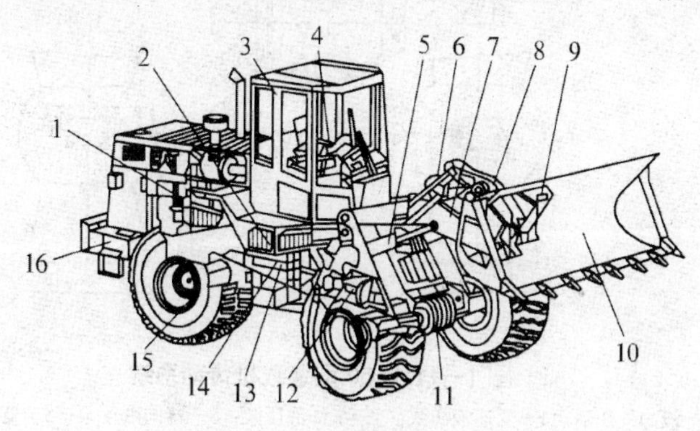

图1—10　轮式装载机总体结构

1—发动机；2—变矩器；3—驾驶室；4—操纵系统；5—动臂油缸；6—转斗油缸；7—动臂；8—摇臂；9—连杆；10—铲斗；11—前驱动桥；12—传动轴；13—转向油缸；14—变速箱；15—后驱动桥；16—车架

一、工作装置

装载机的工作装置主要由动臂、摇臂、铲斗、连杆等部件组成。动臂和动臂油缸铰接在前车架上，动臂油缸的伸或缩使工作装置举升或下降，从而使铲斗举起或放下。转斗油缸的伸或缩使摇臂前或后摆动，再通过连杆控制铲斗的上翻收斗或下翻卸料。由于作业的要求，在装载机的工作装置设计中，应保证铲斗的举升平移和下降放平，这是装载机工作装置的一个重要特性。这样就可减少操作程序，提高生产率。

二、传动系统

装载机的传动系统由液力变矩器、行星换挡变速器、驱动桥及轮边减速器等组成，以ZL50型装载机为例，其传动系统结构简图如图1—11所示。发动机装在后架上，发动机的动力经液力变矩器传至行星换挡变速箱，再由变速箱把动力经传动轴传到驱动桥及轮边减速器，以驱动车轮转动。发动机的动力还经过分动箱驱动变速液压泵工作。

采用液力变矩器后，使装载机具有良好的自动适应性能，能自动调节输出的扭矩和转速。使装载机可以根据道路状况和阻力大小自动变更速度和牵引力，以适应不断变化的工程情况。当铲削物料时，它能以较大的速度切入料堆，并随着阻力增大而自动减速，提高轮边牵引力，以保证切削。

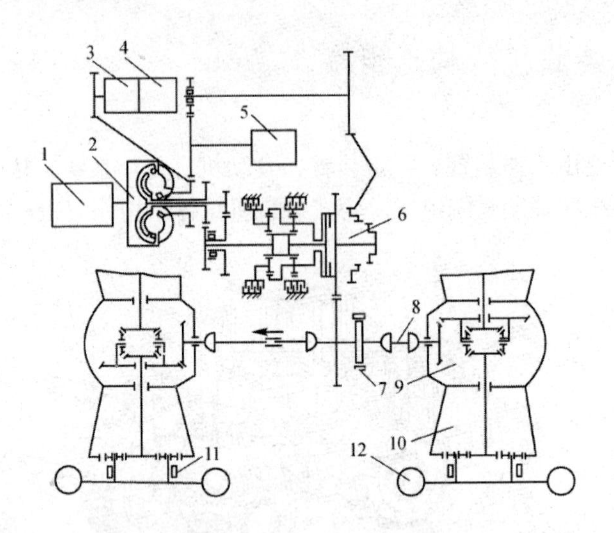

图 1—11 ZL50 型装载机传动系统

1—发动机；2—液力变矩器；3—变速液压泵；4—工作液压泵；5—转向液压泵；6—变速器；7—手制动；8—传动轴；9—驱动桥；10—轮边减速器；11—脚制动器；12—轮胎

三、制动系统

（1）行车制动系统。行车制动系统常用于经常性的一般行驶中速度控制、停车。

（2）紧急和停车制动系统。紧急和停车制动系统主要用于停车后的制动，或者在行车制动失效后的应急制动。另外，当制动气压低于安全气压（0.28～0.3 MPa）时，该系统自动起作用，使半截机紧急停车，以确保其安全使用。

四、液压系统

图 1—12 为 ZL50 型装载机的工作装置液压系统。发动机驱动液压泵，液压泵输出的高压油通向换向阀控制铲斗油缸和换向阀控制动臂油缸。图示位置为两阀都放在中位，压力油通过阀后流回油箱。

换向阀 4 为三位六通阀，可控制铲斗后倾、固定和前倾三个动作。换向阀 5 为四位六通阀，控制动臂上升、固定、下降和浮动四个动作。动臂的浮动位置是装载机在作业时，由于工作装置的自重支于地面，铲料时随着地形的高低而浮动。这两个换向阀之间采用顺序回路组合，保证液压缸推力大，以利于铲掘。

安全阀的作用是限制系统工作压力，当系统压力超过额定值时，安全阀打开，高压油流回油箱，以免损坏其他液压元件。两个双作用溢流阀并联在铲斗液压缸的油路中。

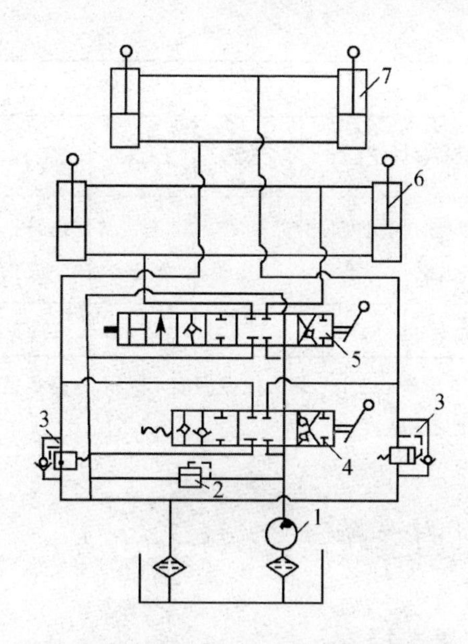

图 1—12 ZL50 型装载机工作装置液压系统原理图

1—液压泵；2、3—溢流阀；4、5—换向阀；6—动臂液压缸；7—铲斗液压缸

第 3 讲　装载机的性能与规格

常用铰接式轮胎装载机型号及技术性能见表 1—16。

表 1—16　铰接式轮胎装载机主要技术性能与规格

项目	型号						
	WZ_2A	ZL10	ZL20	ZL30	ZL40	ZL0813	ZL08A (ZL08E)
铲斗容量/m^3	0.7	0.5	1.0	1.5	2.0	0.4	0.4(0.4)
装载量/t	1.5	1.0	2.0	3.0	4.0	0.8	0.8
卸料高度/m	2.25	2.25	2.6	2.7	2.8	2.0	2.0
发动机功率/hP	40.4	40.4	59.5	73.5	99.2	17.6	24(25)
行走速度/(km/h)	18.5	10～28	0～30	0～32	0～35	21.9	21.9(20.7)
最大牵引力/kN	—	32	64	75	105	—	14.7
爬坡能力/(°)	18	30	30	25	28～30	30	24(30)
回转半径/m	4.9	4.48	5.03	5.5	5.9	4.8	4.8(3.7)
离地间隙/m	—	0.29	0.39	0.40	0.45	0.25	0.20(0.25)

续表

项目	型号						
	WZ_2A	ZL10	ZL20	ZL30	ZL40	ZL0813	ZL08A（ZL08E）
外形尺寸（长×宽×高）/m	7.88×2.0×3.23	4.4×1.8×2.7	5.7×2.2×2.5	6.0×2.4×2.8	6.4×2.5×3.2	4.3×1.6×2.4	4.3×1.6×2.4（4.5×1.6×2.5）
总重/t	6.4	4.5	7.6	9.2	11.5	—	2.65(3.2)

注：①WZ_2A型带反铲，斗容量0.2 m^3，最大挖掘深度4.0 m，挖掘半径5.25 m，卸料高度2.99 m。

②转向方式均为铰接液压缸。

第4讲 装载机的选择

一、按铲斗容量选择

（1）应根据装卸物料的数量和要求完成时间来选择。物料装运量大时，应选择大容量装载机；否则可选用较小容量的装载机。

（2）装载机与运输车辆配合装料时，运输车辆的车厢容量应为装载机斗容量的整倍数，以保证装运合理。

二、按运距及作业条件选择

在运距不大，或运距和道路经常变化的情况下，如采用装载机与自卸汽车配合装运作业会使工效下降、费用增高时，可单独使用轮胎式装载机作自铲自运使用。一般情况下，如果自装自运的作业持续时间不少于3 min时，在经济上是可行的。自装自运时，选择铲斗容量大的效果更好。当然，还需要对以上两种装运方式通过经济分析来选择装载机自装自运时的合理运距。

第5讲 装载机生产率计算

（1）装载机在单位时间内不考虑时间利用情况时，其生产率称为技术生产率，见下式：

$$Q_T = \frac{3600qk_H t_T}{tk_s} \quad (m^3/h)$$

式中 q——装载机额定斗容量，m^3；

k_H——铲斗充满系数（表1—17）；

t_T——每班工作时间，h；

k_s——物料松散系数；

t——每装一斗的循环时间，s，其值计算见式：

$$t=t_1+t_2+t_3+t_4+t_5$$

式中 t_1、t_2、t_3、t_4、t_5——分别为铲装、载运、卸料、空驶和其他所用的时间，s。

表 1—17　装载和铲斗充满系数

土石种类	充满系数	土石种类	充满系数
砂石	0.85～0.9	普通土	0.9～1.0
湿的土砂混合料	0.95～1.0	爆破后的碎石、卵石	0.85～0.95
湿的砂黏土	1.0～1.1	爆破后的大块岩石	0.85～0.95

（2）装载机实际可能达到的生产率

$$Q_T = \frac{3600 q k_H k_B t_T}{t k_s} \quad (m^3/h)$$

式中　k_H——铲斗充满系数（表 1—17）；

k_B——时间利用系数；

t_T——每班工作时间，h；

k_s——物料松散系数；

q——装载机额定斗容量，m^3。

第 6 讲　装载机的安全操作

（1）装载机工作距离不宜过大，超过合理运距时，应由自卸汽车配合装运作业。自卸汽车的车厢容积应与铲斗容量相匹配。

（2）装载机不得在倾斜度超过出厂规定的场地上作业。作业区内不得有障碍物及无关人员。

（3）装载机作业场地和行驶道路应平坦。在石方施工场地作业时，应在轮胎上加装保护链条或用钢质链板直边轮胎。

（4）作业前重点检查项目应符合下列要求。

1）照明、音响装置齐全有效。

2）燃油、润滑油、液压油符合规定。

3）各连接件无松动。

4）液压及液力传动系统无泄漏现象。

5）转向、制动系统灵敏有效。

6）轮胎气压符合规定。

（5）启动内燃机后，应怠速空运转，各仪表指示值应正常，各部管路密封良好，待水温达到55℃、气压达到0.45 MPa后，可起步行驶。

（6）起步前，应先鸣声示意，宜将铲斗提升离地0.5 m。行驶过程中应测试制动器的可靠性。并避开路障或高压线等。除规定的操作人员外，不得搭乘其他人员，严禁铲斗载人。

（7）高速行驶时应采用前两轮驱动；低速铲装时，应采用四轮驱动。行驶中，应避免突然转向。铲斗装载后升起行驶时，不得急转弯或紧急制动。

（8）在公路上行驶时，必须由持有操作证的人员操作，并应遵守交通规则，下坡不得空挡滑行和超速行驶。

（9）装料时，应根据物料的密度确定装载量，铲斗应从正面铲料，不得铲斗单边受力。卸料时，举臂翻转铲斗应低速缓慢动作。

（10）操纵手柄换向时，不应过急、过猛。满载操作时，铲臂不得快速下降。

（11）在松散不平的场地作业时，应把铲臂放在浮动位置，使铲斗平稳地推进；当推进时阻力过大时，可稍稍提升铲臂。

（12）铲臂向上或向下动作到最大限度时，应速将操纵杆回到空挡位置。

（13）不得将铲斗提升到最高位置运输物料。运载物料时，宜保持铲臂下铰点离地面0.5 m，并保持平稳行驶。

（14）铲装或挖掘应避免铲斗偏载，不得在收斗或半收斗而未举臂时前进。铲斗装满后，应举臂到距地面约0.5 m时，再后退、转向、卸料。

（15）当铲装阻力较大，出现轮胎打滑时，应立即停止铲装，排除过载后再铲装。

（16）在向自卸汽车装料时，铲斗不得在汽车驾驶室上方越过。当汽车驾驶室顶无防护板，装料时，驾驶室内不得有人。

（17）在向自卸汽车装料时，宜降低铲斗及减小卸落高度，不得偏载、超载和砸坏车厢。

（18）在边坡、壕沟、凹坑卸料时，轮胎离边缘距离应大于1.5 m，铲斗不宜过于伸出。在大于3°的坡面上，不得前倾卸料。

（19）作业时，内燃机水温不得超过90℃，变矩器油温不得超过110℃，当超过上述规定时，应停机降温。

（20）作业后，装载机应停放在安全场地，铲斗平放在地面上，操纵杆置于中位，并制动锁定。

（21）装载机转向架未锁闭时，严禁站在前后车架之间进行检修保养。

（22）装载机铲臂升起后，在进行润滑或调整等作业之前，应装好安全销，或采取其他措施支住铲臂。

（23）停车时，应使内燃机转速逐步降低，不得突然熄火；应防止液压油因惯性冲击而溢出油箱。

第 5 单元　平 地 机

平地机是一种功能多、效率高的工程机械，适用于公路、铁路、矿山、机场等大面积的场地平整作业，还可进行轻度铲掘、松土、路基成型、边坡修整、浅沟开挖及铺路材料的推平成型等作业。

第 1 讲　平地机的分类和主要特点

平地机的分类和主要特点见表 1—18。

表 1—18　平地机的分类和主要特点

分类方法	类型	主要特点
按行走装置分	(1)拖式：需要有拖拉机牵引，其行走装置为双轴铁轮式； (2)自行式：又称轮胎式，其行走装置为自行轮胎式	(1)机动性差，操作费力，已不再生产； (2)能长距离行驶，机动灵活，作业效率高
按轮轴数目分	(1)双轴 4 轮； (2)三轴 6 轮	(1)用于轻型自行式平地机； (2)用于大中型自行式平地机
按转向轮对数、驱动轮对数、车轮总对数分	四轮有： (1)1×1×2 前轮转向、后轮驱动； (2)2×2×2 全轮转向、全轮驱动。 六轮有： (3)1×2×3 前轮转向、中后轮驱动； (4)1×3×3 前轮转向、全轮驱动； (5)3×2×3 全轮转向、中后轮驱动； (6)3×3×3 全轮转向、全轮驱动	转向轮越多，机械转弯半径越小；驱动轮越多，机械附着牵引力越大。因此，这六种类型中以 3×3×3 型(全轮转向、全轮驱动)性能最好，但结构也最复杂
按铲刀长度及发动机功率分	(1)轻型：铲刀长度 3 m 及以下； 发动机功率 70 kW 及以下； (2)中型：铲刀长度 3～3.7 m； 发动机功率 70～110 kW； (3)重型：铲刀长度 3.7～4.2 m； 发动机功率 120 kW 及以上	(1)生产效率低，适用于零星场地平整； (2)生产效率较高，适用于一般场地平整； (3)生产效率极高，适用于大范围场地或坚实土的平整
按操纵方式分	(1)机械操纵：机械传动结构； (2)液压操纵：液压传动结构	(1)操作费力，效率低，现已不生产； (2)操作轻便，效率高，已普遍采用

第 3 讲　平地机的构造组成

国产平地机主要为 PY160 型和 PY180 型液压平地机，其构造是由发动机、传动系统、液压系统、制动系统、行走转向系统、工作装置、驾驶室和机架等组成。其结构如图 1—13 所示。

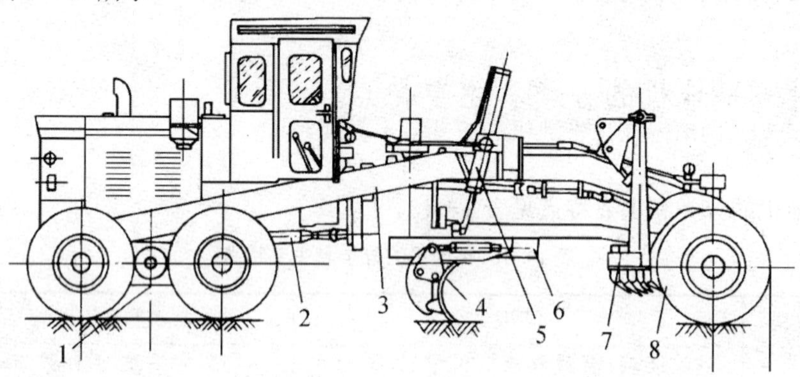

图 1—13 自行式液压平地机结构示意

1—平衡箱；2—传动轴；3—车架；4—铲土刀；5—铲刀升降液压缸；6—铲刀回转盘；7—松土器；8—前轮

一、传动系统

传动系统为液力机械式，发动机输出的动力通过单级三元件液力变矩器、单片干式摩擦离合器、传动轴、机械换挡变速器，然后以某一挡的速度，通过传动轴分别传到前后桥、再驱动车轮，实现机械前进或后退运动。前桥有差速器以减少转弯阻力，后桥无差速器，后轮装在平衡箱上，使四个车轮受力均匀。

二、液压系统

发动机驱动齿轮泵输出液压油，先进入两个带有溢流阀的多路换向阀，以串联形式组成的操纵排阀，然后根据需要分配到相应的液压缸，从而完成铲刀的升降、伸出、回转、角度变换以及前后轮转向等动作。

三、制动系统

制动系统采用液压操纵中央制动，由前、后制动器、制动总泵及传动机构等组成。制动器为对称自动增力式内蹄制动器。

四、行走及转向系统

行走及转向系统采用 3×3×3 型，即三轴全轮转向、全轮驱动。前轮转向器为曲柄双销式，并有液压助力器，最大转角为 50°；后轮为液压转向，最大转角为 15°。当液压系统发生故障时，仍可进行机械转向。

五、工作装置

工作装置有铲土刀和松土器以及辅助作业的推土板等。铲刀装置由牵引架回转盘、铲刀等组成，由升降液压缸、回转液压缸、侧伸液压缸及切土角变换液压缸等进行操纵，可使铲刀处于各种工作状态。切土角的变换为45°～60°。

第3讲　平地机的主要技术性能

表1—19为国内几种平地机的主要技术性能。

表1—19　平地机的主要技术性能

型号		PY180	PY160B	PY160A
外形尺寸(长×宽×高)/mm		10280×3965×3305	8146×2575×3340	8146×2575×3258
总重量(带耙子)/kg		15400	14200	14700
发动机	型号	6110Z－2J	6135K－10	6135K－10
	功率/kW	132	118	118
	转速/(r/min)	2600	2000	2000
铲刀	铲刀尺寸(长×高)/mm	3965×610	3660×610	3705×555
	最大提升高度/mm	480	550	540
	最大切土深度/mm	500	490	500
	侧伸距离/mm	左1270 右2250	—	1245 (牵引架居中)
	铲土角	36°～60°	40°	30°～65°
	水平回转角	360°	360°	360°
	倾斜角	90°	90°	90°
工作装置操纵方式		液压式	液压式	液压式
耙子	松土宽度/mm	1100	1145	1240
	松土深度/mm	150	185	180
	提升高度/mm	—	—	380
	齿数/个	6	6	5
液压系统	齿轮液压泵型号	—	CBGF1032	CBF－E32
	额定压力/MPa	18.0	15.69	16.0
	系统工作压力/kPa	—	—	12500
最小转变半径/mm		7800	8200	7800
爬坡能力		20°	20°	20°

续表

型号		PY180	PY160B	PY160A
传动系统	传动系统型式	液力机械	液力机械	液力机械
	液力变矩器变矩系数	—	—	≥2.8
	液力变矩器传动比	—	—	—
行驶速度	Ⅰ挡(后退)/(km/h)	—	4.4	4.4
	Ⅱ挡(后退)/(km/h)		15.1	15.1
	Ⅰ挡(前进)/(km/h)	0～4.8	4.3	4.3
	Ⅱ挡(前进)/(km/h)	0～10.1	7.1	7.1
	Ⅲ挡(前进)/(km/h)	0～10.2	10.2	10.2
	Ⅳ挡(前进)/(km/h)	0～18.6	14.8	14.8
	Ⅴ挡(前进)/(km/h)	0～20.0	24.3	24.3
	Ⅵ挡(前进)/(km/h)	0～39.4	35.1	35.1
车轮及轮距	车轮型式	3×2×3	3×2×3	3×2×3
	轮胎总数	6	6	6
	轮向轮数	6	6	6
	轮胎规格	17.5－25	14.00－24	14.00－24
	前轮倾斜角	±17°	±18°	±18°
	前轮充气压力/kPa	—	—	260
	后轮充气压力/kPa	—	254.8	260
	轮距/mm	2150	2200	2200
	轴距(前后桥)/mm	6216	6000	6000
	轴距(中后桥)/mm	1542	1520	1468～1572
	驱动轮数	4	4	4
最小离地间隙/mm		630	380	380

注：①PY180 的倒退挡与前进挡相同。

②PY180 的作业挡为Ⅰ、Ⅱ、Ⅴ挡，行驶挡为Ⅲ、Ⅳ、Ⅵ挡。

第 4 讲　平地机的安全操作

（1）在平整不平度较大的地面时，应先用推土机推平，再用平地机平整。

（2）平地机作业区应无树根、石块等障碍物。对土质坚实的地面，应先用齿耙翻松。

（3）作业区的水准点及导线控制桩的位置、数据应清楚，放线、验线工作应提前完成。

（4）作业前重点检查项目应符合下列要求：

1）照明、音响装置齐全有效。

2）燃油、润滑油、液压油等符合规定。

3）各连接件无松动。

4）液压系统无泄漏现象。

5）轮胎气压符合规定。

（5）不得用牵引法强制启动内燃机，也不得用平地机拖拉其他机械。

（6）启动后，各仪表指示值应符合要求，待内燃机运转正常后，方可开动。

（7）起步前，检视机械周围应无障碍物及行人，先鸣声示意后，用低速挡起步，并应测试并确认制动器灵敏有效。

（8）作业时，应先将刮刀下降到接近地面，起步后再下降刮刀铲土。铲土时，应根据铲土阻力大小，随时少量调整刮刀的切土深度，控制刮刀的升降量差不宜过大，不宜造成波浪形工作面。

（9）刮刀的回转与铲土角的调整以及向机外侧斜，都必须在停机时进行；但刮刀左右端的升降动作，可在机械行驶中随时调整。

（10）各类铲刮作业都应低速行驶，角铲土和使用齿耙时必须用一挡；刮土和平整作业可用二、三挡。换档必须在停机时进行。

（11）遇到坚硬土质需用齿耙翻松时，应缓慢下齿，不得使用齿耙翻松石碴或混凝土路面。

（12）使用平地机清除积雪时，应在轮胎上安装防滑链，并应逐段探明路面的深坑、沟槽情况。

（13）平地机在转弯或调头时，应使用低速挡；在正常行驶时，应采用前轮转向，当场地特别狭小时，方可使用前、后轮同时转向。

（14）行驶时，应将刮刀和齿耙升到最高位置，并将刮刀斜放，刮刀两端不得超出后轮外侧。行驶速度不得超过 20　km/h。下坡时，不得空挡滑行。

（15）作业中，应随时注意变矩器油温，超过 120℃时应立即停止作业，待降温后再继续工作。

（16）作业后，应停放在平坦、安全的地方，将刮刀落在地面上，拉上手制动器。

第 6 单元　压实机械

压实机械主要用来对道路基础、路面、建筑物基础、堤坝、机场跑道等进行压实，以提高土石方基础的强度，降低透水性，保持基础稳定，使之具有足够的承载能力，不致因载荷的作用而产生沉陷。

压实机械的种类按其工作原理，可分为静作用碾压、振动碾压、夯实三类，见表1—20。

表1—20 压实机械的种类

<table>
<tr><th>分类方法</th><th colspan="2">类别</th><th>说明</th></tr>
<tr><td rowspan="4">按压实力原理分</td><td colspan="2">静作用碾压机械</td><td>用碾轮沿被压实材料表面反复滚动，靠自重产生的静压力作用，使被压层产生永久变形，达到压实的目的</td></tr>
<tr><td colspan="2">振动碾压机械</td><td>碾轮沿被压实材料表面既作往复滚动，又以一定的频率、振幅振动，使被压层同时受到碾轮的静压力和振动力的综合作用，以提高压实效果</td></tr>
<tr><td rowspan="2">夯实机械</td><td>夯实</td><td>夯实机械是利用重物自一定高度落下，冲击被压层来进行夯实工作</td></tr>
<tr><td>振动夯实</td><td>振动夯实是除上述冲击夯实力之外，还有附加的振动力，同时作用于被压层</td></tr>
</table>

第1讲　静作用压路机

一、静作用压路机的分类

静作用压路机分类、特点及适用范围见表1—21。

表1—21 静作用压路机的分类、特点及适用范围

<table>
<tr><th>碾轮形状</th><th>行走方式</th><th>结构特征</th><th>主要特点</th><th>适用范围</th></tr>
<tr><td>凸块式</td><td>拖式</td><td>单筒、双筒并联</td><td>凸块的形状如羊足，又称羊足碾。有单筒和双筒并联两种。一般为拖式，由拖拉机牵引，爬坡能力强。凸块对土壤单位压力大（6 MPa），压实效果好，但易翻松土壤</td><td>碾压大面积分层填土层</td></tr>
<tr><td rowspan="2">光轮式</td><td rowspan="2">自行式</td><td>两轴两轮</td><td>发动机驱动，机械传动，液压转向，两滚轮整体机架，一般为6～8 t、6～10 t的中型压路机。滚压面平整，但压层深度浅</td><td>碾压土、碎石层，面层平整碾压</td></tr>
<tr><td>两轴三轮</td><td>除后轴为双轮外，结构与两轴两轮相似，一般为10～12 t、12～15 t的中、重型压路机</td><td>碾压土、碎石层，最终压实</td></tr>
</table>

续表

碾轮形状	行走方式	结构特征	主要特点	适用范围
轮胎式	拖式	单轴	由安装轮胎（5～6 个）的轮轴和机架及配重箱组成，需拖拉机牵引，能利用增减配重来调整碾压能力，还能增减轮胎充气压力来调整轮胎线压力，以适应土壤的极限强度。具有质量大、压实深度大、生产率高的特点	既可碾压土、碎石基础，又可碾压路面层，由于轮胎的搓揉作用，最适于碾压沥青路面
	自行式	双轴	是具有双排轮胎的特种车辆，前排轮胎为转向从动轮，一般配置 4～5 个；后排轮胎为驱动轮，一般配置 5～6 个，前后排轮胎的行驶轨迹既叉开，又部分重叠，一次碾压即可达到压实带的全宽	

二、光轮压路机

（1）分类及应用范围。

按质量的分类见表 1—22。

表 1—22　凸块式压路机按单位压力的分类

分类	加载后质量/t	单位线压力/(N/cm)	应用范围
轻型	≤5	200～400	碾压人行道、简易沥青混凝土路面和土路路基
中型	6～10	400～600	碾压路基、砾石、碎石铺砌层、黑色路面、沥青混凝土路面及土路基础
重型	12～15	600～800	碾压砾石、碎石路面或沥青混凝土路面的终压作业以及路基或路面底层
特重型	≥16	800～1200	碾压大块石堆砌基础和碎石路面

注：加载后质量是压路机增加额定配重后达到的质量。

光轮压路机（图 1—14）是建筑工程中使用最广泛的一种压实机械，按机架的结构形式可分为整体式和铰接式；按传动方式可分为液压传动和机械传动；根据滚轮和轮轴数目可分为二轮二轴式、三轮二轴式和三轮三轴式。

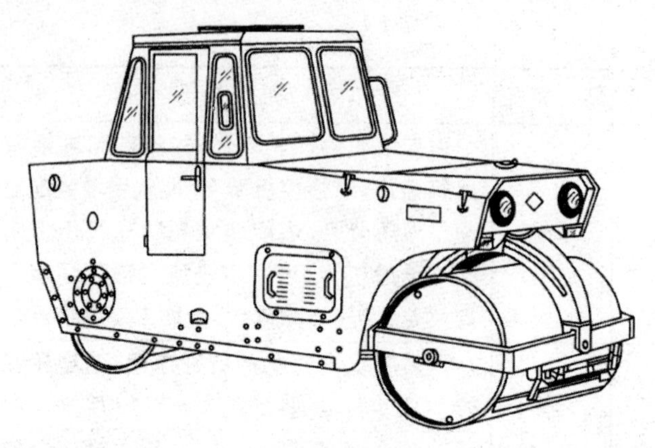

图 1—14 光轮压路机

（2）结构组成。

光轮压路机主要由工作装置、传动系统、操纵系统、行驶滚轮、机架和驾驶室等部分组成。发动机（多采用柴油机）作为其动力装置，安装在机架的前部。机架由型钢和钢板焊接而成，分别支承在前后轮轴上。前轮为方向轮，后轮为驱动轮。

（3）工作原理。

光轮压路机的工作原理为当柴油发动机启动后，挂上某一挡位，结合主离合器和换向离合器，压路机即可按该挡速度行驶。行驶中滚压轮对土壤施加静压力，由于滚轮和土壤呈线性接触或线性扩展形态接触，滚轮对地面的最大静压力均匀分布在滚轮瞬时回转轴线之前横贯滚轮圆柱表面的一条直线上。土壤颗粒在此直线压力作用下，被挤密呈压实状态。随着机械的运动，整片面积的土层即得到了压实。

（4）性能指标。

常用光轮压路机技术性能与规格见表 1—23。

表 1—23 常用静作用压路机技术性能与规格

项目			型号				
			两轮压路机 2Y 6/8	两轮压路机 ZY 8/10	三轮压路机 3Y 10/12	三轮压路机 3Y 12/15	三轮压路机 3Y 15/18
重量/t		不加载	6	6	10	12	15
		加载后	8	10	12	15	18
压轮直径/mm		前轮	1020	1020	1020	1120	1170
		后轮	1320	1320	1500	1750	1800
压轮宽度/mm			1270	1270	530×2	530×2	530×2
单位压力/(kN/cm)	前轮	不加载	0.192	0.259	0.332	0.346	0.402
		加载后	0.259	0.393	0.445	0.470	0.481
	后轮	不加载	0.290	0.385	0.632	0.801	0.503
		加载后	0.385	0.481	0.724	0.930	1.150

续表

项目	型号				
	两轮压路机 2Y 6/8	两轮压路机 ZY 8/10	三轮压路机 3Y 10/12	三轮压路机 3Y 12/15	三轮压路机 3Y 15/18
行走速度/(km/h)	2～4	2～4	1.6～5.4	2.2～7.5	2.3～7.7
最小转弯半径/m	6.2～6.5	6.2～6.5	7.3	7.5	7.5
爬坡能力/(%)	14	14	20	20	20
牵引功率/kW	29.4	29.4	29.4	58.9	73.5
转速/(r/min)	1500	1500	1500	1500	1500
外形尺寸/mm (长×宽×高)	4440×1610×2620	4440×1610×2620	4920×2260×2115	5275×2260×2115	5300×2260×2140

（5）安全操作要点。

1）压路机碾压的工作面，应经过适当平整，对新填的松软路基，应先用羊足碾或打夯机逐层碾压或夯实后，方可用压路机碾压。

2）当土的含水量超过30%时，不得碾压，含水量小于5%时，宜适当洒水。

3）工作地段的纵坡不应超过压路机最大爬坡能力，横坡不应大于20°。

4）应根据碾压要求选择机重。当光轮压路机需要增加机重时，可在滚轮内加砂或水。当气温降至0℃时，不得用水增重。

5）轮胎压路机不宜在大块石基础层上作业。

6）作业前，各系统管路及接头部分应无裂纹、松动和泄漏现象，滚轮的刮泥板应平整良好，各紧固件不得松动，轮胎压路机还应检查轮胎气压，确认正常后方可启动。

7）不得用牵引法强制启动内燃机，也不得用压路机拖拉任何机械或物件。

8）启动后，应进行试运转，确认运转正常，制动及转向功能灵敏可靠，方可作业，压路机周围应无障碍物或人员。

9）碾压时应低速行驶，变速时必须停机。速度宜控制在3～4 km/h范围内，在一个碾压行程中不得变速。碾压过程应保持正确的行驶方向，碾压第二行时必须与第一行重叠半个滚轮压痕。

10）变换压路机前进、后退方向，应待滚轮停止后进行。不得将换向离合器作制动用。

11）在新建道路上进行碾压时，应从中间向两侧碾压。碾压时，距路基边缘不应少于0.5 m。

12）碾压傍山道路时，应由里侧向外侧碾压，距路基边缘不应少于1 m。

13）上、下坡时，应事先选好挡位，不得在坡上换挡，下坡时不得空挡滑行。

14）两台以上压路机同时作业时，前后间距不得小于 3 m，在坡道上不得纵队行驶。

15）在运行中，不得进行修理或加油。需要在机械底部进行修理时，应将内燃机熄火，用制动器制动住，并住滚轮。

16）对有差速器锁住装置的三轮压路机，当只有一只轮子打滑时，方可使用差速器锁住装置，但不得转弯。

17）作业后，应将压路机停放在平坦坚实的地方，并制动住。不得停放在土路边缘及斜坡上，也不得停放在妨碍交通的地方。

18）严寒季节停机时，应将滚轮用木板垫离地面。

19）压路机转移工地距离较远时，应采用汽车或平板拖车装运，不得用其他车辆拖拉牵运。

（6）光轮压路机的维护保养。

光轮压路机的维护保养见表1—24。

表1—24　压路机的保养内容

项目	技术要求及说明
日保养 （运转8～10 h）	(1)检查变速器、分动器和液压油箱中油位及油质，必要时添加； (2)必要时向终传动齿轮副或链传动装置加注润滑油或润滑脂； (3)清洁各个部位，尤其要注意调节和清洁刮泥板； (4)检查与调试手制动、脚制动器和转向机构； (5)紧固各部螺栓，检视防护装置，清洁机体； (6)检查燃油箱油位，检查空气滤清器集尘指示器
周保养 （运转50 h）	(1)更换油底壳润滑油； (2)清洗空气滤清器滤芯； (3)更换机油滤清器； (4)检查蓄电池； (5)检查油管及管接头是否有渗漏现象； (6)检查变速器和分动器油位； (7)润滑传动轴十字节及轴头；润滑主离合器分离轴承滑套及踏板轴支座；润滑侧传动齿轮副及中间齿轮轴承；润滑换向离合器压紧轴承；润滑踏板和踏板轴支座；润滑变速拉杆座
半月保养 （运转100 h）	柴油机散热器表面清洗；液压油冷却器表面清洗

续表

项目	技术要求及说明
月保养 （运转 200 h）	(1)更换液压油滤清器滤芯；更换油底壳油和机油滤清器； (2)清洗空气滤清器的集尘器； (3)检查并调整换向离合器的间隙； (4)检查风扇和发电机 V 带的张紧力； (5)检查并调整制动系的各部间隙及制动油缸的油平面； (6)清除液压油箱中的冷凝水； (7)检查各油管接头处是否漏油； (8)检查变速器、分动器、中央传动及行星齿轮式最终传动中的油平面； (9)对全机各个轴承点加注润滑油
季保养 （运转 500 h）	进行柴油机气门间隙的调整；更换液压油箱滤清器的滤芯
半年保养 （运转 1000 h）	更换柴油滤清器的滤芯；清洗柴油箱；清洗柴油机供油泵中的粗滤器
年保养 （运转 2000 h）	更换液压轴；更换变速器、分动器、主传动和末端传动中的润滑油

三、轮胎压路机

轮胎压路机（图 1—15）具有接触面积大，压实效果好等特点，适用于黏土的压实作业，广泛用于压实各类建筑基础、路面和路基及沥青混凝土路面。

图 1—15 轮胎压路机

（1）构造组成。

轮胎压路机由发动机、底盘和特制轮胎所组成。底盘包括机架、传动系统、操纵系统、轮胎气压调节装置、制动系统、洒水装置和电器设备等。

（2）生产率计算。

轮胎压路机的生产率可按下式计算：

$$Q=\frac{L(B-A)H_0k}{\left(\frac{L}{v}+t\right)n}$$

式中 Q——体积生产率，m³/h；

L——滚压区段长度，m；

B——滚压带宽度，m；

A——次一遍与前一遍的重叠量，A=0．2 m；

H_0——压实深度，m；

v——压路机的运行速度，m / h；

t——自行式轮胎压路机的换向时间，t=1～2s；或拖式轮胎压路机的调头时间，t=0.02h；

k——工作时间利用系数；

n——压路机同一个地点滚压的遍数。

（3）安全操作要点。

轮胎压路机除必须遵照光轮压路机的安全操作要点外，还须注意：

1）避免紧急制动。

2）根据表 1—25 选择运行速度。

表 1—25 轮胎压路机行驶速度选择表

质量	允许速度/(km/h)	
	平坦道路	不平道路
自重时	Ⅰ～Ⅳ速 24	Ⅰ～Ⅳ速 15
加压重水	Ⅰ～Ⅳ速 20	Ⅰ～Ⅲ速 10
加压重铁	Ⅰ～Ⅳ速 20	Ⅰ～Ⅲ速 10
加压重水和铁	Ⅰ～Ⅲ速 10	Ⅰ～Ⅱ速 6

3）严禁用换向离合器作制动用。

4）不能碾压有尖利棱角的碎石块。

5）当碾压热铺沥青混合料时，应在工艺规定的混合料温度下进行碾压作业。为了防止压轮粘带沥青混合料，要向胎面喷洒或涂刷少量柴油，但由于柴油有腐蚀橡胶的作用，应尽可能少用或不用。

6）调整平均接地比压，使轮胎压路有较宽的适用范围。可通过试验和经验进行粗略调整，使平均接地压力适应最佳碾压效果和施工作业要求。

7）当轮胎压路机具有整体转向的转向压轮时，为避免转向搓移压实层材料，在碾压过程中，转向角度不应过大和转向速度不应过快。

8）碾压时，各压轮的气压应保持一致，其相对值不应大于 10～20 Pa。

9）终压时，应将转向轮定位销插入销孔中，销死摆动，使压实层具有平整的表面。

（4）维护保养。

1）每班均应检查和紧固各部件的螺栓，检查轮胎气压，检查轴承是否发热。

2）按规定加注润滑油脂。

3）经常检查和调整碾压轮轴向间隙。正常的轴向间隙为 0.10～0.15 mm。调整好的轴向间隙应能使碾压轮转动自如，并无明显的轴向窜动。

4）在使用中，若各碾压轮气压不一致、轴承松旷、轴向间隙过大、前轮槽钢和叉脚变形、后轮支架变形等均会引起轮胎的偏磨。当轮胎出现偏磨后，将出现碾压轮的晃动或振动，影响压实质量。因此，当压路机工作 500～600 h 或半年后，应调换各碾压轮的安装位置，使轮胎磨损趋于均匀。

5）轮胎压路机在转场运行时，轮胎气压应保持在 0.6～0.65 MPa，行驶距离不宜过远，行驶速度应符合相应机种说明书中的规定。

6）压路机长期停置，应将机身架起，减小轮胎受压变形。

7）经常检查和维护制动器工作的可靠性。

8）根据具体情况修复或更换已损坏的零部件，保证压路机的正常功能。

四、静作用压路机的选择

（1）按土壤条件选择机型。

1）对于黏性土压实，可选用光轮或轮胎压路机。对于含水量较小、黏性较大的黏土，或填土干密度很高时，应选用羊足碾；当含水量较高且填土干密度较低时，以采用轮胎压路机为宜，如在小型工程也可选用光轮压路机。

2）对于无黏性土压实，可选用轮胎或光轮压路机，但较均匀的砂土则只能选用轮胎压路机。

3）在作用于土层上的单位压力不超过土壤的极限强度条件下，应尽可能选用比较重型的碾压机械，以达到较大的压实效果，并能提高生产率。

4）当填土含水量较小且难以进行加水湿润时，应采用重型碾压机械；当填土含水量较大且填土干密度较低时，应采用轻型碾压机械。

（2）机械作业参数的选择。

正确选择机械作业参数，以保证土方压实质量和提高生产率。

1）填筑土壤的最佳含水量：当土壤的含水量为最佳时，压实机械消耗定量功所得到的土壤压实密度为最大值。因此施工前必须测定土壤的含水量，并采取措施使土壤含水量达到最佳值。一般填筑土壤的最佳含水量见表 1—26。在施工过程中，要求实际含水量不得超过最佳含水量的 2%，也不低于 3%，否则应采取措施，达到规定范围，才能进行碾压。

2）压实土层的最优厚度：土壤离地面越深，所受的压实效果越差。为了达到所要求的密实度，机械在同一位置的压实次数需增加，从而使机械功能的消耗增大。

压实厚度应根据压实机械的类型和土壤的性质而定，最优厚度是使用最少的压实功能而达到所需的密度。常用压实机械在土壤最佳含水量附近时的最优厚度见表 1—27。在保证压实质量的条件下，可以取较大值，以提高压实机械的生产率。

表 1—26 各种土壤的最佳含水量和最大密实度

土壤类别	最佳含水量/(%)	最大密实度/(g/cm³)	土壤类别	最佳含水量/(%)	最大密实度/(g/cm³)
砂土	8～12	1.80～1.88	粉质黏土	12～15	1.85～1.95
砂质粉土	9～15	1.85～2.08	重亚黏土	16～20	1.67～1.79
粉土	16～22	1.61～1.80	黏土	19～23	1.58～1.70
黏质粉土	18～21	1.65～1.74			

注：表列数值是由标准击实法测定(相当于 8～9 t 的中型光轮压路机的压实效果)。

表 1—27 常用压实机械的作业参数

机械名称	规格/t	最佳压实土层厚度/m	碾压次数	适用范围
凸块式压路机	5	0.25～0.35	8～10	黏性土壤
光轮式压路机	5	0.10～0.15	12～16	各类土壤及路面
	10	0.15～0.25	8～10	
	12	0.20～0.30	6～8	
轮胎式压路机	10	0.15～0.20	8～10	各类土壤
	25	0.25～0.45	6～8	
	50	0.40～0.70	5～7	

3）压实机械在同一地方行程的次数，必须根据土壤含水量和土层厚度而定，当土壤在最佳含水量、土层为最优厚度时，压实机械的行程次数即碾压次数亦可参考表 1—27，表中下限适合于砂性土壤，上限适合于黏性土壤。在实际作业中，由于上述参数是变化的，因此应预先进行试验，在达到设计密度要求的条件下，确定机械的压实次数。一般含水量较低时，应选用较重型的压实机械或增加行程次数。在达到设计要求时，不应过多碾压，否则还会引起弹性变形，降低压实强度。

4）压实机械的碾压速度：土壤塑性变形的大小（压实程度），决定于荷载作用的时间，时间越长，其压实程度越高，因此要求压实机械的速度越慢越好，但太慢则生产率太低。一般碾压速度可参照表 1—28，对于拖拉机牵引的压实机械，行驶不应超过拖拉机 2 挡速度，过快会降低压实效果。在压实过程中，应先轻后重，先慢后快，最后两遍的速度应放慢些，以保证表面平实的质量。

表1—28 压实机械碾压速度（km/h）

机械名称	初压		复压		终压	
	适宜	最大	适宜	最大	适宜	最大
光轮式压路机	1.5～2	3	2.5～3.5	5	2.5～3.5	5
轮胎式压路机	—	—	3.5～4.5	8	4～6	8

第2讲　振动压路机

振动压路机利用机械自重和激振器产生的激振力，迫使土产生强迫振动，急剧减少土颗粒间的内摩擦力，达到压实土的目的。振动压路机的压实深度和压实生产率均高于静力作用压路机，最适宜压实各种非黏性土（砂、碎石、碎石混合料）及各种沥青混凝土等。振动压路机是建筑和工程中必备的压实设备，已成为现代压路机的主要机型。

一、构造组成

振动压路机由工作装置、传动系统、振动装置、行走装置和驾驶操纵等部分组成。

图1—16所示为YZC12型振动压路机总体结构。采用全液压传动、双轮驱动、双轮振动、自行式结构。前后车架通过中心铰接架连接在一起，采用铰接式转向方式。动力系统装在后车架上，其他系统的主要部件均装在前车架上。

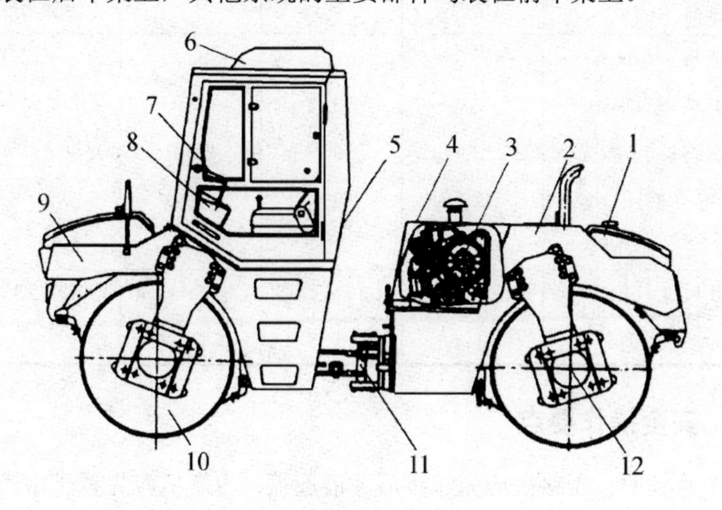

图1—16　YZC12型压路机总体结构

1—洒水系统；2—后车架；3—发动机；4—机罩；5—驾驶室；6—空调系统；7—操纵台；8—电气系统；9—前车架；10—振动轮；11—中心铰接架；12—液压系统

二、工作原理

振动压路机的光面碾轮兼作振动轮，利用与振动轮轴心偏心的振动装置所产生的频率为1000～3000次/min的振动，使之接近被压实材料的自振频率而引起压实材料的共振，使土颗粒间的摩擦力大大下降，并填满颗粒间的空隙，增加土的密实度而达到压实的目的。

三、性能指标

常用振动压路机的型号及技术性能见表1—29。

表1—29 常用振动压路机技术性能与规格

项目	型号				
	YZS0.5B 手扶式	YZ2	YZJ7	YZ10P	YZJ14 拖式
重量/t	0.75	2.0	6.53	10.8	13.0
振动轮直径/mm	405	750	1220	1524	1800
振动轮宽度/mm	600	895	1680	2100	2000
振动频率/Hz	48	50	30	28/32	30
激振力/kN	12	19	19	197/137	290
单位线压力/(N/cm)					
静线压力	62.5	134	—	257	650
动线压力	100	212	—	938/652	1450
总线压力	162.5	346	—	1195/909	2100
行走速度/(km/h)	2.5	2.43～5.77	9.7	4.4～22.6	—
牵引功率/kW	3.7	13.2	50	73.5	73.5
转速/(r/min)	2200	2000	2200	1500/2150	1500
最小转弯半径/m	2.2	5.0	5.13	5.2	—
爬坡能力/(%)	40	20	—	30	—
外形尺寸/mm (长×宽×高)	2400×790 ×1060	2635×1063 ×1630	4750×1850 ×2290	5370×2356 ×2410	5535×2490 ×1975

四、安全操作要点

（1）作业时，压路机应先起步后才能起振，内燃机应先置于中速，然后再调至高速。

（2）变速与换向时应先停机，变速时应降低内燃机转速。

（3）严禁压路机在坚实的地面上进行振动。

（4）碾压松软路基时，应先在不振动情况下碾压 1～2 遍，然后再振动碾压。

（5）碾压时，振动频率应保持一致。对可调振频的振动压路机，应先调好振动频率后再作业，不得在没有起振情况下调整振动频率。

（6）换向离合器、起振离合器和制动器的调整，应在主离合器脱开后进行。

（7）上、下坡时，不得使用快速挡。在急转弯时，包括铰接式振动压路机在小转弯绕圈碾压时，严禁使用快速挡。

（8）压路机在高速行驶时不得接合振动。

（9）停机时应先停振，然后将换向机构置于中间位置，变速器置于空挡，最后拉起手制动操纵杆，内燃机怠速运转数分钟后熄火。

第 3 讲　夯实机械

小型打夯机有冲击式和振动式之分，由于体积小，重量轻，构造简单，机动灵活、实用，操纵、维修方便，夯击能量大，夯实工效较高，在建筑工程上使用很广。常用的小型打夯机有蛙式打夯机、柴油打夯机、电动立夯机等，适用于黏性较低的土（砂土、粉土、粉质黏土）基坑（槽）、管沟及各种零星分散、边角部位的填方的夯实，以及配合压路机对边缘或边角碾压不到之处的夯实。

一、电动打夯机

（1）构造组成。

电动蛙式打夯机是我国自行研制成功的打夯机，由于其构造简单、操作灵活、方便，受到了广大用户的欢迎。如图 1—17 所示，蛙式打夯机由偏心块、夯头架、传动装置、电动机等组成。

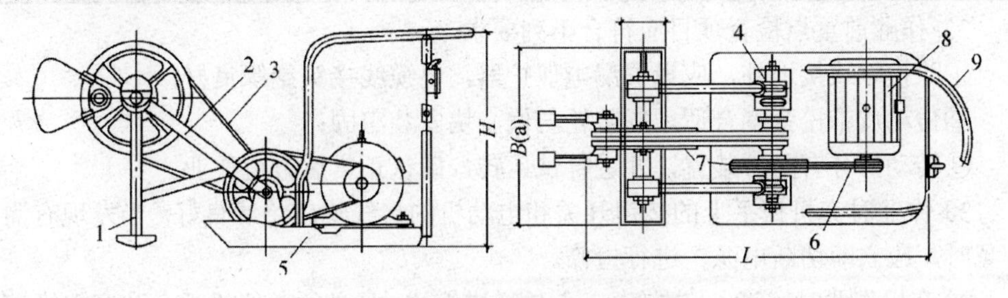

图 1—17　蛙式打夯机外形构造图

1—夯头；2—夯架；3、6—三角胶带；4—传动轴架；5—底盘；7—三角胶带轮；8—电动机；9—扶手

（2）技术性能。

蛙式夯土机的主要技术性能见表 1—30。

（3）安全操作要点。

1）蛙式夯土机应适用于夯实灰土和素土的地基、地坪及场地平整，不得夯实坚硬或软硬不一的地面、冻土及混有砖石碎块的杂土。

表 1—30　蛙式夯土机的主要技术参数和工作性能

机型		HW-20	HW-20A	HW-25	HW-60	HW-70
机重/kg		125	130	151	280	110
夯头总重/kg		—	—	—	124.5	—
偏心块重/kg		—	23±0.005	—	38	—
夯板尺寸	长(a)/mm	500	500	500	750	500
	宽(b)/mm	90	80	110	120	80
夯击次数/(次/min)		140～150	140～142	145～156	140～150	140～145
跳起高度/mm		145	100～170	—	200～260	150
前进速度/(m/min)		8～10	—	—	8～13	—
最小转弯半径/mm		—	—	—	800	—
冲击能量/(kg·m)		20	—	20～25	62	68
生产率/(m^3/台班)		100	—	100～120	200	50
外形尺寸	长(L)/mm	1006	1000	1560	1283.1	1121
	宽(B)/mm	500	500	520	650	650
	高(H)/mm	900	850	900	748	850
电动机	型号	YQ22-4	YQ32-4 或 YQ2-21-4	YQ2-224	YQ42-4	YQ32-4
	功率/kW	1.5	1 或 1.1	1.5～2.2	2.8	1
	转数/(r/min)	1420	1421	1420	1430	1420

2）作业前重点检查项目应符合下列要求。

①除接零或接地外，应设置漏电保护器，电缆线接头绝缘良好；

②传动皮带松紧度合适，皮带轮与偏心块安装牢固；

③转动部分有防护装置，并进行试运转，确认正常后方可作业。

3）作业时夯机扶手上的按钮开关和电动机的接线均应绝缘良好。当发现有漏电现象时，应立即切断电源，进行检修。

4）夯机作业时，应一人扶夯，一人传递电缆线，且必须戴绝缘手套和穿绝缘鞋。递线人员应跟随夯机后或两侧调顺电缆线，电缆线不得扭结或缠绕，且不得张拉过紧，应保持 3～4 m 的余量。

5）作业时，应防止电缆线被夯击。移动时，应将电缆线移至夯机后方，不得隔机抢扔电缆线，当转向倒线困难时，应停机调整。

6）作业时，手握扶手应保持机身平衡，不得用力向后压，并应随时调整行进方向。转弯时不得用力过猛，不得急转弯。

7）夯实填高土方时，应在边缘以内 100～150 mm 夯实 2～3 遍后，再夯实边缘。

8）在较大基坑作业时，不得在斜坡上夯行，应避免造成夯头后折。

9）夯实房心土时，夯板应避开房心内地下构筑物、钢筋混凝土基桩、枕座及地下管道等。

10）在建筑物内部作业时，夯板或偏心块不得打在墙壁上。

11）多机作业时，其平列间距不得小于 5 m，前后间距不得小于 10 m。

12）夯机前进方向和夯机四周 1 m 范围内，不得站立非操作人员。

13）夯机连续作业时间不应过长，当电动机超过额定温升时，应停机降温。

14）夯机发生故障时，应先切断电源，然后排除故障。

15）作业后，应切断电源，卷好电缆线，清除夯机上的泥土，并妥善保管。

二、内燃式打夯机

（1）构造组成。

内燃夯土机是根据两冲程内燃机的工作原理制成的一种夯实机械。除具有一般夯实机械的优点外，还能在无电源地区工作。在经常需要短距离变更施工地点的工作场所，更能发挥其独特的优势。

内燃式夯土机主要由汽缸头、汽缸套、活塞、卡圈、锁片、连杆、夯足、法兰盘、内部弹簧、密封圈、夯锤、拉杆等部分组成，如图 1—18 所示。

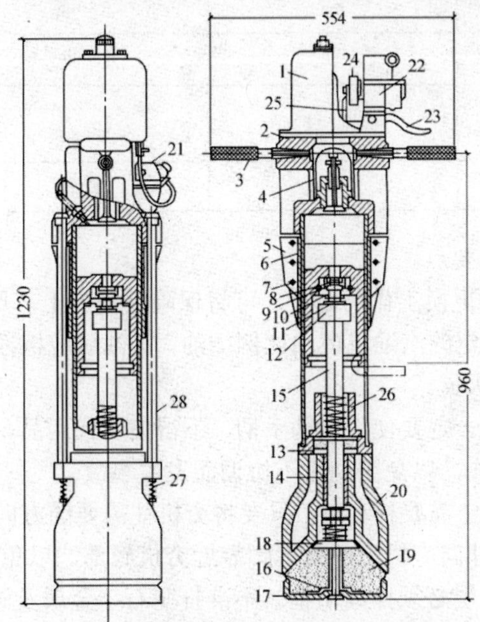

图 1—18 HN—80 型内燃式夯土机外形尺寸和构造

1—油箱；2—汽缸盖；3—手柄；4—气门导杆；5—散热片；6—汽缸套；7—活塞；8—阀片；9—上阀门；10—下阀门；11—锁片；12、13—卡圈；14—夯锤衬套；15—连杆；16 夯底座；17—夯板；18—夯上座；19—夯足；20—夯锤；21—汽化器；22—磁电机；23—操纵手柄；24—转盘；25 连杆；26—内部弹簧；27—拉杆弹簧；28—拉杆

（2）技术性能。

内燃式夯土机主要技术性能及技术参数见表 1—31。

表 1—31　内燃式夯土机主要技术参数和工作性能

机型		HN-60 （HB-60）	HN-80 （HB-80）	HZ-120 （HB-120）
机重/kg		60	85	120
外形尺寸/mm				
机高		1228	1230	1180
机宽		720	554	410
手柄高		315	960	950
夯板面积/m^2		0.0825	0.42	0.0551
夯击力/kg		4000	—	—
夯击次数/（次/min）		600～700	60	60～70
跳起高度/mm		—	600～700	300～500
生产率/（m^2/h）		64	55～83	—
动力设备		IE50F2.2 kW 汽油机改装	无压缩自由活 塞式汽油机	无压缩自由活 塞式汽油机
燃料	汽油	—	66 号	66 号
	机油	—	15 号	15 号
	混合比 （汽油∶机油）	20∶1	16∶1	16∶1～20∶1
油箱容量/L		2.6	1.7	2

（3）安全操作要点。

1）当夯机需要更换工作场地时，可将保险手柄旋上，用专用两轮运输车运送。

2）夯机应按规定的汽油机燃油比例加油。加油后应擦净漏在机身上的燃油，以免碰到火种而发生火灾。

3）夯机启动时一定要使用启动手柄，不得使用代用品，以免损伤活塞。严禁一人启动，另一人操作，以免因动作不协调而发生事故。

4）夯机在工作中需要移动时，只要将夯机往需要的方向略为倾斜，夯机即可自行移动。切忌将头伸向夯机上部或将脚靠近夯机底部，以免碰伤头部或碰伤脚部。

5）夯实时夯土层必须摊铺平整。不准打坚石、金属及硬的土层。

6）在工作前及工作中要随时注意各连接螺丝有无松动现象，若发现松动应立即停机拧紧。特别应注意汽化器气门导杆上的开口锁是否松动，若已变形或松动应及时更换新的，否则在工作时锁片脱落会使气门导杆掉入汽缸内造成重大事故。

7）为避免发生偶然点火、夯机突然跳动造成事故，在夯机暂停工作时，必须旋上保险手柄。

8）夯机在工作时，靠近 1 m 范围内不准站立非操作人员；在多台夯机并列工作时，其间距不得小于 1 m；在串联工作时，其间距不得小于 3 m。

9）长期停放时夯机应将保险手柄旋上顶住操纵手柄，关闭油门，旋紧汽化器顶针，将夯机擦净，套上防雨套，用专用两轮车推到存放处，并应在停放前对夯机进行全面保养。

三、电动振动式夯土机

（1）构造组成。

HZ—380A 型电动振动式夯土机是一种平板自行式振动夯实机械，适用于含水量小于 12%和非黏土的各种砂质土壤、砾石及碎石，建筑工程中的地基、水池的基础，道路工程中铺设小型路面、修补路面及路基等工程的压实工作。其外形尺寸和构造，如图 1—19 所示。它以电动机为动力，经二级三角皮带减速，驱动振动体内的偏心转子高速旋转，产生惯性力，使机器发生振动，以达到夯实土壤之目的。

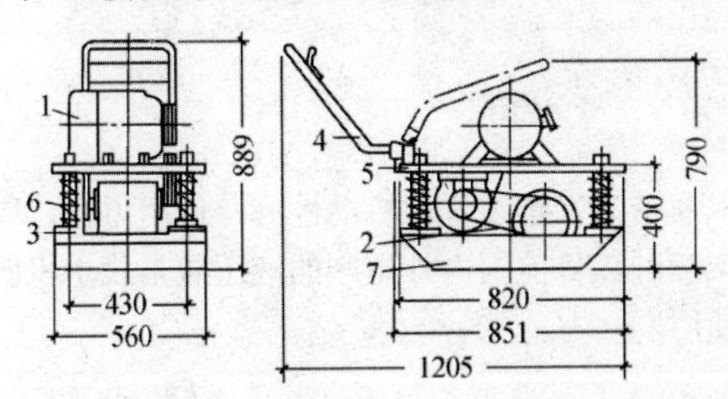

图 1—19 HZ—380A 型电动振动式夯土机外形尺寸和构造示意图

1—电动机；2—传动胶带；3—振动体；4—手把；5—支撑板；6—弹簧；7—夯板

（2）性能指标。

电动振动式夯土机的主要技术性能见表 1—32。

表 1—32 电动振动式夯土机的主要技术参数和工作性能

机型		HZ-380A 型
机重/kg		380
夯板面积/m^2		0.28
振动频率/(次/min)		1100～1200
前行速度/(m/min)		10～16
振动影响深度/mm		300
振动后土壤密实度		0.85～0.9
压实效果		相当于十几吨静作用压路机
配套电动机	型号	YQ232-2
	功率/kW	4
	转速/(r/min)	2870

第2部分

桩工机械选型及使用

第1单元　桩架

第1讲　履带式桩架

履带式桩架以履带为行走装置，机动性好，使用方便，有悬挂式桩架、三支点桩架和多功能桩架三种。目前国内外生产的液压履带式主机既可作为起重机使用，也可作为打桩架使用。

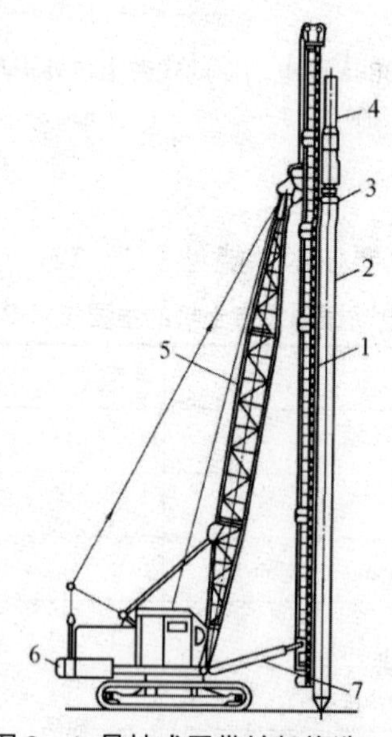

图2—1　悬挂式履带桩架构造

1—桩架立柱；2—桩；3—桩帽；4—桩锤；5—起重锤；6—机体；7—支撑杆

一、悬挂式桩架

悬挂式桩架以通用履带起重机为底盘，卸去吊钩，将吊臂顶端与桩架连接，桩架立柱底部有支撑杆与回转平台连接，如图2—1所示。桩架立柱可用圆筒形，也可用方形或矩形横截面的桁架。为了增加桩架作业时整体的稳定性，在原有起重机底盘上，需附加配重。底部支撑架是可伸缩的杆件，调整底部支撑杆的伸缩长度，立柱就可从垂直位置改变成倾斜位置，这样可满足打斜桩的需要。由于这类桩架的侧向稳定性主要由起重机下部的支撑杆 7 保证，侧向稳定性较差，只能用于小桩的施工。

二、三支点履带桩架

三支点式履带桩架为专用的桩架，也可由履带起重机改装（平台部分改动较大），主机的平衡重至回转中心的距离以及履带的长度和宽度比起重机主机的相应参数要大些，整机的稳定性好。桩架的立柱上部由两个斜撑杆与机体连接，立柱下部与机体托架连接，因而称为三支点桩架。斜撑杆支撑在横梁的球座上，横梁下有液压支腿。

1.JUS100 型三支点式履带桩架结构。

（1）图 2—2 为 JUS100 型三支点式履带桩架，采用液压传动，动力用柴油机。桩架由履带主机 12、托架 7、桩架立柱 8、顶部滑轮组 1、后横梁 13、斜撑杆 9 以及前后支腿 14 等组成。履带主机由平台总成、回转机构、卷扬机构、动力传动系统、行走机构和液压系统等组成。本机采用先导、超微控制，双导向立柱（导向架），立柱高 33 m，可装 8 t 以下各种规格的锤头，顶部滑轮组能摆动，可装螺旋钻孔机和修理用的升降装置。托架用四个销子与主机相连，托架的上部有两个转向滑轮用于主副吊钩起重钢丝绳的转向。导向架和主机通过两根斜撑杆支撑。后斜撑杆为管形杆与斜撑液压缸连接而成。斜撑液压缸的支座与后横梁伸出部位相连，构成了三点式支撑结构。在后横梁 13 两侧有两个后支腿 14，上面各有一个支腿液压缸，主要用于打斜桩时克服桩架后倾压力。在前托架左右两侧装有两个前支腿液压缸。可以支撑导向架，使之不要前倾。

（2）三支点式打桩架安装要点。

1）安装桩机前，应对地基进行处理，要求达到平坦、坚实，如地基承载能力较低时，可在履带下铺设路基箱或 30 mm 厚的钢板。

2）履带扩张应在无配重情况下进行，扩张时，上部回转平台应与履带成 90°状。

3）导杆底座安装完毕后，应对水平微调液压缸进行试验，确认无问题时，将活塞杆回缩，以准备安装导杆。

4）导杆安装时，履带驱动液压马达应置于后部，履带前倾覆点处用专用铁楔块填实，按一定力矩将导杆之间连接螺栓扭紧。

5）主机位置停妥后，将回转平台与底盘之间用销锁住，伸出水平伸缩臂，并用销轴定好位，然后安装垂直液压缸，下面铺好木垫板，顶实液压缸，使主机保持平衡。

6）导杆安装完毕后，应在主轴孔处装上保险销。再将导杆支座上的支座臂拉出，用千斤顶顶实，按一定扭矩将导杆连接，然后穿绕后支撑定位钢丝绳。

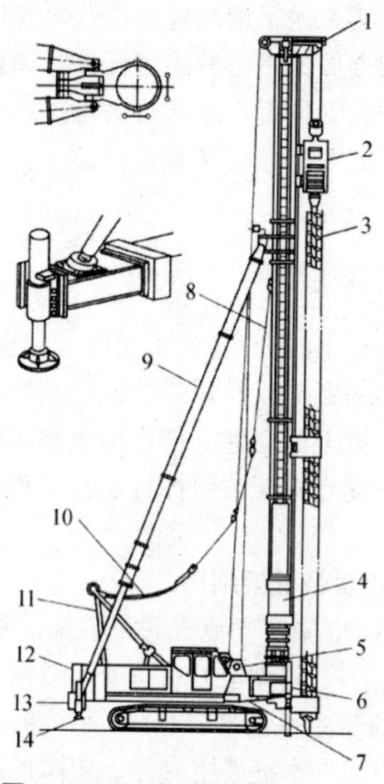

图 2—2 JUS100 型吊机桩架

1—顶部滑轮；2—钻机动力头；3—长螺旋钻杆；4—柴油锤；5—前导向滑轮；6—前支腿；7—托架；8—桩架；9—斜撑；10—导向架起升钢丝绳；11—三脚架 12—主机；13—后横梁；14—后支腿

（3）三点式打桩架施工安全作业要点。

1）桩机的行走、回转及提升桩锤不得同时进行。

2）严禁偏心吊桩。正前方吊桩时，其水平距离要求混凝土预制桩不得大于 4 m，钢管桩不得大于 7 m。

3）使用双向导杆时，须待导杆转向到位，并用锁销将导杆与基杆锁住后，方可起吊。

4）风速超过 15 m/s 时，应停止作业，导杆上应设置缆风绳。当风速大到 30 m/s 时，应将导杆放倒。当导杆长度在 27 m 以上时，预测风速达 25 m/s 时。导杆也应提前放下。

5）当桩的入土深度大于 3 m 时，严禁采用桩机行走或回转来纠正桩的倾斜。

6）拖拉斜桩时，应先将桩锤提升到预定位置，并将桩吊起，套入桩帽，桩尖插入桩位后再仰导杆。严禁导杆后仰以后，桩机回转及行走。

7）桩机带锤行走时，应先将桩锤放至最低位置，以降低整机重心，行走时，驱动液压马达应在尾部位置。

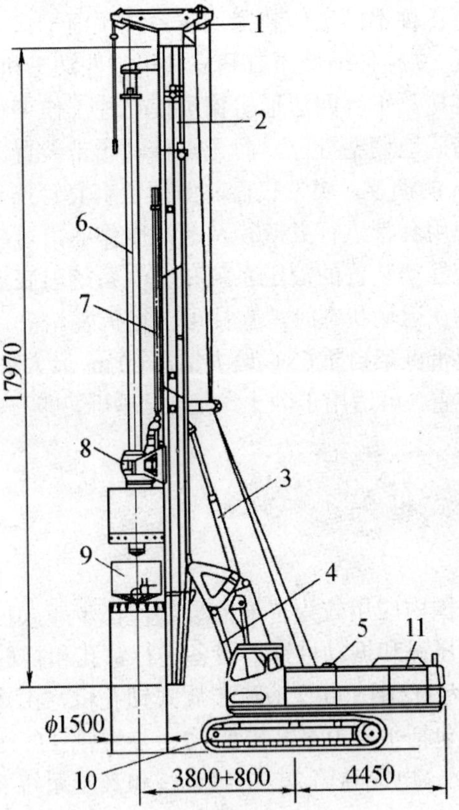

图 2—3 R618 型多功能尾带桩架

1—滑轮架；2—立柱；3—立柱伸缩液压缸；4—平行四边形机构；5—主、副卷扬机；6—伸缩钻杆；7—进给液压缸；8—液压动力头；9—回转斗 ；10—履带装置；11—回转平台

8）上下坡时，坡度不应大于 9°，并应将桩机重心置于斜坡的上方。严禁在斜坡上回转。

9）作业后，应将桩架落下，切断电源及电路开关，使全部制动生效。

三、多功能履带桩架

图 2—3 为意大利土力公司的 R618 型多功能履带桩架总体构造图。由滑轮架 1、立柱 2、立柱伸缩液压缸 3、平行四边形机构 4，主、副卷扬机 5、伸缩钻杆 6、进给液压缸 7、液压动力头 8、回转斗 9、履带装置 10 和回转平台 11 等组成。回转平台可 360°全回转。这种多功能履带桩架可以安装回转斗、短螺旋钻孔器、长螺旋钻孔器、柴油锤、液压锤、振动锤和冲抓斗等工作装置。还可以配上全液压套管摆动装置，进行全套管施工作业。另外，还可以进行地下连续墙施工和逆循环钻孔，做到一机多用。

本机采用液压传动，液压系统有三个变量柱塞液压泵和三个辅助齿轮油泵。各个油泵可单独向各工作系统提供高压液压油。在所有液压油路中，都设置了电磁阀。

各种作业全部由电液比例伺服阀控制，可以精确地控制机器的工作。

平台的前部有各种不同工作装置液压系统预留接口。在副卷扬机的后面留有第三个卷扬机的位置。立柱伸缩液压缸和立柱平行四边形机构，一端与回转平台连接，另一端则与立柱连接。平行四边形机构可使立柱工作半径改变，但立柱仍能保持垂直位置。这样可精确地调整桩位，而无需移动履带装置。履带的中心距可依靠伸缩液压缸作 2.5～4 m 的调整。履带底盘前面预留有套管摆动装置液压系统接口和电气系统插座。如需使用套管进行大口径及超深度作业，可装上全液压套管摆动装置。这时，只要将套管摆动装置的液压系统和电气系统与底盘前部预留的接口相连，即可进行施工作业。在运输状态时，立柱可自行折叠。

这种多功能履带桩架自重65 t，最大钻深60 m，最大桩径2 m。钻进力矩172 kN·m，配上不同的工作装置，可适用于砂土、泥土、砂砾、卵石、砾石和岩层等成孔作业。

第 2 讲　步履式桩架

步履式桩架是国内应用较为普遍的桩架，在步履式桩架上可配用长、短螺旋钻孔器、柴油锤、液压锤和振动桩锤等设备进行钻孔和打桩作业。

图 2—4（a）为 DZB1500 型液压步履式钻孔机，由短螺旋钻孔器和步履式桩架组成。步履式桩架包括平台 9、下转盘 12、步履靴 11、前支腿 14、后支腿 10、卷扬机构 7、操作室 6、电缆卷筒 2、电气系统和液压系统 8 等组成。下转盘上有回转滚道，上转盘的滚轮可在上面滚动，回转中心轴一端与下转盘中心相连，另一端与平台下部上转盘中心相连。

回转时，前、后支腿支起，步履靴离地，回转液压缸伸缩使下转盘与步履靴顺时针或逆时针旋转。如果前、后支腿回缩，支腿离地，步履靴支撑整机，回转液压缸伸缩带动平台整体顺时针或逆时针旋转。下转盘底面安装有行走滚轮，滚轮与步履靴相连接。滚轮能在步履靴内滚动。移位时靠液压缸伸缩使步履靴前后移动。行走时，前、后支腿液压缸收缩，支腿离地，步履靴支撑整机，钻架整个工作重量落在步履靴上，行走液压缸伸缩使整机前或后行走一步，然后让支腿液压缸伸出，步履靴离地，行走液压缸伸缩使步履靴回复到原来位置。重复上述动作可使整个钻机行走到指定位置。臂架 3 的起落由液压缸 5 完成。在施工现场整机移动对位时，不用落下钻架。转移施工场地时，可以将钻架放下，安上行走轮胎，如图 2—4（b）所示的移动状态。

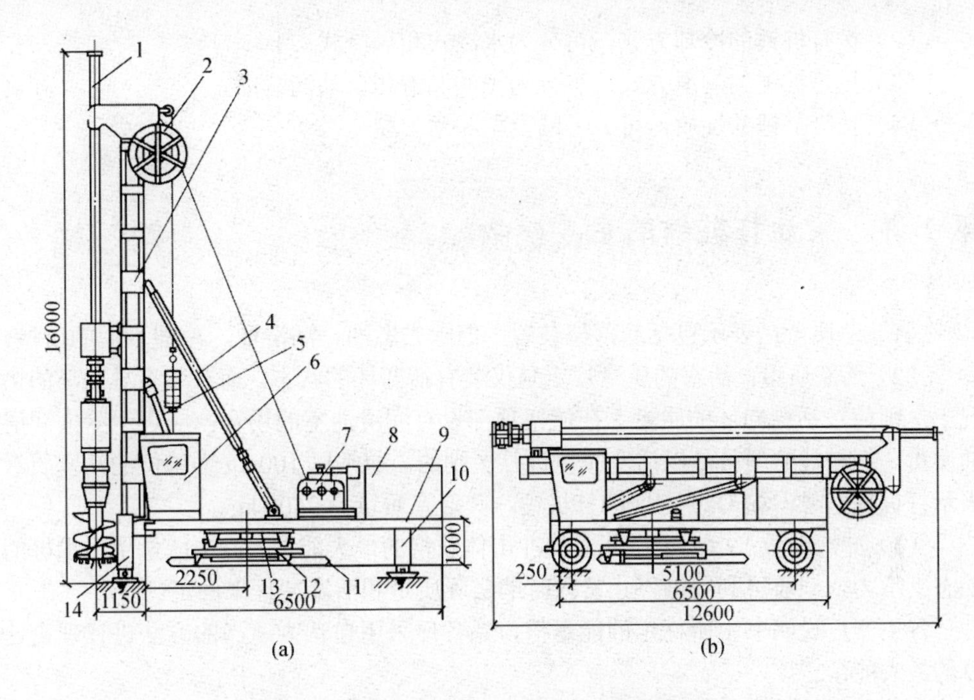

图 2—4 DZB1500 型液压步履式短螺旋钻孔机

（a）作业时；（b）转移时

1—钻机部分；2—电缆卷筒；3—臂架；4—斜撑；5—起架液压缸；6—操作室；7—卷扬机；8—液压系统；9—平台；10—后支腿；11—步履靴；12—下转盘；13—上转盘；14—前支腿

第 2 单元　柴油打桩锤

柴油锤实质上是一个单缸冲程发动机，利用柴油在汽缸内燃烧爆发而做功。常用柴油锤有导杆式柴油锤和筒式柴油锤。

第 1 讲　柴油打桩锤的分类

柴油打桩锤按其动作特点分为导杆式和筒式两种。导杆式打桩锤的冲击体为汽缸，它构造简单，但打桩能量少，只适用于打小型桩；筒式打桩锤冲击体为活塞，打桩能量大，施工效率高，是目前使用最广泛的一种打桩设备。

筒式打桩锤又有下列四种类型：

（1）按打桩功能可分为直打型和斜打型。直打型也可用于打斜桩，只是润滑方式不同，仅限于打 15°～20°范围内的斜桩。而斜打型桩锤则可在 0°～45°范围内打各种角度的桩；

（2）按打桩锤的冷却方式，可分为水冷式和风冷式；

（3）按打桩锤的润滑方式，可分为飞溅润滑和自动润滑；

（4）按打桩锤的性质，可分为陆上型和水上型。

第 2 讲　柴油打桩锤的主要参数

（1）总质量：表示包括起落架装置，但除去燃油、润滑油、冷却水后的质量。

（2）活塞质量：活塞的质量规定是仅装有活塞环的状态，而在装有导向环的情况下，则应包括导向环的质量。在活塞顶部设有润滑油室的场合，应表示除去润滑油质量。打桩锤的型号是以活塞质量进行区别的。通常以 100 kg 为单位的活塞质量表示打桩锤型号，如 D25 型柴油打桩锤，其活塞质量为 2500 kg。

（3）冲击能量：指一个循环内使冲击体获得的最大能量。冲击能量用于求桩的动态支承力，一般可利用桩停止贯入时的实际质量和活塞冲程来确定。

各生产厂说明书中所标定的能量值，系各厂采用自认为适当的方法进行理论计算的最大能量。

（4）活塞冲程：指活塞相对汽缸移动的距离。冲程越高，则获得的能量越大。但冲程过大、容易将桩打坏，并使汽缸构造复杂，加工也困难，同时会使冲击频率减少，降低打桩效率。

筒式打桩锤的最大冲程都限制在 2.5 m 以内。

（5）冲击频率：指活塞每分钟冲击的次数。冲击次数随活塞冲程而变化，冲程越高，则冲击次数越少。冲程与冲击次数的关系随机型而异。如果把活塞看成自由下落体，通过计算求出冲击次数的数值，可用下式表示。

$$N=30\sqrt{g/2H}$$

式中　N——每分钟冲击次数，min^{-1}；

H——活塞冲程，m；

g——重力加速度，9.8 m^2。

实际上，由于摩擦和压缩引起减速，冲击次数要小于上式求出的数值，但误差极小。

（6）极限贯入度：是指活塞一次冲击使桩贯入度允许的最小值。极限贯入度的控制是保护活塞避免因冲击而招致损坏的极限度。如果桩的贯入量在极限贯入度以下，则应停止锤击。

极限贯入度的数值有的定为 10 击 10 mm，有的则为 10 击 5 mm，应以说明书上规定值为准。

（7）打斜桩时容许最大角度：系指以铅垂线为基准，桩锤能够连续运转的最大倾斜度。通常前后倾斜为同一角度。

打斜桩时，桩锤的冲击能量由于上活塞的实际冲程小于名义冲程以及汽缸间的磨损增大，因而和打直桩相比有所下降。打斜桩时的冲击能量和打直桩时的冲击能量相比的效率可用下式表示。

$$\eta = \cos\theta - \mu\sin\theta$$

式中　η——和打直桩时相比冲击能量的效率；

θ——斜桩角，以铅垂线为基准的角度；

μ——摩擦系数。

第 4 讲　柴油锤的安全操作要点

（1）柴油打桩锤应使用规定配合比的燃油作业前，应将燃油箱注满，并将出油阀门打开。

（2）作业前，应打开放气螺塞，排出油路中的空气，并应检查和试验燃油泵，从清扫孔中观察喷油情况；发现不正常时，应予调整。

（3）作业前，应使用起落架将上活塞提起稍高于上汽缸，打开贮油室油塞，按规定加满润滑油。对自动润滑的桩锤，应采用专用油泵向润滑油管路加入润滑油，并应排除管路中的空气。

（4）对新启用的桩锤，应预先沿上活塞一周浇入 0.5 L 润滑油，并应用油枪对下活塞加注一定量的润滑油。

（5）应检查所有紧固螺栓，并应重点检查导向板的固定螺栓，不得在松动及缺件情况下作业。

（6）应检查并确认起落架各工作机构安全可靠，启动钩与上活塞接触线在 5～10 mm 之间。

（7）提起桩锤脱出砧座后，其下滑长度不宜超过 200 mm。超过时应调整桩帽绳扣。

（8）应检查导向板磨损间隙，当间隙超过 7 mm 时，应予更换。

（9）应检查缓冲胶垫，当砧座和橡胶垫的接触面小于原面积三分之二时或下汽缸法兰与砧座间隙小于 7 mm 时，均应更换橡胶垫。

（10）对水冷式桩锤，应将水箱内的水加满。冷却水必须使用软水。冬季应加温水。

（11）桩锤启动前，应使桩锤、桩帽和桩在同一轴线上，不得偏心打桩。

（12）在桩贯入度较大的软土层启动桩锤时，应先关闭油门冷打，待每击贯入度小于 100 mm 时，再开启油门启动桩锤。

（13）锤击中，上活塞最大起跳高度不得超过出厂说明书规定。目视测定高度宜符合出厂说明书上的目测表或计算公式。当超过规定高度时，应减少油门，控制落距。

（14）当上活塞下落而柴油锤未燃爆时，上活塞可发生短时间的起伏，此时起落架不得落下，应防撞击碰块。

（15）打桩过程中，应有专人负责拉好曲臂上的控制绳；在意外情况下，可使用控制绳紧急停锤。

（16）当上活塞与启动钩脱离后，应将起落架继续提起，宜使它与上汽缸达到或超过 2 m 的距离。

（17）作业中，应重点观察上活塞的润滑油是否从油孔中泄出。当下汽缸为自动加油泵润滑时，应经常打开油管头，检查有无油喷出；当无自动加油泵时，应每隔 15 min 向下活塞润滑点注入润滑油。当一根桩打进时间超过 15 min 时，则应在打完后立即加注润滑油。

（18）作业中，当桩锤冲击能量达到最大能量时，其最后 10 锤的贯入值不得小于 5 mm。

（19）桩帽中的填料不得偏斜，作业中应保证锤击桩帽中心。

（20）作业中，当水套的水由于蒸发而低于下汽缸吸排气口时，应及时补充，严禁无水作业。

（21）停机后，应将桩锤放到最低位置，盖上汽缸盖和吸排气孔塞子，关闭燃料阀，将操作杆置于停机位置，起落架升至高于桩锤 1 m 处，锁住安全限位装置。

（22）长期停用的桩锤，应从桩机上卸下，放掉冷却水、燃油及润滑油，将燃烧室及上、下活塞打击面清洗干净，并应做好防腐措施，盖上保护套，入库保存。

第 3 单元　振动桩锤

第 1 讲　振动桩锤的分类与构造

一、振动桩锤的分类

（1）按工作原理可分为振动式桩锤和振动冲击式桩锤。

（2）按动力装置与振动器连接方式可分为刚性振锤（图 2—5）和柔性振锤（图 2—6）。

（3）按振动频率可分为低频振动桩锤（15～20 Hz）、中频振动桩锤（20～60 Hz）、高频振动桩锤（100～150 Hz）与超高频振动桩锤（1500 Hz 以上）四种。

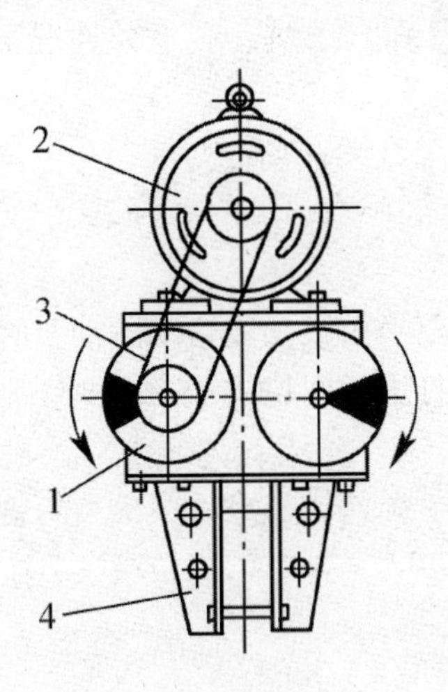

图 2—5 刚性振锤

1—激振器；2—电动机；

3—传动机构；4—夹桩器

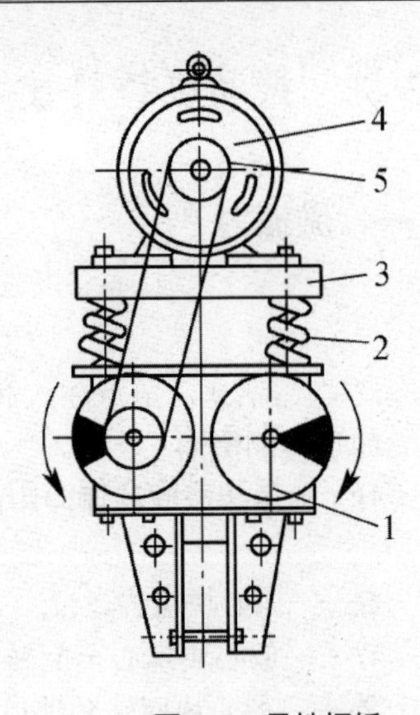

图 2—6 柔性振锤

1—激振器；2—弹簧；3—底架；

4—电动机；5—传动带

二、振动桩锤构造组成

振动桩锤主要由原动机（电动机、液压马达）、激振器、夹持器和减振器组成，如图 2—7 所示为国产 DZ—8000 振动桩锤。

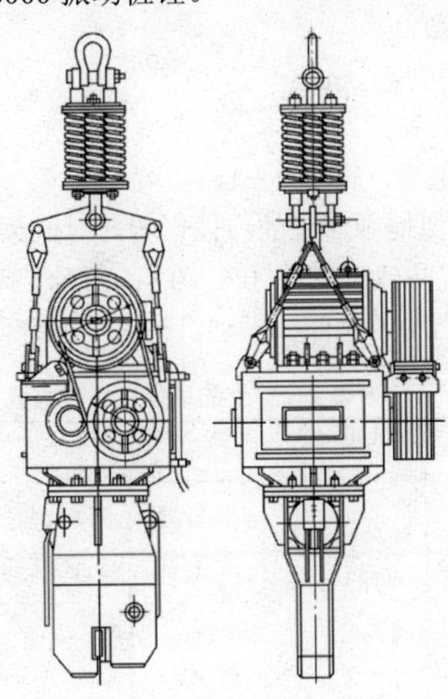

图 2—7 国产 DZ—8000 振动桩锤

第 2 讲 振动桩锤的技术性能

一、激振力 P

$$P = \frac{M \cdot \omega^2}{g} \geqslant X \cdot R \text{（N）}$$

式中 P——激振力；

M——振动器静贪偏心距；

$$M=Gr \text{（N·cm）}$$

式中 G——偏心块重力，N；

r——偏心块重心至回转中心距，cm；

ω——偏心块回转角速度，即频率，1/s；

R——桩体下沉到最大深度时桩体破坏土层的阻力，N，可按下列因素确定；

对圆桩

$$R = S_{i=1}^{n} \tau_i h_i$$

对钢板桩

$$R = S_{i=1}^{n} \tau'_i h_i$$

式中 i——土层按深度排列序数；

n——土层总层数；

h_i——土层每层厚度，m；

S——圆桩周长，m；

τ_i'、τ_i——土的单位阻力，查表 2—1。

X——系数，近似地考虑土的弹性影响。对低频（ω=30～60，1/s）用于下沉重型钢筋混凝土桩和沉井建议取用 0.6～0.8；而对于高频如振动下沉钢板桩、木桩等，建议取用 2—1。当用调频低频振动沉桩时，允许降低到 0.4～0.5。

表 2—1 土的单位破坏阻力值

土的种类	圆桩			板桩	
	木和钢管桩	钢筋混凝土桩	开口钢筋混凝土管桩和沉井	轻型截面钢板桩	重型截面钢板桩
含水砂土和松软造型黏土	6	7	5	12	14
砂土类黏土层和砾石层	8	10	7	17	20
紧密造型黏土	15	18	10	20	25
半硬和硬质黏土	25	30	20	40	50

二、振幅 A

采用下列近似公式计算振幅：

$$A=\frac{M}{Q}\sqrt{1-\left(\frac{4R'}{\pi P}\right)^{2}}\quad (\text{cm})$$

式中　A——振幅；

Q——总重（桩重及桩锤重）,N；

R'——侧向摩擦力，N

三、沉桩条件

沉桩下沉条件为：

$$Q \geqslant P_0 F$$

$$\upsilon_1 \leqslant \frac{Q}{P} < \upsilon_2$$

式中 F——桩的横截面积，cm^2；

P_0——桩上必要压力，为起始压力值的 1.2～1.5 倍，一般可按表 2 的值选用；

υ_1、υ_2——系数，见表 2—3。

表 2—2　各种桩上必要压力 P_0 值

桩的型式和尺寸	P_0/MPa
小直径钢管桩和横截面积为 150 cm^2 的其他构件	0.15～0.3
木桩和钢管桩(带封闭端的)，其横截面积为 800 cm^2	0.4～0.5
钢筋混凝土桩、方形或角形横截面积为 2000 cm^2	0.6～0.8

表 2—3　υ_1、υ_2 系数

桩型式	钢板桩	轻型木桩，钢管桩	重型钢筋混凝土桩和沉井
υ_1	0.15	0.30	0.40
υ_2	0.50	0.60	1.00

四、功率

$$N_{总}=\frac{\sum_{j=1}^{k} N_j + N_0}{\eta}(\text{kW})$$

式中　$N_{总}$——功率；

$\sum_{j=1}^{k} N_j$——为克服振动器机构中各种阻力的功率之和；

N_0——克服土阻力的功率；

η——传动效率，取为0.9。

$\sum_{j=1}^{k} N_j$的计算，一方面是轴承摩擦功率，另一方面是随着振动沉桩过程所消耗的功率，其中有机械部件的振动，振动器内的润滑，克服空气阻力等。在实际计算时可利用下述近似公式：

$$\sum_{i=1}^{k} N_j = Pdnf \bullet 10^{-5} (\text{kW})$$

式中　d——振动器各轴轴径，cm；

n——振动器每分钟转数，r/min；

f——滚动轴承摩擦系数，取为0.01。

N_{0max}的计算可采用下列近似公式：

$$N_{0\max} = K\frac{M^2\omega^2}{4Q} \bullet 10^{-7} (\text{kW})$$

式中　K——系数，考虑到土的振动质量所增加损失功率的比例，K=1.1～1.2；

第3讲　振动桩锤的选择

一、适用范围

（1）轻级振动桩锤适用于下沉钢板桩、2 t以下的木桩和钢筋混凝土桩；

（2）中级振动桩锤（整个振动体系质量在20 t以下时）适用于下沉直径1 m以内的实体桩及管桩；

（3）重级振动桩锤适用于下沉大型管柱。并联组合若干台同步工作，可将特大直径的钢筋混凝土管柱下沉很大深度。

二、振动桩锤选择

在各种土中下沉管柱时振动桩锤主要参数选择范围，见表2—4。

表 2—4 在各种土中下沉管柱时振动桩锤主要参数选择范围

土的种类 \ 主参数	振动频率 ω(1/s)	振幅 A/mm	激振力 P 超出振动体总重 Q 的范围	连续工作时间 t/min
饱和水分砂质土	100～120	(砂层)6～8	10%～20%	15～20
塑性黏土及砂质黏土	90～100	8～10	25%～30%	(包括黄土)20～25
紧密黏土	70～75	12～14	35%～40%	紧密褐色黏土 10～12
砂夹卵石土	60～70	15～16	40%～45%	—
卵石夹砂土	50～60	14～15	45%～50%	8～10

第 4 讲　振动桩锤的安全操作要点

（1）作业场地至电源变压器或供电主干线的距离应在 200 m 以内。

（2）液压箱、电气箱应置于安全平坦的地方。电气箱和电动机必须安装保护接地设施。

（3）长期停放重新使用前，应测定电动机的绝缘值，且不得小于 0.5 MΩ，并应对电缆芯线进行导通试验。电缆外包橡胶层应完好无损。

（4）应检查并确认电气箱内各部件完好，接触无松动，接触器触点无烧毛现象。

（5）作业前，应检查振动桩锤减震器与连接螺栓的紧固性，不得在螺栓松动或缺件的状态下启动。

（6）应检查并确认振动箱内润滑油位在规定范围内。用手盘转胶带轮时，振动箱内不得有任何异响。

（7）应检查各传动胶带的松紧度，过松或过紧时应进行调整。胶带防护罩不应有破损。

（8）夹持器与振动器连接处的紧固螺栓不得松动。液压缸根部的接头防护罩应齐全。

（9）应检查夹持片的齿形。当齿形磨损超过 4 mm 时，应更换或用堆焊修复。使用前，应在夹持片中间放一块 10～15 mm 厚的钢板进行试夹。试夹中液压缸应无渗漏，系统压力应正常，不得在夹持片之间无钢板时试夹。

（10）悬挂振动桩锤的起重机，其吊钩上必须有防松脱的保护装置。振动桩锤悬挂钢架的耳环上应加装保险钢丝绳。

（11）启动振动桩锤应监视启动电流和电压，一次启动时间不应超过 10 s。当启动困难时，应查明原因，排除故障后，方可继续启动。启动后，应待电流降到正常值时，方可转到运转位置。

（12）振动桩锤启动运转后，应待振幅达到规定值时，方可作业。当振幅正常后仍不能拔桩时，应改用功率较大的振动桩锤。

（13）拔钢板桩时，应按沉入顺序的相反方向起拔，夹持器在夹持板桩时，应靠近相邻一根，对工字桩应夹紧腹板的中央。如钢板桩和工字桩的头部有钻孔时，应将钻孔焊平或将钻孔以上割掉，亦可在钻孔处焊加强板，应严防拔断钢板桩。

（14）夹桩时，不得在夹持器和桩的头部之间留有空隙，并应待压力表显示压力达到额定值后，方可指挥起重机起拔。

（15）拔桩时，当桩身埋入部分被拔起 1.0～1.5 m 时，应停止振动，拴好吊桩用钢丝绳，再起振拔桩。当桩尖在地下只有 1～2 m 时，应停止振动，由起重机直接拔桩。待桩完全拔出后，在吊桩钢丝绳未吊紧前，不得松开夹持器。

（16）沉桩前，应以桩的前端定位，调整导轨与桩的垂直度，不应使倾斜度超过 2°。

（17）沉桩时，吊桩的钢丝绳应紧跟桩下沉速度而放松。在桩入土 3 m 之前，可利用桩机回转或导杆前后移动，校正桩的垂直度；在桩入土超过 3 m 时，不得再进行校正。

（18）沉桩过程中，当电流表指数急剧上升时，应降低沉桩速度，使电动机不超载；但当桩沉入太慢时，可在振动桩锤上加一定量的配重。

（19）作业中，当遇液压软管破损、液压操纵箱失灵或停电（包括熔丝烧断）时，应立即停机，将换向开关放在“中间”位置，并应采取安全措施，不得让桩从夹持器中脱落。

（20）作业中，应保持振动桩锤减振装置各摩擦部位具有良好的润滑。

（21）作业后，应将振动桩锤沿导杆放至低处，并采用木块垫实，带桩管的振动桩锤可将桩管插入地下一半。

（22）作业后，除应切断操纵箱上的总开关外，尚应切断配电盘上的开关，并应采用防雨布将操纵箱遮盖好。

第 4 单元　静力压桩机

第 1 讲　静力压桩机构造组成

静力压桩机有机械式（绳索式）和液压式两类，国内生产和使用的多数为液压式。

（1）图 2—8 为 YZY-500 型静力压桩机的示意图。它由支腿平台结构、走行机构、压桩架、配重、起重机、操作室等部分组成。

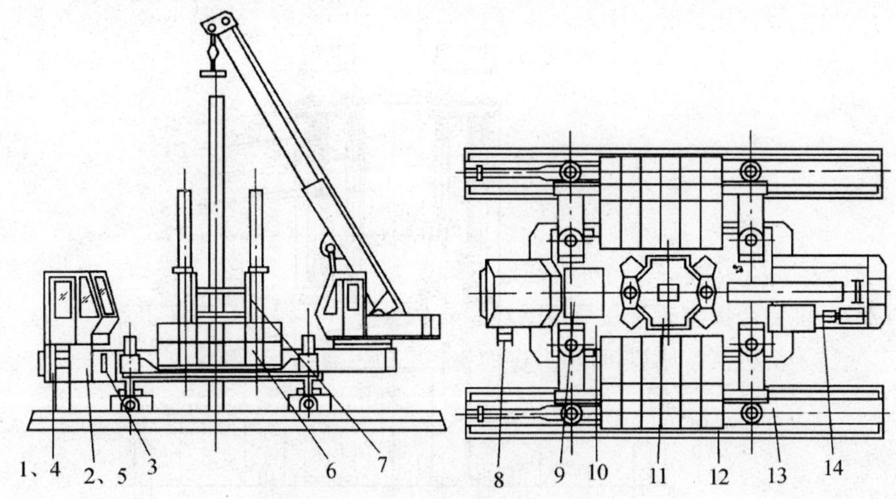

图 2—8 YZY-500 静力压桩机构造

1—操作室；2 液压总装室；3—油箱系统；4—电气系统；5—液压系统；6—配重铁；7—导向压桩架；8—楼梯；9—踏板；10—支腿平台结构；11—夹持机构；12—长船行走机构；13—短船行走及回转机构；14—液压起重机

（2）图 2—9 为 YZY-400 型静力压桩机的示意图，它与 YZY-500 型静力压桩机构造上的主要区别在于长船与短船相对平台的方向转动了 90°。

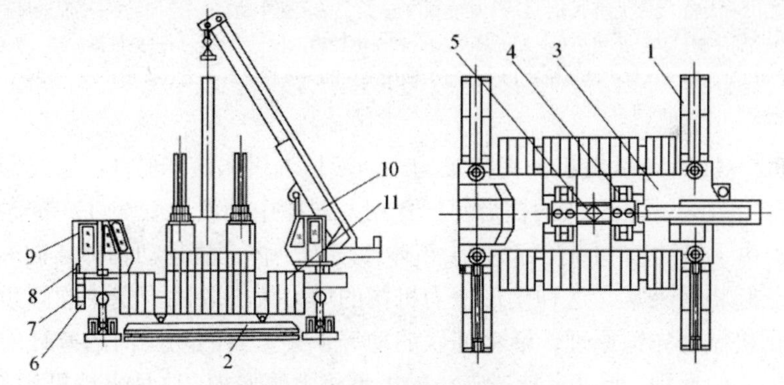

图 2—9 YZY-400 型静力压桩机构造

1—长船；2—短船回转机构；3—平台；4—导向机构；5—夹持机构；6—梯子；7—液压系统；8—电器系统；9—操作室；10—起重机；11—配重梁

（3）图 2—10 为 6000 kN 门式四缸三速静力压桩机的示意图，它是目前国内级别最大的静力压桩机，与前面介绍的 YZY-500 型压桩机的主要区别有以下四点。

1）6000 kN 压桩机压桩油缸有四个，比 YZY-500 型压桩机多两个。

2）6000 kN 静力压桩机在小船上增加了四个支撑液压缸。压桩时，不但大船落地，小船也可以由四个支撑液压缸升降使之着地，增加了压桩机的支承面，大大改善了压桩条件。

3）6000 kN 压桩机增加了侧向车轮，横向力依靠滚动轮来克服，就像 L 形门式起重机的天车行走轮那样。

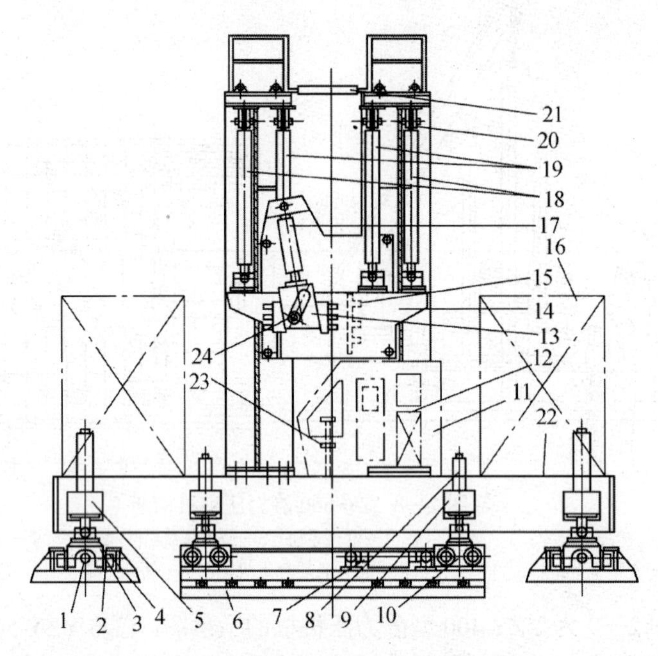

图 2—10 6000 kN 门式四缸三速静力压桩机结构示意图

1—大船液压缸；2—大船；3—大船小车；4—大船支撑液压缸；5—大船牛腿；6—小船；7—小船液压缸；8—小船支撑液压缸；9—小船牛腿；10—小船小车；11—操纵室；12—电控箱；13—滑块；14—夹桩器；15—夹头板；16—配重；17—夹紧液压缸；18—压桩小液压缸；19—压桩大液压缸；20—立桩；21—上连接板；22—大身；23—操纵阀；24—推力轴

4）图 2—11 为该压桩机的夹持机构。当液压油进入液压缸 1，通过套筒 6 推动滑块 7 向下运动，由于滑块的楔形斜面作用，斜槽中的滑块套筒 12 带动推动轴 11 向右移动。由于推动轴 11 与活动夹头箱体 4 连为一体，故带动箱体 4 向右移动，和固定箱体一起将桩夹紧。这种楔形增力机构的增力大小取决于楔块的倾角与滑槽的倾角。根据机械功守恒原理，活动杆做的功等于夹卡做的功，而活塞杆的行程远大于夹持器夹头的行程，所以夹持器夹头的力量将大幅增加。这种夹持机构是 6000 kN 压桩机的特殊设计。

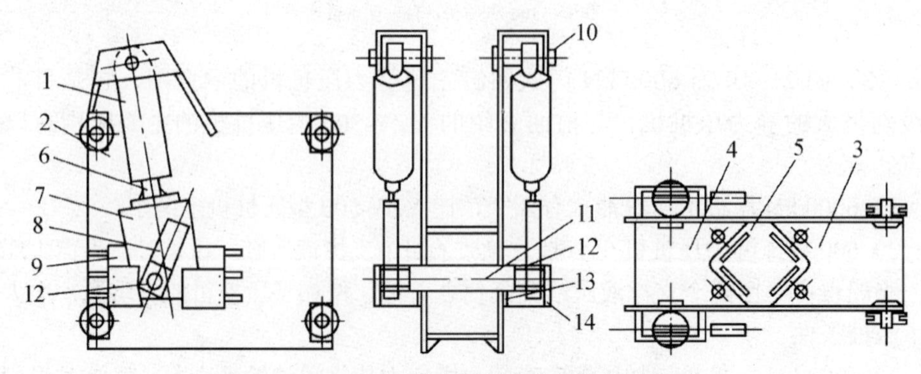

图 2—11 6000 kN 静力压桩机夹持机构示意图

1—液压缸；2—箱体；3—固定夹头箱体；4—活动夹头箱体；5—夹头板；6—套筒；7—滑块；8—斜槽；9—垫板；10—销轴；11—推动轴；12—滑块套筒；13—支承导板；14—垫板连接板

第 2 讲　静力压桩机的技术性能

YZY 系列静力压桩机主要技术性能见表 2—5。

表 2—5　YZY 系列静力压桩机主要技术性能

参数 \ 型号		200	280	400	500
最大压人力/kN		2000	2800	4000	5000
单桩承载能力(参考值)/kN		1300～1500	1800～2100	2600～3000	3200～3700
边桩距离/m		3.9	3.5	3.5	4.5
接地压力/MPa 长船/短船		0.08/0.09	0.094/0.12	0.097/0.125	0.09/0.137
压桩桩段截面尺寸(长×宽)/m	最小	0.35×0.35	0.35×0.35	0.35×0.35	0.4×0.4
	最大	0.5×0.5	0.5×0.5	0.5×0.5	0.55×0.55
行走速度(长船)/(m/s)	伸程	0.09	0.088	0.069	0.083
压桩速度/(m/s) 慢(2 缸)/快(4 缸)		0.033	0.038	0.025/0.079	0.023/0.07
一次最大转角/rad		0.46	0.45	0.4	0.21
液压系统额定工作压力/MPa		20	26.5	24.3	22
配电功率/kW		96	112	112	132
工作吊机	起重力矩/(kN·m)	460	460	480	720
	用桩长度/m	13	13	13	13
整机重量	自重量/t	80	90	130	150
	配重量/t	130	210	290	350
拖运尺寸(宽×高)/m		3.38×4.2	3.38×4.3	3.39×4.4	3.38×4.4

第 3 讲　静力压桩机的安全操作要点

（1）压桩机安装地点应按施工要求进行先期处理，应平整场地，地面应达到 35 kPa 的平均地基承载力。

（2）安装时，应控制好两个纵向行走机构的安装间距，使底盘平台能正确对位。

（3）电源在导通时，应检查电源电压并使其保持在额定电压范围内。

（4）各液压管路连接时，不得将管路强行弯曲。安装过程中，应防止液压油过多流损。

（5）安装配重前，应对各紧固件进行检查，在紧固件未拧紧前不得进行配重安装。

（6）安装完毕后，应对整机进行试运转，对吊桩用的起重机，应进行满载试吊。

（7）作业前应检查并确认各传动机构、齿轮箱、防护罩等良好，各部件连接牢固。

（8）作业前应检查并确认起重机起升、变幅机构正常，吊具、钢丝绳、制动器等良好。

（9）应检查并确认电缆表面无损伤，保护接地电阻符合规定，电源电压正常，旋转方向正确。

（10）应检查并确认润滑油、液压油的油位符合规定，液压系统无泄漏，液压缸动作灵活。

（11）冬季应清除机上积雪，工作平台应有防滑措施。

（12）压桩作业时，应有统一指挥，压桩人员和吊桩人员应密切联系，相互配合。

（13）当压桩机的电动机尚未正常运行前，不得进行压桩。

（14）起重机吊桩进入夹持机构进行接桩或插桩作业中，应确认在压桩开始前吊钩已安全脱离桩体。

（15）接桩时，上一节应提升 350～400 mm，此时，不得松开夹持板。

（16）压桩时，应按桩机技术性能表作业，不得超载运行。操作时动作不应过猛，避免冲击。

（17）顶升压桩机时，四个顶升缸应两个一组交替动作，每次行程不得超过 100 mm。当单个顶升缸动作时，行程不得超过 50 mm。

（18）压桩时，非工作人员应离机 10 m 以外。起重机的起重臂下,严禁站人。

（19）压桩过程中，应保持桩的垂直度，如遇地下障碍物使桩产生倾斜时，不得采用压桩机行走的方法强行纠正，应先将桩拔起，待地下障碍物清除后，重新插桩。

（20）当桩在压入过程中，夹持机构与桩侧出现打滑时，不得任意提高液压缸压力，强行操作，而应找出打滑原因，排除故障后，方可继续进行。

（21）当桩的贯入阻力太大，使桩不能压至标高时，不得任意增加配重。应保护液压元件和构件不受损坏。

（22）当桩顶不能最后压到设计标高时，应将桩顶部分凿去，不得用桩机行走的方式，将桩强行推断。

（23）当压桩引起周围土体隆起，影响桩机行走时，应将桩机前进方向隆起的土铲平，不得强行通过。

（24）压桩机行走时，长、短船与水平坡度不得超过 5°。纵向行走时，不得单向操作一个手柄，应两个手柄一起动作。

（25）压桩机在顶升过程中，船形轨道不应压在已入土的单一桩顶上。

（26）作业完毕，应将短船运行至中间位置，停放在平整地面上，其余液压缸应全部回程缩进，起重机吊钩应升至最上部，并应使各部制动生效，最后应将外露活塞杆擦干净。

（27）作业后，应将控制器放在“零位”，并依次切断各部电源，锁闭门窗，冬季应放尽各部积水。

（28）转移工地时，应按规定程序拆卸后，用汽车装运。所有油管接头处应加闷头螺栓，不得让尘土进入。液压软管不得强行弯曲。

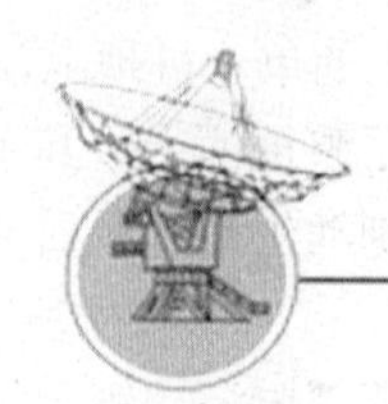

第3部分

起重工程机械选型及使用

第1单元　起重机械的特点及主要性能

第1讲　起重机械的特点和适用范围

起重机械是一种对重物能同时完成垂直升降和水平移动的机械，在工业与民用建筑工程中作为主要施工机械而得到广泛应用。起重机械种类繁多，在建筑施工中常用的为移动式起重机，包括：塔式起重机、汽车式起重机、轮胎式起重机、履带式起重机，以及最基本的起重机械——卷扬机等。表3—1介绍了这些常用起重机械的特点和适用范围。

表3—1 常用起重机械的特点和适用范围

机械名称	优点	缺点	适用范围
塔式起重机	(1)具有一机多用的机型(如移动式固定式、附着式等)，能适应施工的不同需要； (2)附着后起升高度可达100 m以上； (3)有效作业幅度可达全幅度的80%； (4)可以载荷行走就位； (5)动力为电动机，可靠性、维修性都好，运行费用极低	(1)机体庞大，除轻型外，需要解体，拆装费时、费力； (2)转移费用高，使用期短不经济； (3)高空作业，安全要求较高； (4)需要构筑基础	(1)高层、超高层的民用建筑施工； (2)重工业厂房施工，如电站主厂房结构和设备吊装，高炉设备吊装等； (3)内爬式适用于施工现场狭窄的环境
汽车式起重机	(1)采用通用或专用汽车底盘，可按汽车原有速度行驶，灵活机动，能快速转移； (2)采用液压传动，传动平稳，操纵省力，吊装速度快、效率高； (3)起重臂为折叠式，工作性能灵活，转移快	(1)吊重时必须使用支腿； (2)转弯半径大，越野性能差； (3)箱形起重臂自重大，影响起重量； (4)维修要求高	适用于流动性较大的施工单位或临时分散的工地，以及露天装卸作业

续表

机械名称	优点	缺点	适用范围
轮胎式起重机	(1)行驶速度低于汽车式起重机,高于履带式起重机,转弯半径小,越野性能好,上坡能力达17%～20%； (2)一般使用支腿吊重,在平坦地面可不用支腿,可四面作业,还可吊重慢速行驶； (3)稳定性能较好	(1)机动性比汽车式差,不便经常作长距离行走； (2)行驶速度慢。对路面要求较高	适用于比较固定的建筑工地,特别适用于狭窄的施工场所
履带式起重机	(1)行驶速度慢,越野性能好,爬坡能力大,牵引系数为轮胎式起重机的1.5倍； (2)可在泥泞、沼泽等松软地施工,吊重行驶比较平稳； (3)可改换多种工作装置进行多种作业,适用范围广	(1)行驶时对道路破坏性大； (2)在转移距离较长时,需用平板拖车装运	适用于比较固定的、地面及道路条件较差的工业厂房施工
卷扬机	(1)构造简单,结构紧凑,移动方便,操作容易,使用费用低； (2)和井字架、龙门架、滑轮组等机构配套进行垂直提升,尤其对大型结构进行整体吊装,不但进度快、质量有保证,而且是其他起重机械不能代替的	必须有其他机构配套后使用	(1)与井字架配套后用于民用建筑的垂直运输； (2)与桅杆配套后用于大型、超重结构的整体吊装； (3)配套滑轮组进行水平运输塔式起重机

第2讲　起重机械的主要性能参数

起重机械的主要性能参数包括：起重量、工作幅度、起重力矩、起升高度以及工作速度等。

国产起重机主要性能参见表3—2。

表 3—2 国产起重机主要性能参数

机类	起重量 Q /t	工作幅度 R /m	有效幅度 R_1 /m	起重力矩 M /kN·m	起升高度 H /m
轮式起重机	3	2.8	1.25	64	5.5
	5	3.0	1.35	150	6.5
	8	3.2	1.45	256	7.0 最长主臂时为 11
	12	3.5	1.50	420	7.5 最长主臂时为 12
	16	3.75	1.50	600	8.0 最长主臂时为 18
	25	3.75	1.25	940	8.5 最长主臂时为 25
	40	3.75	1.00	1500	9.0 最长主臂时为 30
	65	3.85	0.85	2500	10 最长主臂时为 34
	100	4	0.70	4000	11 最长主臂时为 36
塔式起重机	1.0	16	—	160	18
	1.25	20	—	250	23
	3.0	20	—	600	27
	3.2	25	—	800	45
	4.0	30	—	1200	自行式 50 以下,附着式至 120
	5.3	30	—	1600	自行式 50 以下,附着式至 160
	7.0	35	—	2500	自行式 50 以下,附着式至 160
	11.4	35	—	400	自行式 50 以下,附着式至 160

第 2 单元　起重机械的选型要点

起重机械的选择应综合技术性能和经济性能两方面因素进行。

第 1 讲　起重机技术性能的选择

一、起重量

选择的起重机起重量必须大于所吊装构件的重量与索具重量之和。

$$Q \geq Q_1+Q_2 \tag{3—1}$$

式中 Q——起重机的起重量，kN；

Q_1——构件的重量，kN；

Q_2——索具的重量，kN。

二、起重高度

起重机的起重高度必须满足所吊装构件的吊装高度要求，如图 3—1 所示。

$$H \geqslant +h_1+h_2+h_3+h_4$$

式中 H——起重机的起重高度，m，从停机面算起至吊钩钩口；

h_1——安装支座表面高度，m，从停机面算起；

h_2——安装间隙，应不小于 0. 3m；

h_3——绑扎点至构件吊起后底面的距离，m；

h_4——索具高度，m；绑扎点至吊钩钩口的距离，视具体情况而定。

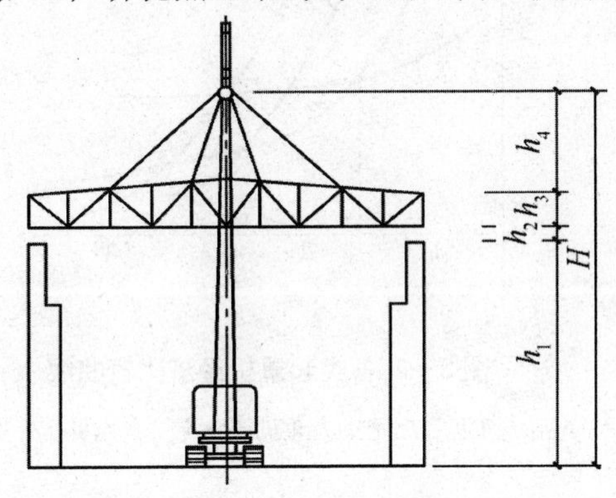

图 3—1 起重机的起重高度

三、起重半径

当起重机可以不受限制地开到所安装构件附近去吊装构件时，可不验算起重半径。但当起重机受限制不能靠近吊装位置去吊装构件时，则应验算当起重机的起重半径为一定值时的起重量与起重高度能否满足安装构件的要求。一般根据所需的 Q_{min}，H_{min} 值，初步选定起重机型号，按式（3—2）计算：

$$R=F+L\cos\alpha \tag{3—2}$$

式中 R——起重机的起重半径；

F——起重臂下铰点中心至起重机回转中心的水平距离，其数值由起重机技术参数表查得；

L——起重臂长度；

α——起重臂的中心线与水平夹角。

同一种型号的起重机可能具有几种不同长度的起重臂，应选择一种既能满足三个吊装工作参数的要求而又最短的起重臂。但有时由于各种构件吊装工作参数相差过大，也可选择几种不同长度的起重臂。例如吊装柱子可选用较短的起重臂，吊装屋面结构则选用较长的起重臂。

第 2 讲 起重机经济性能的选择

起重机的经济性与其在工地使用的时间有很大关系。使用时间越长，则平均到每个台班的运输和安装费越少，其经济性越好。

各类起重机的经济性比较如图 3—2 所示。在同等起重能力下，如使用时间短，则使用汽车或轮胎起重机最经济；如使用时间较长，则履带起重机较为经济；如长期使用，则使用塔式起重机为最经济。

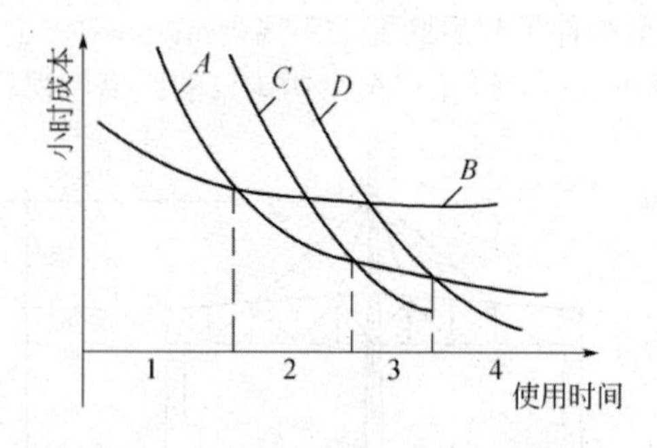

图 3—2 各类起重机经济比较曲线

A—轮胎起重机；B—汽车起重机；C—履带起重机；D—塔式起重机

第 3 单元 起重机安全使用要点

第 1 讲 塔式起重机进场前准备工作

一、塔式起重机进场前资料的准备

塔式起重机进场前，产权单位需向施工总承包单位提供如下资料（复印件需加盖法人单位公章或起重机械业务专用章），总承包单位、使用单位、监理单位进行核实。

（1）企业法人营业执照副本复印件；

（2）本市建筑起重机械租赁企业资信等级证书副本原件和复印件；

（3）塔式起重机登记编号证书原件和复印件；

（4）安装企业起重设备安装工程专业承包资质复印件；

（5）安装企业安全生产许可证复印件；

（6）安全专项施工方案；

（7）塔式起重机安装合同；

（8）进行安装施工的作业人员（包括“建筑起重机械安装拆卸工（T）”至少六名，“建筑起重机械司机（T）”至少 1 名，“电工”至少 1 名，“建筑起重信号司索工”至少 2 名）上岗证书原件及复印件；

（9）安装安全协议书和生产安全事故应急救援预案等资料。

二、安全专项施工方案制定

（1）危险性较大的分部分项工程

塔式起重机安装拆卸工程属于危险性较大的分部分项工程，需由安装单位制定安全专项施工方案，安装单位技术负责人签字审批，并经总包单位、监理单位审核。超过一定规模的危险性较大的分部分项工程的安全专项施工方案需通过专家论证，专家组成员应当由 5 名及以上符合相关专业要求的专家组成。所论证项目参建各方的人员不得以专家身份参加专家论证会。专项方案经论证后，专家组应当提交论证报告，对论证的内容提出明确的意见，并在论证报告上签字。该报告作为专项方案修改完善的指导意见。超过一定规模的危险性较大的分部分项工程包括：

1）采用非常规起重设备、方法，且单件起吊重量在 100kN 及以上的起重吊装工程。

2）起重量 300kN 及以上的起重设备安装工程；高度 200m 及以上内爬起重设备的拆除工程。

（2）安全专项施工方案要求及内容：

安全专项施工方案的内容要完整，应包括：封面；编制依据；工程概况；施工场地及周边环境条件、起重设备/设施参数、施工计划施工工艺流程及吊装步骤；安全保证措施；应急预案和必要的计算书等几方面。具体要求及内容如下：

1）方案应装订成册，封面签章齐全，应包括编制人、审核人、审批人签字和编制单位盖章。

2）编制依据：

①相关图纸资料：现场平、立面图；地下设施、管线分布图或资料；起重设备、设施说明书；温度、风力相关气候条件等。

②相关技术标准：《起重机械安全规程 第 1 部分：总则》（GB 6067.1-2010）、《起重机械安全规程 第 5 部分：桥式和门式起重机》（GB 6067.5-2014）、《起重机 钢丝绳 保养、维护、检验和报废》（GB/T 5972-2016）、《建筑卷扬机》（GB/T1955-2008）、《重要用途钢丝绳》（GB8918-2006）等；

③相关法规：《建设工程安全生产管理条例》（国务院第 393 号令）、《特种设备监察条例》（国务院 549 号令）、《市建设工程施工现场管理办法》、《危险性较大的分部分项工程安全管理办法》（建质[2009]87 号）、《建筑起重机械安全监督管理规定》等。

3）工程概况

①工程所在位置、场地及其周边环境情况等；

②工程规模：起重机械和辅助设施型号、性能；被吊物数量、重量、体积、形状、尺寸、就位位置等。

4）施工场地及周边环境条件

①邻近建（构）筑物、道路及地下管线、基坑、高压线路的位置关系；

②地下管线（包括供水、排水、燃气、热力、供电、通信、消防等）的特征、埋置深度等情况；

③邻近建（构）筑物的层数、高度、结构形式；

④道路的交通负载情况、作业面情况；

⑤平面图应标注待安装设备设施或被吊物与邻近建（构）筑物、道路及地下管线、基坑、高压线路之间的平面关系及尺寸；条件复杂时，还应附剖面图。

5）辅助起重设备、设施参数

①起重设备、设施的名称和起重量、起（提）升高度、自重等性能参数；

②主要被吊部件、组件的吊点、重量、重心、形状、尺寸、高度等；

6）施工计划

①施工工期，包括时间、地点及气候影响等情况；

②辅助设备及台班；

③工具及劳动保护用品配置情况；

④人员配置情况；

⑤运输形式；

⑥工作前的准备；

⑦试吊装；

7）施工工艺流程及吊装步骤

①施工工艺流程图；

②吊装程序与步骤；运输、摆放、拼装、吊运、安装的工艺要求；

③施工过程监测；

④载荷试验；

8）安全保障措施

①危害危险源分析；

②安全保障的人员组成；

③安全防护措施：警戒区、防护隔离、环境保护、安全标志等；

④施工过程安全注意事项及预防保证措施；

9）应急预案

①应急救援领导小组组成与职责；

②应急救援小组组成与职责，包括抢险、安保、后勤、医救、善后等；

③应急救援工作流程及应对措施；

④联系方式

10）计算书

①主要构、部件吊运的高度、位置、角度、重量、重心、刚度、强度、速度的计算；

②各辅助设备设施和吊索具的选用、基础地锚及地耐力等的计算。

三、群塔作业方案的制定

施工总承包单位负责编制群塔作业施工方案，采取有效措施防止群塔作业相互干扰问题。不同施工总承包单位在同一施工现场使用多台塔式起重机作业时，建设单位应当协调组织制定防止塔式起重机相互碰撞的安全措施，监理单位应对方案进行审核。具体施工方案要求及内容如下：

（1）编制依据：

1）旗工现场施工组织设计；

2）设计图纸；

3）使用安装说明书；

4）现场勘探报告；

5）技术标准；

6）法律法规。

（2）工程概况：工程所在位置、场地及其周边环境情况等。

（3）塔式起重机选型与布置设计方案

1）塔式起重机选型；

2）塔式起重机布置

3）各塔初次安装高度。

4）塔式起重机基础设计方案

①各塔基础之间的相互距离

②各塔基础形式

③各塔回转范围

5）群塔作业顶升与锚固方案

①锚固前个塔顶升顺序及高度

②各塔锚固及顶升顺序及高度

6）安全技术保障措施

①危害危险源分析

②群塔作业安全技术管理体系

③群塔作业施工过程安全注意事项及预防保证措施

7）安全文明施工及环境保护。

8）应急预案

①应急救援领导小组组成与职责；

②应急救援小组组成与职责，包括抢险、安保、后勤、医救、善后等；

③应急救援工作流程及应对措施；

④联系方式等。

第 2 讲 塔式起重机安装验收

塔式起重机安装完成后，总承包单位要组织租赁、安装、监理等单位进行验收。安装过程中，安装单位、施工单位应如实、认真地做好《塔式起重机拆装统一检查验收表格》的记录填写工作。包括：

（1）塔式起重机安装、拆卸任务书：安装单位提供；

（2）塔式起重机基础检验记录表：安装前，施工单位提供；

（3）塔式起重机轨道验收记录表：安装前，施工单位提供；

（4）塔式起重机安装、拆卸安全和技术交底书：安装单位提供；

（5）塔式起重机安装、拆卸过程记录表：安装单位提供；

（6）塔式起重机安装完毕验收记录表：产权单位、安装单位负责人共同验收；

（7）塔式起重机安装完毕验收记录表：产权单位、安装单位负责人共同验收；

（8）塔式起重机顶升检验记录表：安装单位提供；

（9）塔式起重机附着锚固检验记录表：安装单位、施工单位共同验收。

以上资料，监理单位、施工单位、租赁单位、拆装单位各留存一份原件。

第 3 讲 塔式起重机检验

一、塔式起重机检验必备条件

总包单位组织相关单位对塔式起重机进行验收之前，需要由具有相应资质的检测机构对起重机械进行检验，检验机构应向总包、监理提交资质证书复印件。进行现场检验的必备条件如下：

（1）有省市建设行政主管部门的登记编号，具备相关的安装验收手续且安装单位验收合格；

（2）有具备资格的塔式起重机司机、信号指挥人员，受检单位、安装单位有专人进行配合；

（3）检验人员具备相应的资格；

（4）检验人员应在保证自身安全的情况下进行检验，检验可能造成安全和健康损害时，检验人员可以终止检验，但应在检验通知书内说明原因；

（5）被检塔式起重机状况、检验现场的环境和场地条件应符合相关标准和使用说明书的要求；

（6）产权单位应提供塔式起重机的使用说明书、安装验收资料、统一编号。受检单位应提供手续齐全的塔式起重机基础资料。

二、塔式起重机检验资料的准备

受检单位在塔式起重机检验前应提供的资料如下：

（1）备登记编号；

（2）施工单位、监理单位审核合格的《施工现场起重机械拆装报审表》；

（3）“塔式起重机拆装统一检查验收表格”。

（4）超过使用年限要求的塔式起重机还需提供《塔式起重机安全评估报告》。

三、塔式起重机检验报告的出具

现场塔式起重机检验合格后，检测单位应同时出具《施工现场塔式起重机检验通知书》，明确检测结果：合格或者不合格，作为塔式起重机能否使用的依据之一。并在 5 个工作日内，根据原始记录中的数据和结果，向受检单位出具《施工现场塔式起重机检验报告》。

第 4 讲　塔式起重机使用和维修保养

一、使用登记资料的准备

塔式起重机在安装验收合格（日期以检测报告为准）之日起 30 日内，使用单位应当向工程所在地的区县建委办理使用登记手续。使用单位先在网上进行起重机械使用登记申报，申报成功后提供以下资料到所属区县建委办理使用登记手续（复印件需加盖企业法人单位公章或起重机械业务专用章）：

（1）起重机械使用登记表；

（2）施工现场起重机械拆装报审表；

（3）安装验收资料复印件；

（4）起重机械登记编号复印件；

（5）双方租赁合同复印件；

（6）检验检测报告复印件；

（7）塔式起重机操作人员资格证书复印件；

（8）达到使用年限的塔式起重机需提供《塔式起重机安全评估报告》原件和复印件；

（9）维护保养管理制度；

（10）生产安全事故应急救援预案。

符合登记条件且资料齐全的，区县建委应当在“登记表”上签署意见并盖章，颁发使用登记标志。登记标志应当置于或者附着于该设备的显著位置。

二、塔式起重机安全评估要求

塔式起重机达到规定的使用年限后，在使用前，需由有资质的评估检测机构进行安全评估，合格后方可使用。

（1）安全评估设备的范围

需进行安全评估的塔式起重机有：630kN•m 以下（不含 630kN•m）、出厂年限超过 10 年（不含 10 年）；630—1250kN•m（不含 1250kN•m）、出厂年限超过 15 年（不含 15 年）；1250kN•m 以上（含 1250kN•m）、出厂年限超过 20 年（不含 20 年）。

（2）安全评估报告有效期

630kN•m 以下（不含 630kN•m）的有效期限为 1 年；630—1250kN•m（不含 1250kN•m）的有效期限为 2 年；1250kN•m 以上（含 1250kN•m）的有效期限为 3 年。

（3）“降级”塔式起重机需安装“黑匣子”

对于评估结论为“降级”的起重机械，租赁单位、使用单位要确保起重机械按“降级”要求使用，严禁超载。对这类塔式起重机，必须安装“工作空间限制器”（俗称“黑匣子”）。

三、定期检查

塔式起重机检测及验收合格后即可投入使用，在使用过程中，在每班作业前，作业人员应对起重机械使用状况进行检查。在检查或作业过程中发现事故隐患或者其他不安全因素时，应立即停止作业并妥善处理；在发生危及人身安全的紧急情况时立即停止作业或者采取必要的应急措施后撤离危险区域，并及时向现场安全管理人员和有关负责人报告。作业人员在作业中应当严格执行安全操作规程和相关的安全作业规定，遵守交接班制度，并填写设备履历书等相应的记录。作业人员在作业中有权拒绝违章指挥和强令冒险作业。

除机组交接班检查外，产权单位还应组织进行周检、月检，做好维护和保养工作，并做好自检记录。产权单位组织专业技术人员按照安全技术标准及有关要求，每月至少对起重机械完好状况进行一次全面的检查，确保起重机械的状况完好，并填写“起重机械定期检查记录”，相关责任人员签字、盖章。并将“起重机械定期检查记录”交施工总承包单位备案。《塔式起重机月检记录表》见附件十三。

施工总承包单位、监理单位应安排专业人员负责现场起重机械管理工作，定期组织对现场起重机械进行检查，督促出租单位对机械进行定期维护保养和及时完成设备问题整改，并认真做好相关记录存档。

四、维修保养

产权单位应按有关要求对起重机械设备进行维修保养，确保起重机械的安全技术状况完好，并做好维修保养记录，起重机械租赁合同对起重机械的检查、维护、保养另有约定的，从其约定。严禁夜间保养起重机械。

使用单位要监督出租单位对起重机械进行检查、维修保养，并在租赁合同中明确设备每月的保养时间。

施工总承包单位要监督产权单位对起重机械进行检查、维修保养，督促使用单位对起重机械做好安全防护措施，起重机械出现故障或者发生异常情况的，督促使用单位立即停止使用，并在消除故障和事故隐患后，方可重新投入使用。

第 5 讲　塔式起重机安全操作要点

（1）起重机的轨道基础应符合下列要求。

1）路基承载能力：轻型（起重量 30 kN 以下）应为 60～100 kPa；中型（起重量 31～150 kN）应为 101～200 kPa；重型（起重量 150 kN 以上）应为 200 kPa 以上；

2）每间隔 6 m 应设轨距拉杆一个，轨距允许偏差为公称值的 1/1000，且不超过 ±3 mm；

3）在纵横方向上，钢轨顶面的倾斜度不得大于 1/1000；

4）钢轨接头间隙不得大于 4 mm，并应与另一侧轨道接头错开，错开距离不得小于 1.5 m，接头处应架在轨枕上，两轨顶高度差不得大于 2 mm；

5）距轨道终端 1 m 处必须设置缓冲止挡器，其高度不应小于行走轮的半径。在距轨道终端 2 m 处必须设置限位开关碰块；

6）鱼尾板连接螺栓应紧固，垫板应固定牢靠。

（2）起重机的混凝土基础应符合下列要求：

1）混凝土强度等级不低于 C35；

2）基础表面平整度允许偏差 1/1000；

3）埋设件的位置、标高和垂直度以及施工工艺符合出厂说明书要求。

（3）起重机的轨道基础或混凝土基础应验收合格后，方可使用。

（4）起重机的轨道基础两旁、混凝土基础周围应修筑边坡和排水设施，并应与基坑保持一定的安全距离。

（5）起重机的金属结构、轨道及所有电气设备的金属外壳，应有可靠的接地装置，接地电阻不应大于 4 Ω。

（6）起重机的拆装必须由取得建设行政主管部门颁发的拆装资质证书的专业队进行，并应有技术和安全人员在场监护。

（7）起重机拆装前，应按照出厂有关规定，编制拆装作业方法、质量要求和安全技术措施，经企业技术负责人审批后，作为拆装作业技术方案，并向全体作业人员交底。

（8）拆装作业前检查项目应符合下列要求：

1）路基和轨道铺设或混凝土基础应符合技术要求；

2）对所拆装起重机的各机构、各部位、结构焊缝、重要部位螺栓、销轴、卷扬机和钢丝绳、吊钩、吊具以及电气设备、线路等进行检查，使隐患排除于拆装作业之前；

3）对自升塔式起重机顶升液压系统的液压缸和油管、顶升套架结构、导向轮、顶升撑脚（爬爪）等进行检查，及时处理存在的问题；

4）对采用旋转塔身法所用的主副地锚架、起落塔身卷扬钢丝绳以及起升机构制动系统等进行检查，确认无误后方可使用；

5）对拆装人员所使用的工具、安全带、安全帽等进行检查，不合格者立即更换；

6）检查拆装作业中配备的起重机、运输汽车等辅助机械，状况良好，技术性能应保证拆装作业的需要；

7）拆装现场电源电压、运输道路、作业场地等应具备拆装作业条件；

8）安全监督岗的设置及安全技术措施的贯彻落实已达到要求。

（9）起重机的拆装作业应在白天进行。当遇大风、浓雾和雨雪等恶劣天气时，应停止作业。

（10）指挥人员应熟悉拆装作业方案，遵守拆装工艺和操作规程，使用明确的指挥信号进行指挥。所有参与拆装作业的人员，都应听从指挥，如发现指挥信号不清或有错误时，应停止作业，待联系清楚后再进行。

（11）拆装人员在进入工作现场时，应穿戴安全保护用品，高处作业时应系好安全带，熟悉并认真执行拆装工艺和操作规程，当发现异常情况或疑难问题时，应及时向技术负责人反映，不得自行其是，应防止处理不当而造成事故。

（12）在拆装上回转、小车变幅的起重臂时，应根据出厂说明书的拆装要求进行，并应保持起重机的平衡。

（13）采用高强度螺栓连接的结构，应使用原厂制造的连接螺栓，自制螺栓应有质量合格的试验证明，否则不得使用。连接螺栓时，应采用扭矩扳手或专用扳手，并应按装配技术要求拧紧。

（14）在拆装作业过程中，当遇天气剧变、突然停电、机械故障等意外情况，短时间不能继续作业时，必须使已拆装的部位达到稳定状态并固定牢靠，经检查确认无隐患后，方可停止作业。

（15）安装起重机时，必须将大车行走缓冲止挡器和限位开关碰块安装牢固可靠，并应将各部位的栏杆、平台、扶杆、护圈等安全防护装置装齐。

（16）在拆除因损坏或其他原因而不能用正常方法拆卸的起重机时，必须按照技术部门批准的安全拆卸方案进行。

（17）起重机安装过程中，必须分阶段进行技术检验。整机安装完毕后，应进行整机技术检验和调整，各机构动作应正确、平稳、无异响，制动可靠，各安全装置应灵敏有效；在无载荷情况下，塔身和基础平面的垂直度允许偏差为 4/1000，经分阶段及整机检验合格后，应填写检验记录，经技术负责人审查签证后，方可交付使用。

（18）起重机塔身升降时，应符合下列要求。

1）升降作业过程，必须有专人指挥，专人照看电源，专人操作液压系统，专人拆装螺栓。非作业人员不得登上顶升套架的操作平台。操纵室内应只准一人操作，必须听从指挥信号。

2）升降应在白天进行，特殊情况需在夜间作业时，应有充分的照明。

3）风力在四级及以上时，不得进行升降作业。在作业中风力突然增大达到四级时，必须立即停止，并应紧固上、下塔身各连接螺栓。

4）顶升前应预先放松电缆，其长度宜大于顶升总高度，并应紧固好电缆卷筒。下降时应适时收紧电缆。

5）升降时，必须调整好顶升套架滚轮与塔身标准节的间隙，并应按规定使起重臂和平衡臂处于平衡状态，并将回转机构制动住，当回转台与塔身标准节之间的最后一处连接螺栓（销子）拆卸困难时，应将其对角方向的螺栓重新插入，再采取其他措施。不得以旋转起重臂动作来松动螺栓（销子）。

6）升降时，顶升撑脚（爬爪）就位后，应插上安全销，方可继续下一动作。

7）升降完毕后，各连接螺栓应按规定扭力紧固，液压操纵杆回到中间位置，并切断液压升降机构电源。

（19）起重机的附着锚固应符合下列要求。

1）起重机附着的建筑物，其锚固点的受力强度应满足起重机的设计要求。附着杆系的布置方式、相互间距和附着距离等，应按出厂使用说明书规定执行。有变动时，应另行设计。

2）装设附着框架和附着杆件，应采用经纬仪测量塔身垂直度，并应采用附着杆进行调整，在最高锚固点以下垂直度允许偏差为 2/1000。

3）在附着框架和附着支座布设时，附着杆倾斜角不得超过 10°。

4）附着框架宜设置在塔身标准节连接处，箍紧塔身。塔架对角处在无斜撑时应加固。

5）塔身顶升接高到规定锚固间距时，应及时增设与建筑物的锚固装置。塔身高出锚固装置的自由端高度，应符合出厂规定。

6）起重机作业过程中，应经常检查锚固装置，发现松动或异常情况时，应立即停止作业，故障未排除，不得继续作业。

7）拆卸起重机时，应随着降落塔身的进程拆卸相应的锚固装置。严禁在落塔之前先拆锚固装置。

8）遇有六级及以上大风时，严禁安装或拆卸锚固装置。

9）锚固装置的安装、拆卸、检查和调整，均应有专人负责，工作时应系安全带和戴安全帽，并应遵守高处作业有关安全操作的规定。

10）轨道式起重机作附着式使用时，应提高轨道基础的承载能力和切断行走机构的电源，并应设置阻挡行走轮移动的支座。

（20）起重机内爬升时应符合下列要求。

1）内爬升作业应在白天进行。风力在五级及以上时，应停止作业。

2）内爬升时，应加强机上与机下之间的联系以及上部楼层与下部楼层之间的联系，遇有故障及异常情况，应立即停机检查，故障未排除，不得继续爬升。

3）内爬升过程中，严禁进行起重机的起升、回转、变幅等各项动作。

4）起重机爬升到指定楼层后，应立即拔出塔身底座的支承梁或支腿，通过内爬升框架固定在楼板上，并应顶紧导向装置或用楔块塞紧。

5）内爬升塔式起重机的固定间隔不宜小于 3 个楼层。

6）对固定内爬升框架的楼层楼板，在楼板下面应增设支柱作临时加固。搁置起重机底座支承梁的楼层下方两层楼板，也应设置支柱作临时加固。

7）每次内爬升完毕后，楼板上遗留下来的开孔，应立即采用钢筋混凝土封闭。

8）起重机完成内爬升作业后，应检查内爬升框架的固定、底座支承梁的紧固以及楼板临时支撑的稳固等，确认可靠后，方可进行吊装作业。

（21）每月或连续大雨后，应及时对轨道基础进行全面检查，检查内容包括：轨距偏差，钢轨顶面的倾斜度，轨道基础的弹性沉陷，钢轨的不直度及轨道的通过性能等。对混凝土基础，应检查其是否有不均匀的沉降。

（22）应保持起重机上所有安全装置灵敏有效，如发现失灵的安全装置，应及时修复或更换。所有安全装置调整后，应加封（火漆或铅封）固定，严禁擅自调整。

（23）配电箱应设置在轨道中部，电源电路中应装设错相及断相保护装置及紧急断电开关，电缆卷筒应灵活有效，不得拖缆。

（24）起重机在无线电台、电视台或其他强电磁波发射天线附近施工时，与吊钩接触的作业人员，应戴绝缘手套和穿绝缘鞋，并应在吊钩上挂接临时放电装置。

（25）当同一施工地点有两台以上起重机时，应保持两机间任何接近部位（包括吊重物）距离不得小于 2 m。

（26）起重机作业前，应检查轨道基础平直无沉陷，鱼尾板连接螺栓及道钉无松动，并应清除轨道上的障碍物，松开夹轨器并向上固定好。

（27）启动前重点检查项目应符合下列要求。

1）金属结构和工作机构的外观情况正常。

2）各安全装置和各指示仪表齐全完好。

3）各齿轮箱、液压油箱的油位符合规定。

4）主要部位连接螺栓无松动。

5）钢丝绳磨损情况及各滑轮穿绕符合规定。

6）供电电缆无破损。

（28）送电前，各控制器手柄应在零位。当接通电源时，应采用试电笔检查金属结构部分，确认无漏电后，方可上机。

（29）作业前，应进行空载运转，试验各工作机构是否运转正常，有无噪声及异响，各机构的制动器及安全防护装置是否有效，确认正常后方可作业。

（30）起吊重物时，重物和吊具的总重量不得超过起重机相应幅度下规定的起重量。

（31）应根据起吊重物和现场情况，选择适当的工作速度，操纵各控制器时应从停止点（零点）开始，依次逐级增加速度，严禁越挡操作。在变换运转方向时，应将控制器手柄扳到零位，待电动机停转后再转向另一方向，不得直接变换运转方向、突然变速或制动。

（32）在吊钩提升、起重小车或行走大车运行到限位装置前，均应减速缓行到停止位置，并应与限位装置保持一定距离（吊钩不得小于 1 m，行走轮不得小于 2 m）。严禁采用限位装置作为停止运行的控制开关。

（33）动臂式起重机的起升、回转、行走可同时进行，变幅应单独进行。每次变幅后应对变幅部位进行检查。允许带载变幅的，当载荷达到额定起重量的 90% 及以上时，严禁变幅。

（34）提升重物，严禁自由下降。重物就位时，可采用慢就位机构或利用制动器使之缓慢下降。

（35）提升重物作水平移动时，应高出其跨越的障碍物 0.5 m 以上。

（36）对于无中央集电环及起升机构、不安装在回转部分的起重机，在作业时，不得顺一个方向连续回转。

（37）装有上、下两套操纵系统的起重机，不得上、下同时使用。

（38）作业中，当停电或电压下降时，应立即将控制器扳到零位，并切断电源。如吊钩上挂有重物，应稍松稍紧反复使用制动器，使重物缓慢地下降到安全地带。

（39）采用涡流制动调速系统的起重机，不得长时间使用低速挡或慢就位速度作业。

（40）作业中如遇六级及以上大风或阵风，应立即停止作业，锁紧夹轨器，将回转机构的制动器完全松开，起重臂应能随风转动。对轻型俯仰变幅起重机，应将起重臂落下并与塔身结构锁紧在一起。

（41）作业中，操作人员临时离开操纵室时，必须切断电源，锁紧夹轨器。

（42）起重机载人专用电梯严禁超员，其断绳保护装置必须可靠。当起重机作业时，严禁开动电梯。电梯停用时，应降至塔身底部位置。不得长时间悬在空中。

（43）作业完毕后，起重机应停放在轨道中间位置，起重臂应转到顺风方向，并松开回转制动器，小车及平衡重应置于非工作状态，吊钩宜升到离起重臂顶端 2～3 m 处。

（44）停机时，应将每个控制器拨回零位，依次断开各开关，关闭操纵室门窗，下机后，应锁紧夹轨器，使起重机与轨道固定，断开电源总开关，打开高空指示灯。

（45）检修人员上塔身、起重臂、平衡臂等高空部位检查或修理时,必须系好安全带。

（46）在寒冷季节，对停用起重机的电动机、电器柜、变阻器箱、制动器等，应严密遮盖。

（47）动臂式和尚未附着的自升式塔式起重机，塔身上不得悬挂标语牌。

第 3 单元　轮式起重机

汽车式起重机和轮胎式起重机都是安装在自行式轮胎底盘上的起重机，统称轮式起重机。

第 1 讲　汽车式起重机

汽车式起重机的起重杆采用高强度钢板做成箱形结构，吊臂可根据需要自动逐节伸缩，并设有各种限位和报警位置。起重机构所用动力由汽车发动机供给。这种起重机具有汽车的行驶通行性能，机动性强，行驶速度高，可以快速转移，对路面的破坏性很小；但起重时，必须架设支腿，因而不能负荷行驶。汽车式起重机适用于构件的装卸工作和结构吊装作业。

一、分类及构造组成

汽车式起重机按起重量大小分为轻型（200 kN 以内）、中型和重型（500 kN 以上）三种；按起重臂形式分有桁架臂或箱形臂两种；按传动装置形式分为机械传动（Q）、电动传动（QD）、液压传动（QY）三种。

目前液压传动的汽车式起重机应用比较普遍。常用的国产轻型液压汽车起重机有 QY 系列，QY8，QY12，QY16 型，最大起重量分别为 80 kN，120 kN 和 160 kN；中型汽车起重机主要规格有 QY20，QY25，QY32，QY40 型，最大起重量分别为 200 kN，250 kN，320 kN 和 400 kN；重型汽车起重机主要是 QY50，QY75 和 QY125 型，最大起重量分别为 500 kN，750 kN 和 1250 kN。图 3—3 是 QY20B 和 QY20H 外形尺寸。

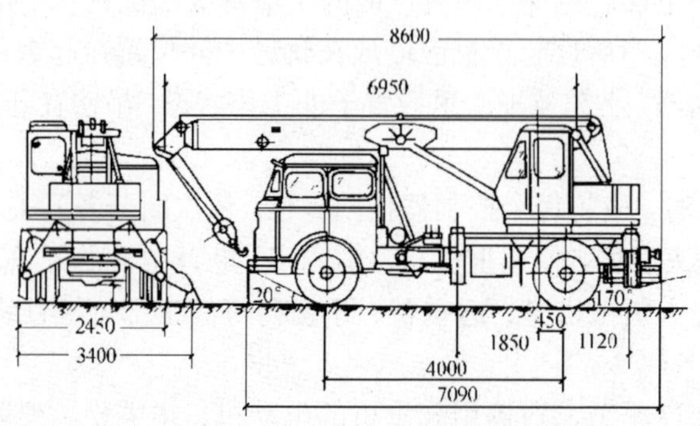

图 3—3　QY20B 和 QY20H 汽车式起重机外形

二、性能指标

汽车式起重机起重特性见表 3—3。

表 3—3 QY20B / 20R / 20H 型（北京）汽车起重机起重特性（支腿全伸，侧向和后向作业）

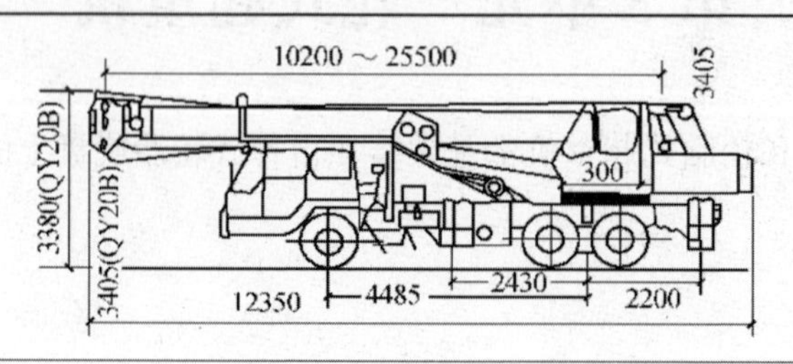

续表

工作幅度/m	主臂长/m							主臂＋副臂/m
	10.2	12.58	14.97	17.35	19.73	22.12	24.5	24.5＋7.5
	起重量/t							
3.0	20.0							
3.5	17.2	15.9						
4.0	14.6	14.6	12.6					
4.5	12.75	12.7	11.7	10.5				
5.0	11.6	11.3	11.3	9.7				
5.5	10.45	10.0	10.0	9.1	8.1			
6.0	9.3	9.0	9.0	8.5	7.6	6.9		
7.0	7.24	7.3	7.41	7.2	6.7	6.1	5.5	
8.0	5.99	6.1	6.17	6.2	5.9	5.4	5.0	
9.0		5.13	5.21	5.25	5.3	4.8	4.5	
10.0		4.35	4.43	4.48	4.52	4.4	4.0	2.1
12.0			3.26	3.32	3.36	3.39	3.41	1.7
14.0				2.49	2.53	2.56	2.58	1.4
16.0					1.90	1.94	1.96	1.2
18.0						1.45	1.47	1.0
20.0							1.08	0.88
22.0							0.76	0.75
24.0								0.63
27.0								0.5

注：表中数值不包括吊钩及吊具自重。

第 2 讲　轮胎式起重机

轮胎式起重机的特点是行驶时不会损伤路面，行驶速度较快，稳定性较好，起重量较大。轮胎起重机适用于一般工业厂房结构吊装。

一、分类及构造组成

目前，常用国产轮胎起重机有电动式和液压式两种；早期的机械式已被淘汰。电动式轮胎起重机主要有 QLD16，QLD20，QLD25，QLD40 型，最大起重量分别为 160 kN，200 kN，250 kN 和 400 kN。液压式轮胎起重机主要有 QLY16 和 QLY25 型两种。图 3—4 为 QLD16 型轮胎起重机外形图。

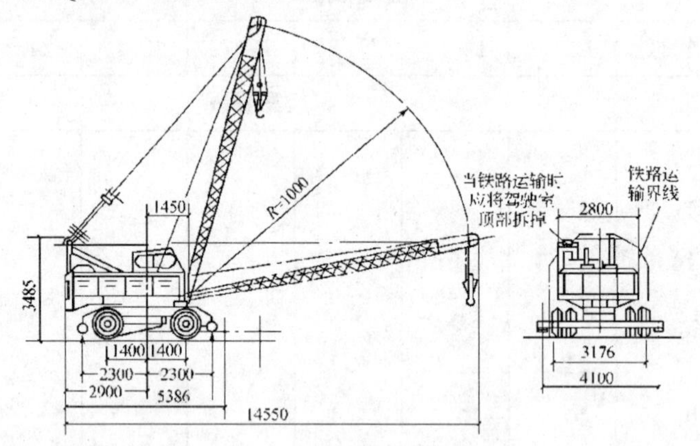

图 3—4 QLD16 型轮胎起重机

二、性能指标

轮胎起重机的性能指标见表 3—4。

表 3—4 QLD16 型起重机主要技术性能

幅度/m ＼ 工作方式 ＼ 臂长/m	12			18			24		
	起重量/t		起升高度/m	起重量/t		起升高度/m	起重量/t		起升高度/m
	用支腿	不用支腿		用支腿	不用支腿		用支腿	不用支腿	
3.5		6.5	10.7						
4	16	5.7	10.6						
4.5	14	5	10.5		4.9	16.5			
5	11.2	4.3	10.4	11	4.1	16.4			
5.5	9.4	3.7	10.3	9.2	3.5	16.3	8		22.4
6.5	7	2.9	9.7	6.8	2.7	16.1	6.7		22.3
8	5	2	9	4.8	1.9	15.6	4.7		22
9.5	3.8	1.5	8.1	3.6	1.4	15	3.5		21.5
11	3		6.6	2.9	1.1	14.2	2.7		20.9
12.5				2.3		13.1	2.2		20.2
14				1.9		11.6	1.8		19.4
15.5				1.6		10.2	1.5		18.4
17							1.2		17.2

注：1. 起升钢丝绳的最大作用拉力为 23 kN，起吊 16 t 时，倍率为 7。

2. 当臂长 12 m 时，不使用支腿，允许在平坦路面上，按不使用支腿的额定起重量的 75%吊重行驶，但行驶速度小于 5 km/h。

第 3 讲　轮胎式起重机的安全操作要点

（1）起重机械工作的场地应保持平坦坚实，符合起重时的受力要求；起重机械应与沟渠、基坑保持安全距离。

（2）起重机械启动前应重点检查下列项目，并应符合相应要求：

1）各安全保护装置和指示仪表应齐全完好；

2）钢丝绳及连接部位应符合规定；

3）燃油、润滑油、液压油及冷却水应添加充足；

4）各连接件不得松动；

5）轮胎气压应符合规定；

6）起重臂应可靠搁置在支架上。

（3）起重机械启动前，应将各操纵杆放在空挡位置，手制动器应锁死，应按内燃机的有关规定启动内燃机。应在怠速运转 3min～5min 后进行中高速运转，并应在检查各仪表指示值，确认运转正常后接合液压泵，液压达到规定值，油温超过 30℃时，方可作业。

（4）作业前，应全部伸出支腿，调整机体使回转支撑面的倾斜度在无载荷时不大于 1/1000（水准居中）。支腿的定位销必须插上。底盘为弹性悬挂的起重机，插支腿前应先收紧稳定器。

（5）作业中不得扳动支腿操纵阀。调整支腿时应在无载荷时进行，应先将起重臂转至正前方或正后方之后，再调整支腿。

（6）起重作业前，应根据所吊重物的重量和起升高度，并应按起重性能曲线，调整起重臂长度和仰角；应估计吊索长度和重物本身的高度，留出适当起吊空间。

（7）起重臂顺序伸缩时，应按使用说明书进行，在伸臂的同时应下降吊钩。当制动器发出警报时，应立即停止伸臂。

（8）汽车式起重机变幅角度不得小于各长度所规定的仰角。

（9）汽车式起重机起吊作业时，汽车驾驶室内不得有人，重物不得超越汽车驾驶室上方，且不得在车的前方起吊。

（10）起吊重物达到额定起重量的 50%及以上时，应使用低速挡。

（11）作业中发现起重机倾斜、支腿不稳等异常现象时，应在保证作业人员安全的情况下，将重物降至安全的位置。

（12）当重物在空中需停留较长时间时，应将起升卷筒制动锁住，操作人员不得离开操作室。

（13）起吊重物达到额定起重量的 90%以上时，严禁向下变幅，同时严禁进行两种及以上的操作动作。

（14）起重机械带载回转时，操作应平稳，应避免急剧回转或急停，换向应在停稳后进行。

（15）起重机械带载行走时，道路应平坦坚实，载荷应符合使用说明书的规定，重物离地面不得超过500mm，并应拴好拉绳，缓慢行驶。

（16）作业后，应先将起重臂全部缩回放在支架上，再收回支腿；吊钩应使用钢丝绳挂牢；车架尾部两撑杆应分别撑在尾部下方的支座内，并应采用螺母固定；阻止机身旋转的销式制动器应插入销孔，并应将取力器操纵手柄放在脱开位置，最后应锁住起重操作室门。

（17）起重机械行驶前，应检查确认各支腿收存牢固，轮胎气压应符合规定。行驶时，发动机水温应在80℃～90℃范围内，当水温未达到80℃时，不得高速行驶。

（18）起重机械应保持中速行驶，不得紧急制动，过铁道口或起伏路面时应减速，下坡时严禁空挡滑行，倒车时应有人监护指挥。

（19）行驶时，底盘走台上不得有人员站立或蹲坐，不得堆放物件。

第4单元　履带式起重机

第1讲　履带式起重机的分类与构造组成

履带式起重机是在行走的履带底盘上装有起重装置的起重机械，是自行式、全回转的一种起重机，如图3—5所示。这种起重机具有操作灵活、使用方便、在一般平整坚实的场地上可以载荷行驶和作业的特点。履带式起重机是结构吊装工程中常用的起重机械。

履带式起重机按传动方式不同可分为机械式（QU）、液压式（QUY）和电动式（QUD）三种。目前常用液压式，电动式不适用于需要经常转移作业场地的建筑施工。

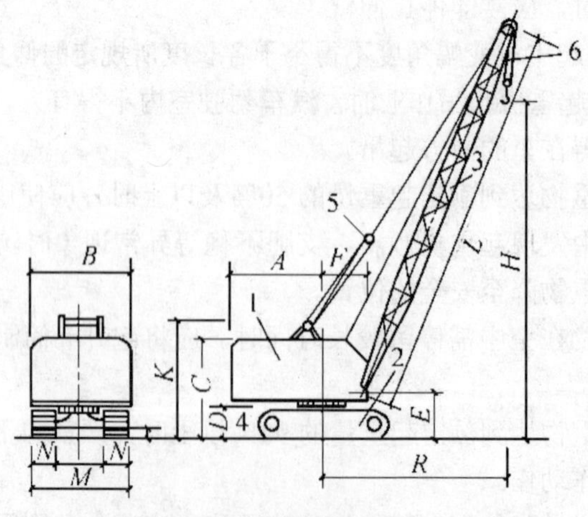

图3—5　履带式起重机

1—机身；2—行走装置（履带）；3—起重杆；4—平衡重；5—变幅滑轮组；6—起重滑轮组

H—起重高度；*R*—起重半径；*L*—起重杆长度

第 2 讲　履带式起重机的技术性能

履带式起重机的技术性能见表 3—5。

表 3—5 常用履带式起重机的技术性能

项目		起重机型号								
		W-501			W-1001			W-2001(W-2002)		
操纵形式		液压			液压			气压		
行走速度(km/h)		1.5～3			1.5			1.43		
最大爬坡能力/度		25			20			20		
回转角度/度		360			360			360		
起重机总重/t		21.32			39.4			79.14		
吊杆长度/m		10	18	18+2[①]	13	23	30	15	30	40
回转半径	最大/m	10	17	10	12.5	17	14	15.5	22.5	30
	最小/m	3.7	4.3	6	4.5	6.5	8.5	4.5	8	10
起重量	最大回转半径时/t	2.6	1	1	3.5	1.7	1.5	8.2	4.3	1.5
	最小回转半径时/t	10	7.5	2	15	8	4	50	20	8
起重高度	最大回转半径时/t	3.7	7.6	14	5.8	16	24	3	19	25
	最小回转半径时/t	9.2	17	17.2	11	19	26	12	26.5	36

注：①18+2 表示在 18 m 吊杆上加 2m 鸟嘴。相应的回转半径、起重量、起重高度各数值均为副吊钩的性能。

第 3 讲　履带式起重机安全操作要点

（1）起重机械应在平坦坚实的地面上作业，行走和停放。作业时，坡度不得大于 3°，起重机械应与沟渠、基坑保持安全距离。

（2）起重机械启动前应重点检查下列项目，并应符合相应要求：

1）各安全防护装置及各指示仪表应齐全完好；

2）钢丝绳及连接部位应符合规定；

3）燃油、润滑油、液压油、冷却水等应添加充足；

4）各连接件不得松动；

5）在回转空间范围内不得有障碍物。

（3）起重机械启动前应将主离合器分离，各操纵杆放在空挡位置。应按内燃机的规定启动内燃机。

（4）内燃机启动后，应检查各仪表指示值，应在运转正常后接合主离合器，空载运转时，应按顺序检查各工作机构及制动器，应在确认正常后作业。

（5）作业时，起重臂的最大仰角不得超过使用说明书的规定。当无资料可查时，不得超过 78°。

（6）起重机的变幅机构一般采用蜗杆减速器和自动常闭带式制动器，这种制动器仅能起辅助作用，如果操作中在起重臂未停稳前即换挡，由于起重臂下降的惯性超过了辅助制动器的摩擦力，将造成起重臂失控摔坏的事故。

（7）起重机械工作时，在行走、起升、回转及变幅四种动作中，应只允许不超过两种动作的复合操作。当负荷超过该工况额定负荷的 90%及以上时，应慢速升降重物，严禁超过两种动作的复合操作和下降起重臂。

（8）在重物起升过程中，操作人员应把脚放在制动踏板上，控制起升高度，防止吊钩冒顶。当重物悬停空中时，即使制动踏板被固定，仍应脚踩在制动踏板上。

（9）采用双机抬吊作业时，应选用起重性能相似的起重机进行。抬吊时应统一指挥，动作应配合协调，载荷应分配合理，起吊重量不得超过两台起重机在该工况下允许起重量总和的 75%，单机的起吊载荷不得超过允许载荷的 80%。在吊装过程中，两台起重机的吊钩滑轮组应保持垂直状态。

（10）起重机械行走时，转弯不应过急；当转弯半径过小时，应分次转弯。

（11）起重机械不宜长距离负载行驶。起重机械负载时应缓慢行驶，起重量不得超过相应工况额定起重量的 70%，起重臂应位于行驶方向正前方，载荷离地面高度不得大于 500mm，并应拴好拉绳。

（12）起重机械上、下坡道时应无载行走，上坡时应将起重臂仰角适当放小，下坡时应将起重臂仰角适当放大。下坡严禁空挡滑行。在坡道上严禁带载回转。

（13）作业结束后，起重臂应转至顺风方向，并应降至 40°～60°之间，吊钩应提升到接近顶端的位置，关停内燃机，并应将各操纵杆放在空挡位置，各制动器应加保险固定，操作室和机棚应关门加锁。

（14）起重机械转移工地，应采用火车或平板拖车运输，所用跳板的坡度不得大于 15° ；起重机械装上车后，应将回转、行止、变幅等机构制动，应采用木楔楔紧履带两端，并应绑扎牢固；吊钩不得悬空摆动。

（15）起重机械自行转移时，应卸去配重，拆短起重臂，主动轮应在后面，机身、起重臂、吊钩等必须处于制动位置，并应加保险固定。

（16）起重机械通过桥梁、水坝、排水沟等构筑物时，应先查明允许载荷后再通过，必要时应采取加固措施。通过铁路、地下水管、电缆等设施时，应铺设垫板保护，机械在上面行走时不得转弯。

第 4 单元　卷扬机选型及安全操作

第 1 讲　卷扬机的分类及构造组成

（1）图 3—6 所示的是 JJKD1 型卷扬机的外形图。它主要由 7.5 kW 电动机、联轴器、圆柱齿轮减速器、光面卷筒、双瓦块式电磁制动器、机座等组成。

（2）图 3—7 所示的是 JJKX1 型卷扬机的外形图。它主要由电动机、传动装置、离合器、制动器、机座等组成。

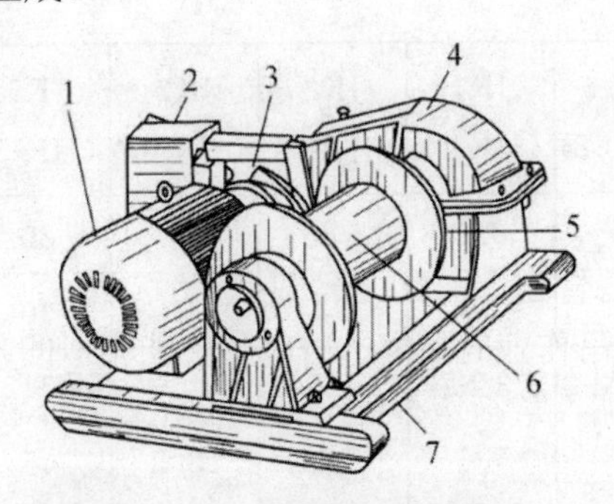

图 3—6　JKD1 型卷扬机外形图

1—电动机；2—制动器；3—弹性联轴器；4—圆柱齿轮减速器；5—十字联轴器；6—光面卷筒；7—机座

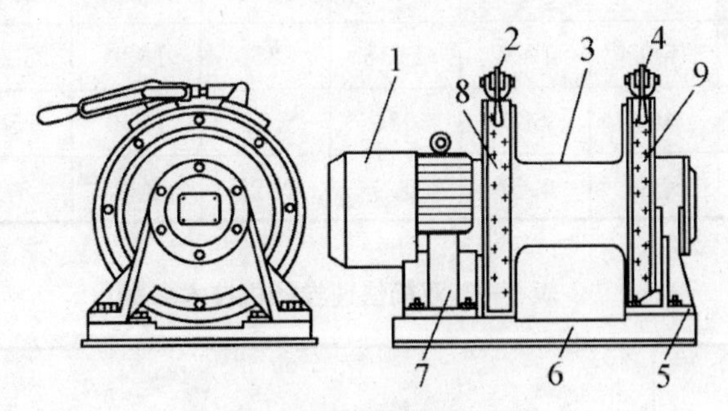

图 3—7　JJKX1 型卷扬机

1—电动机；2—制动手柄；3—卷筒；4—启动手柄；5—轴承支架；6—机座；7—电机托架；8—带式制动器；9—带式离合器

第 2 讲　卷扬机的技术性能

（1）快速卷扬机技术参数见表 3—6 及表 3—7。

表 3—6　单筒快速卷扬机技术参数

项目		型号							
		JK0.5 (JJK-0.5)	JK1 (JJK-1)	JK2 (JJK-2)	JK3 (JJK-3)	JK5 (JJK-5)	JK8 (JJK-8)	JD0.4 (JD-0.4)	JD1 (JD-1)
额定静拉力/kN		5	10	20	30	5	80	4	10
卷筒	直径/mm	150	245	250	330	320	520	200	220
	宽度/mm	465	465	630	560	800	800	299	310
	容绳量/m	130	150	200	250	250	400	400	

续表

项目		型号							
		JK0.5 (JJK-0.5)	JK1 (JJK-1)	JK2 (JJK-2)	JK3 (JJK-3)	JK5 (JJK-5)	JK8 (JJK-8)	JD0.4 (JD-0.4)	JD1 (JD-1)
钢丝绳直径/mm		7.7	9.3	13～14	17	20	28	7.7	12.5
绳速(m/min)		35	40	34	31	40	37	25	44
电动机	型号	Y112M-4	Y132M_1-4	Y160L-4	Y225S-8	JZR2-62-10	JR92-8	JBJ-4.2	JBJ-11.4
	功率/kW	4	7.5	15	18.5	45	55	4.2	11.4
	转速(r/min)	1440	1440	1440	750	580	720	1455	1460
外形尺寸	长/mm	1000	910	1190	1250	1710	3190	—	1100
	宽/mm	500	1000	1138	1350	1620	2105	—	765
	高/mm	400	620	620	800	1000	1505	—	730
整机自重/t		0.37	0.55	0.9	1.25	2.2	5.6	—	0.55

表 3—7 双筒快速卷扬机技术参数

项目		型号				
		2JK1 (JJ_2K-1.5)	2JK1.5 (JJ_2K-1.5)	2JK2 (JJ_2K-2)	2JK3 (JJ_2K-3)	2JK5 (JJ_2K-5)
额定静拉力/kN		10	15	20	30	50
卷筒	直径/mm	200	200	250	400	400
	长度/mm	340	340	420	800	800
	容绳量/m	150	150	150	200	200
钢丝绳直径/mm		9.3	11	13～14	17	21.5
绳速(m/min)		35	37	34	33	29
电动机	型号	J132M_1-4	Y160M-4	Y160L-4	Y200L_2-4	Y225M-6
	功率/kW	7.5	11	15	22	30
	转速(r/min)	1440	1440	1440	950	950
外形尺寸	长/mm	1445	1445	1870	1940	1940
	宽/mm	750	750	1123	2270	2270
	高/mm	650	650	735	1300	1300
整机自重/t		0.64	0.67	1	2.5	2.6

（2）中速卷扬机技术参数见表 3—8。

表 3—8 单筒中速卷扬机技术参数

项目		型号				
		JZ0.5 (JJZ-0.5)	JZ1 (JJZ-1)	JZ2 (JJZ-2)	JZ3 (JJZ-3)	JZ5 (JJZ-5)
额定静拉力/kN		5	10	20	30	50
卷筒	直径/mm	236	260	320	320	320
	长度/mm	417	485	710	710	800
	容绳量/m	150	200	230	230	250
钢丝绳直径/mm		9.3	11	14	17	23.5
绳速(m/min)		28	30	27	27	28
电动机	型号	Y100L2-4	Y132M-4	JZR2-31-6	JZR2-42-8	JZR2-51-8
	功率/kW	3	7.5	11	16	22
	转速(r/min)	1420	1440	950	710	720
外形尺寸	长/mm	880	1240	1450	1450	1710
	宽/mm	760	930	1360	1360	1620
	高/mm	420	580	810	810	970
整机自重/t		0.25	0.6	1.2	1.2	2

（3）慢速卷扬机技术性能见表 3—9。

表 3—9 单筒慢速卷扬机技术性能

项目		型号							
		JM0.5 (JJM-0.5)	JM1 (JJM-1)	JM1.5 (JJM-1.5)	JM2 (JJM-2)	JM3 (JJM-3)	JM5 (JJM-5)	JM8 (JJM-8)	JM10 (JJM-10)
额定静拉力/kN		5	10	15	20	30	50	80	100
卷筒	直径/mm	236	260	260	320	320	320	550	750
	长度/mm	417	485	440	710	710	800	800	1312
	容绳量/m	150	250	190	230	150	250	450	1000
钢丝绳直径/mm		9.3	11	12.5	14	17	23.5	28	31

续表

项目		型号							
		JM0.5 (JJM-0.5)	JM1 (JJM-1)	JM1.5 (JJM-1.5)	JM2 (JJM-2)	JM3 (JJM-3)	JM5 (JJM-5)	JM8 (JJM-8)	JM10 (JJM-10)
电动机	型号	Y100L2-4	Y132S-4	Y132M-4	YZR2-31-6	JYR2-41-8	JZR2-42-8	YZR225M-8	JZR2-51-8
	功率/kW	3	5.5	7.5	11	11	16	21	22
	转速(r/min)	1420	1440	1440	950	705	710	750	720
外形尺寸	长/mm	880	1240	1240	1450	1450	1670	2120	1602
	宽/mm	760	930	930	1360	1360	1620	2146	1770
	高/mm	420	580	580	810	810	890	1185	960
整机自重/t		0.25	0.6	0.65	1.2	1.2	2	3.2	

注:卷扬机生产厂较多,主要性能参数基本相同。外形尺寸、自重等稍有差异。

第3讲 卷扬机的选择

一、卷扬机类型的选择

(1)对于提升距离较短而准确性要求较高的起重安装工程,应选用慢速卷扬机;对于长距离牵引物件,应选用快速卷扬机。

(2)一般建筑施工多采用单筒卷扬机,如在双线轨道上来回牵引斗车,宜选用双筒卷扬机。

(3)行星摆线针轮减速器传动的卷扬机(JD型),由于机体较小,重量轻,操作简便,适合于一般建筑工程中使用。

二、卷扬机规格的选择

(1)根据起升重物的最大拉力,选择相应牵引力的卷扬机。

垂直提升重物的最大拉力F_m计算见下式:

$$F_m = \frac{K_{阻}}{100}(G_0 + G_1 + q_0 L) \qquad (kN)$$

式中 $K_{阻}$——与运行有关的阻力系数,单个转向滑轮可取1.03,多个转向滑轮可取1.025n(n为定滑轮或动滑轮总数);

G_0——重物容器自重,kg;

G_1——重物质量,kg;

q_0——钢丝绳单位质量,kg;

L——钢丝绳计算长度,m,可取重物提升高度。

（2）根据重物的质量和牵引、提升的高度和长度，选择起重量和容绳量符合要求的卷扬机。

三、卷扬机提升容器的选择

（1）提升容器必须适合所装物料的要求，并使物料在提升或运输过程中损耗最小，如运输混凝土必须选用吊罐、斗车等严密不漏的容器；提运砖等块状物料应用吊笼。

（2）提升容器的自重应尽量小而装盛的物料应尽量多，只要强度和形式符合要求，应优先选用吊钩或轻质材料的容器和结构简单的容器。

第4讲　卷扬机的使用要点和保养

一、卷扬机的固定

卷扬机必须用地锚予以固定，以防工作时产生滑动或倾覆。根据受力大小，固定卷扬机有螺栓锚固法、水平锚固法、立桩锚固法和压重锚固法四种（图3—8）。

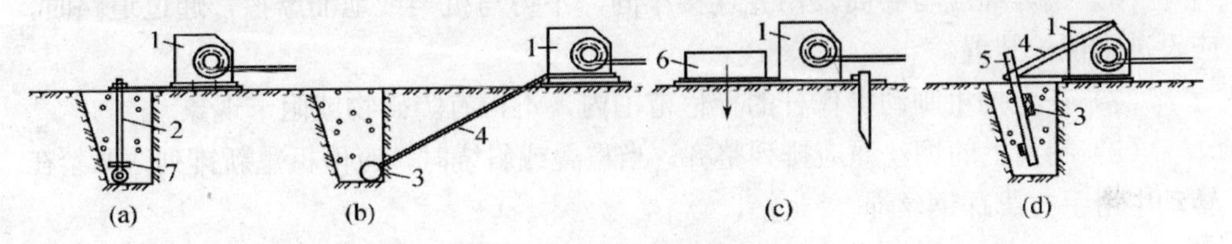

图3—8 卷扬机的固定方法

（a）螺栓锚固法；（b）水平锚固法；（c）立桩锚固法；（d）压重锚固法

1—卷扬机；2—地脚螺栓；3—横木；4—拉索；5—木桩；6—压重；7—压板

二、卷扬机的布置

（1）卷扬机安装位置周围必须排水畅通并应搭设工作棚。

（2）卷扬机的安装位置应满足操作人员看清指挥人员和起吊或拖动的物件的要求。卷扬机至构件安装位置的水平距离应大于构件的安装高度，即当构件被吊到安装位置时，操作者视线仰角应小于45°。

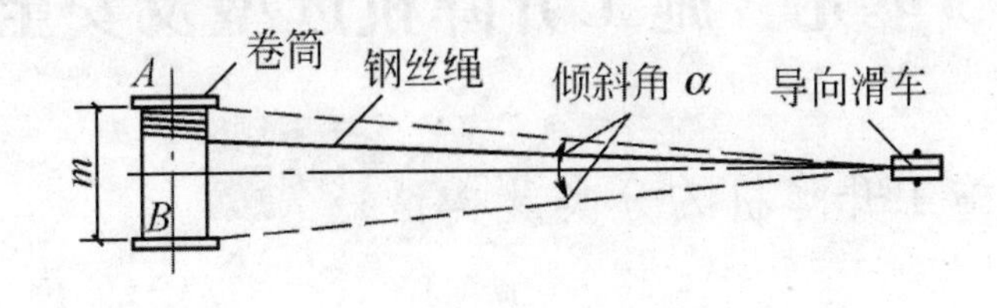

图3—9 卷扬机的布置

（3）在卷扬机正前方应设置导向滑车，导向滑车至卷筒轴线的距离，带槽卷筒应不小于卷筒宽度的 15 倍，即倾斜角 α 不大于 2°（图 3—9），无槽卷筒应大于卷筒宽度的 20 倍，以免钢丝绳与导向滑车槽缘产生过分的磨损。

（4）钢丝绳绕入卷筒的方向应与卷筒轴线垂直，其垂直度允许偏差为 6°。这样能使钢丝绳圈排列整齐，不致斜绕和互相错叠挤压。

3.卷扬机的安全操作要点

（1）安装时，基座应平稳牢固、周围排水畅通、地锚设置可靠，并应搭设工作棚。操作人员的位置应能看清指挥人员和拖动或起吊的物件。

（2）作业前，应检查卷扬机与地面的固定，弹性联轴器不得松旷，并应检查安全装置、防护设施、电气线路、接零或接地线、制动装置和钢丝绳等，全部合格后方可使用。

（3）使用皮带或开式齿轮传动的部分，均应设防护罩，导向滑轮不得用开口拉板式滑轮。

（4）以动力正反转的卷扬机，卷筒旋转方向应与操纵开关上指示的方向一致。

（5）从卷筒中心线到第一个导向滑轮的距离，带槽卷筒应大于卷筒宽度的 15 倍；无槽卷筒应大于卷筒宽度的 20 倍。当钢丝绳在卷筒中间位置时，滑轮的位置应与卷筒轴线垂直，其垂直度允许偏差为 6°。

（6）钢丝绳应与卷筒及吊笼连接牢固，不得与机架或地面摩擦，通过道路时，应设过路保护装置。

（7）在卷扬机制动操作杆的行程范围内，不得有障碍物或阻卡现象。

（8）卷筒上的钢丝绳应排列整齐，当重叠或斜绕时，应停机重新排列，严禁在转动中用手拉脚踩钢丝绳。

（9）作业中，任何人不得跨越正在作业的卷扬钢丝绳。物件提升后，操作人员不得离开卷扬机，物件或吊笼下面严禁人员停留或通过。休息时应将物件或吊笼降至地面。

（10）作业中如发现异响、制动不灵、制动带或轴承温度剧烈上升等异常情况时，应立即停机检查，排除故障后方可使用。

（11）作业中停电时，应切断电源，将提升物件或吊笼降至地面。

（12）作业完毕，应将提升吊笼或物件降至地面，并应切断电源，锁好开关箱。

第 5 单元　施工升降机选型及安全操作

第 1 讲　施工升降机的分类及构造

一、施工升降机的分类

施工升降机的分类见表 3—10。

表3—10 施工升降机分类和适用范围表

分类方法	类型	适用范围
按构造分类	(1)单笼式：升降机单侧有一个吊笼； (2)双笼式：升降机双侧各有一个吊笼	(1)适用于输送量较小的建筑物； (2)适用于输送量较大的建筑物
按提升方式分类	(1)齿轮齿条式：吊笼通过齿轮和齿条啮合的方式作升降运动； (2)钢丝绳式：吊笼由钢丝绳牵引的方式作升降运动； (3)混合式：一个吊笼由齿轮齿条驱动，另一个吊笼由钢丝绳牵引	(1)结构简单，传动平稳，已较多采用； (2)早期升降机都采用此式，现已较少采用； (3)构造复杂，已很少采用

二、施工升降机的构造

外用施工升降机是由导轨（井架）、底笼（外笼）、梯笼、平衡重以及动力、传动、安全和附墙装置等构成（图3—10）。

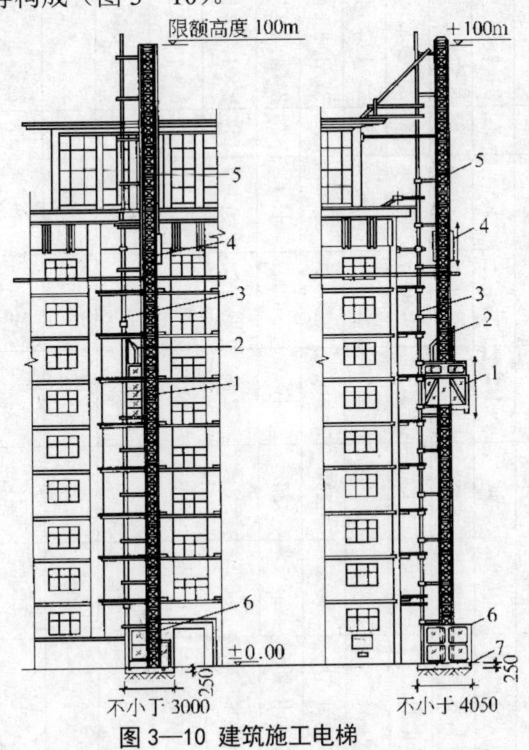

图3—10 建筑施工电梯

1—吊笼；2—小吊杆；3—架设安装杆；4—平衡箱；5—导轨架；6—底笼；7—混凝土基础

第2讲　施工升降机的性能与规格

我国各施工升降机厂家以生产SC系列居多，其技术性能见表3—11，SS系列和SH系列较少，但多数产品架设高度都在150 m以内。

表 3-11 SC 系列施第3部分的型号、规格和性能

升降机型号	额定值				最大提升高度/m	吊笼			导轨架标准节			电动机	小吊杆	对重
	载重量/kg	乘员人数（人/笼）	提升速度(m/min)	安装载重量/kg		数量	尺寸/m 长×宽×高	单重/kg	断面尺寸/m×m	长度/m	重量/kg	功率/kW	吊重/kg	/(kg/台)
SCD100	1000	12	34.2	500	100	1	3×1.3×2.8	1730	—	1.508	117	5	200	1700
SCD100/100	1000	12	34.2	500	100	2	3×1.3×2.8	1730	—	1.508	161	5	200	1700
SC120Ⅰ型	1200	12	26	500	80	1	2.5×1.6×2	700	—	1.508	80	7.5	100	—
SC120Ⅱ型	1200	12	32	500	80	1	2.5×1.6×2	950	—	1.508	80	5.5	100	—
SCD200型	2000	24	40	500	100	1	3×1.3×2.7	1800	—	1.508	117	7.5	200	1700
SCD200/200Ⅰ型	2000	24	40	500	100	2	3×1.3×2.7	1800	—	1.508	161	7.5	200	1700
SCD200/200Ⅱ型	2000	24	40	500	150	2	3×1.3×3.0	1950	—	1.508	220	7.5	250	1700
SC80	800	8	24	—	60	1	2×1.3×2.0	—	△ 0.45×0.45	1.508	83	7.5	100	—
SCD100/100A	1000	12	37	—	100	2	3×1.3×2.5	—	□ 0.8×0.8	1.508	163	11	—	1800
SCD200/200	2000	15	36.5	—	150	2	3×1.3×2.5	—	□ 0.8×0.8	1.508	163	7.5	—	1300
SCD200/200A	2000	15	31.6	—	220	2	3×1.3×216	2100	□ 0.8×0.8	1.508	190	11	240	2000
SC120型	1200	12	32	—	80	1	2.5×1.6×2.0	—	△ 0.45×0.45	1.508	83	7.5	—	—
SF12A	1200	—	35	—	100	1	3×1.3×2.6	1971	—	1.508	—	7.5	—	1765
SC100	1000	12	35	—	100	1	3×1.3×2.8	—	□ 0.65×0.5	1.508	150	7.5	—	—
SC100/100	1000	12	35	—	100	2	3×1.3×2.8	—	□ 0.65×0.65	1.508	175	7.5	—	—
SC200-D	2000	24	37	—	100	1	3×1.3×2.8	—	□ 0.65×0.65	1.508	150	7.5	—	1200
SC200/200D	2000	24	37	—	100	2	3×1.3×2.8	—	□ 0.65×0.65	1.508	180	7.5	—	1200

第 3 讲　施工升降机安全操作要点

（1）施工升降机应为人货两用电梯，其安装和拆卸工作必须由取得建设行政主管部门颁发的拆装资质证书的专业队负责，并必须由经过专业培训，取得操作证的专业人员进行操作和维修。

（2）地基应浇制混凝土基础，其承载能力应大于 150 kPa，地基上表面平整度允许偏差为 10 mm，并应有排水设施。

（3）应保证升降机的整体稳定性，升降机导轨架的纵向中心线至建筑物外墙面的距离宜选用较小的安装尺寸。

（4）导轨架安装时，应用经纬仪对升降机在两个方向进行测量校准，其垂直度允许偏差为其高度的 5/10000。

（5）导轨架顶端自由高度、导轨架与附壁距离、导轨架的两附壁连接点间距离和最低附壁点高度均不得超过出厂规定。

（6）升降机的专用开关箱应设在底架附近、便于操作的位置，馈电容量应满足升降机直接启动的要求，箱内必须设短路、过载、相序、断相及零位保护等装置。

（7）升降机梯笼周围 2.5 m 范围内应设置稳固的防护栏杆，各楼层平台通道应平整牢固，出入口应设防护栏杆和防护门。全行程四周不得有危害安全运行的障碍物。

（8）升降机安装在建筑物内部井道中间时，应在全行程范围井壁四周搭设封闭屏障。装设在阴暗处或夜班作业的升降机，应在全行程上装设足够的照明和明亮的楼层编号标志灯。

（9）升降机安装后，应经企业技术负责人会同有关部门对基础和附壁支架以及升降机架设安装的质量、精度等进行全面检查，并应按规定程序进行技术试验（包括坠落试验），经试验合格签证后，方可投入运行。

（10）升降机的防坠安全器，在使用中不得任意拆检调整，需要拆检调整时或每用满 1 年后，均应由生产厂或指定的认可单位进行调整、检修或鉴定。

（11）新安装或转移工地重新安装以及经过大修后的升降机，在投入使用前，必须经过坠落试验。升降机在使用中每隔 3 个月，应进行一次坠落试验。试验程序应按说明书规定进行，当试验中梯笼坠落超过 1.2 m 制动距离时，应查明原因，并应调整防坠安全器，切实保证不超过 1.2 m 制动距离。试验后以及正常操作中每发生一次防坠动作，均必须对防坠安全器进行复位。

（12）作业前重点检查项目应符合下列要求：

1）各部结构无变形，连接螺栓无松动；

2）齿条与齿轮、导向轮与导轨均接合正常；

3）各部钢丝绳固定良好，无异常磨损；

4）运行范围内无障碍。

（13）启动前，应检查并确认电缆、接地线完整无损，控制开关在零位。电源接通后，应检查并确认电压正常，测试无漏电现象，应试验并确认各限位装置、梯笼、围护门等处的电器联锁装置良好可靠，电器仪表灵敏有效。启动后，应进行空载升降试验，测定各传动机构制动器的效能，确认正常后，方可开始作业。

（14）升降机在每班首次载重运行时，当梯笼升离地面1～2 m时，应停机试验制动器的可靠性；当发现制动效果不良时，应调整或修复后方可运行。

（15）梯笼内乘人或载物时，应使载荷均匀分布，不得偏重。严禁超载运行。

（16）操作人员应根据指挥信号操作。作业前应鸣声示意。在升降机未切断总电源开关前，操作人员不得离开操作岗位。

（17）当升降机运行中发现有异常情况时，应立即停机并采取有效措施将梯笼降到底层，排除故障后方可继续运行。在运行中发现电气失控时，应立即按下急停按钮；在未排除故障前，不得打开急停按钮。

（18）升降机在大雨、大雾、六级及以上大风以及导轨架、电缆等结冰时，必须停止运行，并将梯笼降到底层，切断电源。暴风雨后，应对升降机各有关安全装置进行一次检查，确认正常后，方可运行。

（19）升降机运行到最上层或最下层时，严禁用行程限位开关作为停止运行的控制开关。

（20）当升降机在运行中由于断电或其他原因而中途停止时，可进行手动下降，将电动机尾端制动电磁铁手动释放拉手缓缓向外拉出，使梯笼缓慢地向下滑行。梯笼下滑时，不得超过额定运行速度，手动下降必须由专业维修人员进行操纵。

（21）作业后，应将梯笼降到底层，各控制开关拨到零位，切断电源，锁好开关箱，闭锁梯笼门和围护门。

第3讲　施工升降机常见故障排除方法

施工升降机常见故障及排除方法见表3—12。

表3—12 施工升降机常见故障、原因分析及排除方法

序号	故障	原因	排除方法
1	电机不启动	(1)控制电路短路，熔断器烧毁； (2)开关接触不良或折断； (3)有关线路出了毛病	(1)更换熔断器并查找原因； (2)清理触点，并调整接点弹簧片； (3)逐段查找线路毛病

续表

序号	故障	原因	排除方法
2	吊笼运行到停层站点不减速停层	(1)导轨架上的撞弓或感应头设置位置不正确； (2)选层继电器触点接触不良或失灵； (3)有关线路断了或接线松开	(1)检查撞弓和感应头安装位置是否正确； (2)更换继电器或修复调整触点； (3)用万用表检查线路
3	吊笼平层后自动溜车	制动器制动弹簧过松或制动器出现故障	调整和修复制动器弹簧和制动器
4	吊笼冲顶、撞底	迭层继电器失灵；强迫减速开关、限位开关、极限开关等失灵	检查原因，酌情修复或更换元件
5	吊笼启动和运行速度有明显下降	(1)制动器抱闸未完全打开或局部未打开； (2)三相电源中有一相接触不良； (3)电源电压过低	(1)调整制动器； (2)检查三相电线，坚固各接点； (3)调整三相电压，使电压值不小于规定值的10%
6	传动装置噪声过大	(1)齿轮齿条啮合不良，减速箱涡轮、涡杆磨损严重； (2)缺润滑油，联轴器间隙过大	(1)检查齿轮、齿条啮合状况，齿条垂直度，涡轮、涡杆磨损状况，必要时应修复或更换； (2)加润滑油，调节联轴器间隙
7	局部熔断器经常烧毁	(1)该回路导线有接地点或电气元件有接地； (2)继电器绝缘垫片击穿，熔断器熔量小，且压接松，接触不良； (3)继电器、接触器触点尘埃过多	(1)检查接地点，加强绝缘； (2)加绝缘垫片或更换继电器，按额定电流更换保险丝并压接紧固； (3)清理继电器、接触器表面尘埃
8	制动轮发热	(1)调整不当，制动瓦在松闸状态没有均匀地从制动轮上离开； (2)电动机轴窜动量过大，使制动轮窜动且产生跳动。开车时制动轮磨损加剧	(1)调整制动瓦块间隙，使之松闸时均匀离开制动轮，不保证间隙<0.7 mm； (2)调整电机轴的窜动量。保证制动轮清洁
9	吊笼启动困难	载荷超载，导轨接头错位差过大，导轨架刚度不好，吊笼与导轨架有卡阻现象	保证起升额定载荷，检查导轨架的垂直度及刚度，必要时加固。用锉刀打磨接头台阶
10	导轨架垂直度超差	附墙架松动，导轨架刚度不够；导轨架设先天缺陷	用经纬仪检查垂直度，坚固附墙架，必要时加固处理

第6单元 带式输送机

第1讲 带式输送机的类型和特点

胶带输送机是常见的一种短距离连续输送机械，可在水平或倾斜方向（倾斜角不大于25°)输送散状物料。当输送距离较大时，可采用节段衔接的方式将运距增大。

胶带输送机的结构简单，操作安全，使用方便，易于保管和维修，因此它在建筑企业或建筑工程中广泛用于输送混凝土骨料（砂子和碎石），或开挖大面积沟槽中的泥土和回填素土等。

胶带输送机在使用过程中，为保证输送带的抗拉强度，一般采用钢丝绳芯的高强度胶带。在提高胶带输送机的输送效率时，可以提高带速，也可以增加橡胶带宽度。但是，提高胶带输送机的速度比增加带宽更能增大运量和减少消耗，近年来胶带输送机已向高带速方向发展。

根据胶带输送机的结构特点，有移动式、固定式和节段式三种类型。移动式的长度一般在20m以下，适于施工现场应用；固定式的长度一般没有严格的规定，但受输送长度、选用胶带的强度、机架结构及动力装置功率等限制；节段式，多在大型混凝土工厂或预制品厂中作较长距离输送砂、石或水泥等材料用，可根据厂区地形和车间位置敷设，既能弯转、曲折布置又能倾斜布置；既能作水平输送，又能作升运式输送。如在100m范围内能够将干散物料升送到45m高处，适用于距料场较近的混凝土搅拌楼后台上料（输送砂、石）工作。

第2讲 带式输送机的构造及性能

一、带式输送机的构造

图3—11所示为固定式胶带输送机的基本结构简图。

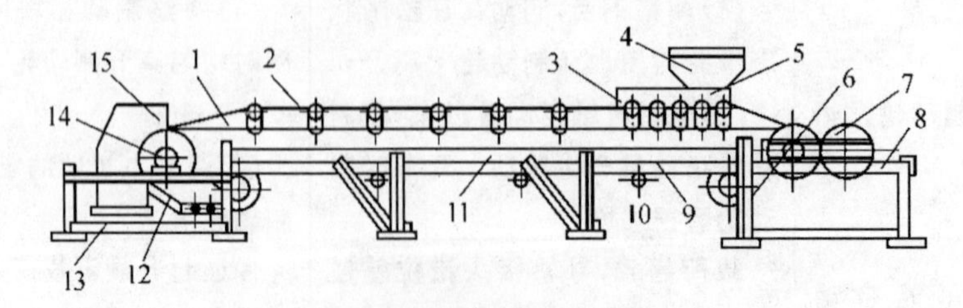

图3—11 固定式胶带输送机结构简图

1—胶带；2—上托辊；3—缓冲托辊；4—料斗；5—导料拦板；6—变向滚筒；7—张紧滚筒；8—尾架；9—空段清扫器；10—下托辊；11—中间架；12—弹簧清扫器；13头架；14—驱动滚筒；15—头罩

输送带既起承载作用又起牵引作用，图 3—12 为部分输送带的布置形式。输送各种物料时，胶带的最大允许倾斜角见表 3—13。

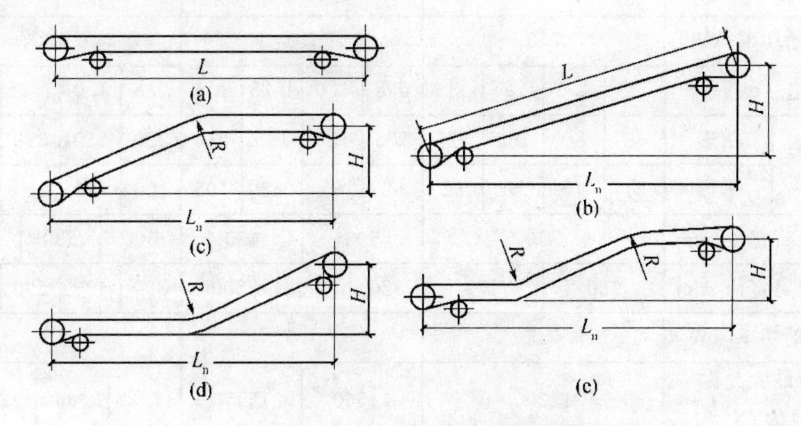

图 3—12　输送带的布置形式

（a）水平式；（b）倾斜式；（c）凸弧曲线式；（d）凹弧曲线式；（e）凹凸弧曲线混合式

表 3—13　胶质输送带最大允许倾斜角

输送的物料	最大允许倾角 $[\beta]_{max}$ /(°)	
	普通胶带	花纹胶带
300 mm 以下块石	15	25
50 mm 以下碎石	18	30
碎炉渣	22	32
碎块状石灰石	16～18	26～28
粉状石灰	14～16	24～26
干砂	15	25
泥砂	23	25
水泥	20	30

二、带式输送机的技术性能

固定式胶带输送机，常用的型号有 TD62、TD72、TD75 型等；根据胶带宽度有 300mm、400mm、500mm、650mm、800mm、1000mm、1200mm、1400mm、1600mm 等九种规格，每种规格的长度和带速可根据使用要求选配；可布置成水平式、倾斜式、曲线式以及混合式。

表 3—14～表 3—16 为带宽在 800 mm 以下的固定式胶带输送机的技术性能。移动式胶带输送机的主要型式和技术性能，可见表 3—16。

表 3—14　TD62 型固定式胶带输送机的技术性能

带宽/mm		B=500				B=650				B=800			
带驱动功率/kW		7.5				7.5				13			
带速/(m/s)		0.8	1.0	1.25	1.5	0.8	1.0	1.25	1.6	0.8	1.0	1.25	1.6
运送量/(t/h)	槽形	63	80	100	125	105	130	165	210	200	250	320	400
	平形	31	40	50	62	52	65	82	105	100	125	160	200
驱动滚筒直径/mm		500				500		630		500	630		800
变向滚筒直径/mm		320		400		320	400	500		320	400	500	630
带驱动功率/kW		7.5				7.5				13			
胶带最大允许拉力/N		11200				14560		16550		17920	20360	24440	
托辊直径/mm		108				108				108			
托辊间距/mm		上:1300　下:2600				上:1300　下:2600				上:1200　下:2400			
螺杆最大张力/N		10000				10000				15000			
小车张紧垂重/N		2000				2000				3000			
重锤张紧垂重/N		1500				1500				2000			
胶带帆布层数		3		4		3	4	5		3	4	5	6
传动装置型式		ZHQ 型减速器											

表 3—15　TD72 型固定式胶带输送机的技术性能

带宽/mm		B=500				B=650				B=800				
带驱动功率/kW		15.6				20.5				25.2				
带速/(m/s)		1.25	1.6	2.0	2.5	1.25	1.6	2.0	2.5	1.25	1.6	2.0	2.5	3.15
运送量/(t/h)	槽形	143	183	104	130	242	310	387	483	366	469	589	335	
	平形	65	84	229	286	110	177	177	221	167	224	214	732	922
驱动滚筒直径/mm		500				500		630		500	630		800	
变向滚筒直径/mm		320		400		320	400	500		320	400	500		630
胶带最大允许拉力/N		14000				18200		20200		22400	24900		29900	
托辊直径/mm		89				89				89				
托辊间距/mm		上:1200;下:3000				—				—				

续表

带宽/mm	B=500		B=650		B=800		
带驱动功率/kW	15.6		20.5		25.2		
螺杆最大张力/N	12000		18000		24000		
小车张紧垂重/N	11.9		118.8	121.4	136.9	140	142
重锤张紧垂重/N	57.3		60.4	65.9	67.9	70.5	
胶带帆布层数	3	4	4	5	4	5	6
传动装置型式	JZQ 型减速器						

表 3—16　TD75 型固定式胶带输送机的技术性能

带宽/mm		B=500						B=650						B=800					
带驱动功率/kw		15.8						20.5						25.2					
带速/(m/s)		0.8	1.0	1.25	1.6	2.0	2.5	0.8	1.0	1.25	1.6	2.0	2.5	1.0	1.25	1.6	2.0	2.5	3.15
运送量/(t/h)	槽形	78	97	122	156	191	232	131	164	206	164	323	391	278	348	445	546	661	824
	平形	41	52	33	84	103	125	67	88	110	142	174	211	118	147	184	236	289	350
驱动滚筒直径/mm		500						500			630			500		630		800	
变向滚筒直径/mm		320			400			320		400		500		320	400	500		630	
胶带最大允许拉力/N		14000						18200						22400		24900		31100	
带驱动功率/kW		7.5						7.5						13					
托辊直径/mm		89						89						89					
托辊间距/mm		上:1200;下:3000						上:1200;下:3000						上:1200;下:3000					
螺杆最大张力/N		12000						18000						24000					
小车张紧垂重/N		111.9						118.8			12104			136.9		140		142	
重锤张紧垂重/N		52.8						57.3			60.4			65.9		67.9		70.5	
胶带帆布层数		3			4			4			5			4		5		6	
传动装置型式		NGW(JZQ)型变速器																	

表 3—17 移动式胶带输送机的技术性能

性能 \ 型式型号		B400 型 携带式	T45-10 型	T45-15 型	T45-20 型
带宽/mm		400	500	500	500
带速/(m/s)		1.25	1;1.6;2.5	1;1.2;1.6;2.5	1;1.2;1.6;2.5
输送能力/(m^3/h)		30	67.5;80; 107.5;159.5	67.5;80; 107.5;159.5	67.5;80; 107.5;159.5
最大倾角/(°)		18	19	19	19
最大输送高度/m		17;2.5;3.2	5.5	5	6.68;6.5
输送长度/m		10	15	20	
电动机功率/kW		1.1;1.5	2.8;3;4;4.5	4;4.5;5.5	7;7.5
外形尺寸/m	长	5.45;7.65;10.4	10.6;10.2	14.65;15.24～18.5	19.9;20.2
	宽	0.92	1.4;1.84	1.4;1.84～2.5	1.84
	高	0.78;1.15	3.5;3.34	5.2;5.01～5.6	6.6
重量/kg			1450～1810	1150～3250	2150 左右
性能 \ 型式型号		Y45 型	ZP60-20 型 ZP60-15 型	102-32 型	103-53 型
带宽/mm		500	500	500	500
带速/(m/s)		1.2	1.5	1.2;1.6	1.6
输送能力/(m^3/h)		80	1.4;100	108 左右	262
最大倾角/(°)		19	19;20	9～20	20
最大输送高度/m		3.3;5	3.37;5.3;6.93	3.92;7.37	5.52
输送长度/m		10;15	20;15	10;15.2	15
电动机功率/kW		2.8;4.5	2.2;4;5.5;7	2.2;2.8;3.4;4.5	7.5
外形尺寸/m	长	～15	20.55;15.7	10.5;15.5;20.59	15.5
	宽	～1.4	2	1.6;1.9;2.5	2.6
	高	～5	3.37;5.3;6.96	3.9;5.7;7.37	5.5;5.7
重量/kg		1006;1175	1464;1824	1506～2750	3280 左右

第 3 讲 带式输送机的安全操作要点

（1）固定式胶带输送机应安装在坚固的基础上；移动式胶带输送机在运转前，

应将轮子对称揳紧。多机平行作业时，彼此间应留出 1m 以上的通道。输送机四周应无妨碍工作的堆积物。

（2）启动前，应调整好输送带松紧度，带扣应牢固，轴承、齿轮、链条等传动部件应良好，托辊和防护装置应齐全，电气保护接零或接地应良好，输送带与滚筒宽度应一致。

（3）启动时，应先空载运转，待运转正常后，方可均匀装料。不得先装料后启动。

（4）数台输送机串联送料时，应从卸料一端开始按顺序启动，待全部运转正常后，方可装料。

（5）加料时，应对准输送带中心并宜降低高度，减少落料对输送带、托辊的冲击。加料应保持均匀。

（6）作业中，应随时观察机械运转情况，当发现输送带有松弛或走偏现象时，应停机进行调整。

（7）作业时，严禁任何人从输送带下面穿过，或从上面跨越。输送带打滑时，严禁用手拉动。严禁运转时进行清理或检修作业。

（8）输送大块物料时，输送带两侧应加装料板或栅栏等防护装置。

（9）调节输送机的卸料高度，应在停车时进行。调节后，应将连接螺母拧紧，并应插上保险销。

（10）运输中需要停机时，应先停止装料，待输送带上物料卸尽后，方可停机。数台输送机串联作业停机时，应从上料端开始按顺序停机。

（11）当电源中断或其他原因突然停机时，应立即切断电源，将输送带上的物料清除掉，待来电或排除故障后，方可再接通电源启动运转。

（12）作业完毕后，应将电源断开，锁好电源开关箱，清除输送机上砂土，用防雨护罩将电动机盖好。

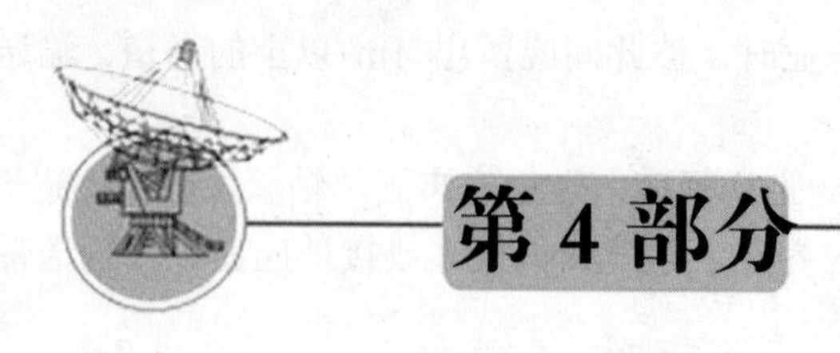

第4部分

钢筋工程机械选型及使用

第1单元　钢筋调直剪切机

第1讲　钢筋调直剪切机的构造及原理

一、构造

钢筋调直剪切机构造如图4—1所示。

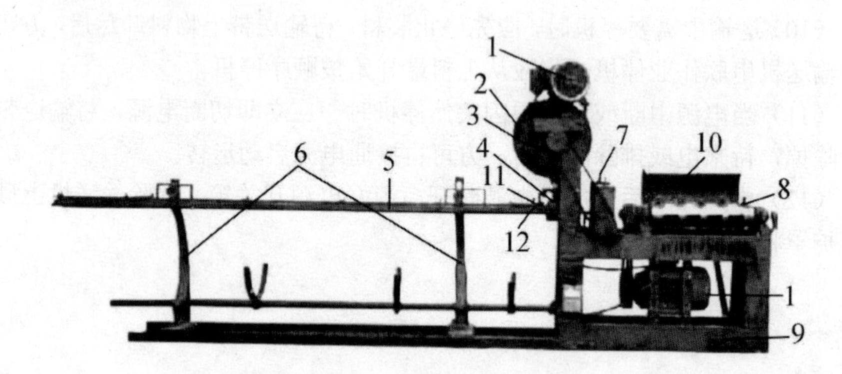

图4—1　钢筋调直剪切机构造图

1—电机；2—切断行轮；3—曲轴总成；4—切断总成；5—滑道；6—滑道支架；7—送丝压滚总成；8—调直总成；9—机器立体；10—机器护罩；11—滑道限位锁片；12—滑道拉簧

二、工作原理

（1）盘料架系承载被调直的盘圆钢筋的装置，当钢筋的一端进入主机调直时，盘料架随之转动，机停转动停。

（2）调直机构由调直筒和调直块组成，调直块固定在调直筒上，调直筒转动带动调直块一起转动，它们之间相对位置可以调整，借助于相对位置的调整来完成钢筋调直。

（3）钢筋牵引由一对带有沟槽的压辊组成，在扳动手柄时，两压辊可分可离，手轮可调压辊的压紧力，以适应不同直径的钢筋。钢筋切断机构主要由锤头和方刀台组成，锤头上下运动，方刀台水平运动，内部装有上下切刀，当方刀台移动至锤头下面时，上切刀被锤头砸下与下切刀形成剪刀，钢筋被切断。

（4）承料架由三段组成，每段 2 m，上部装有拉杆定尺机构，保证被切钢筋定尺，下部可承接被切钢筋。

（5）电机及控制系统电路全部安装在机座内，通过转换开关，控制电机正反转，使钢筋前进或倒退。

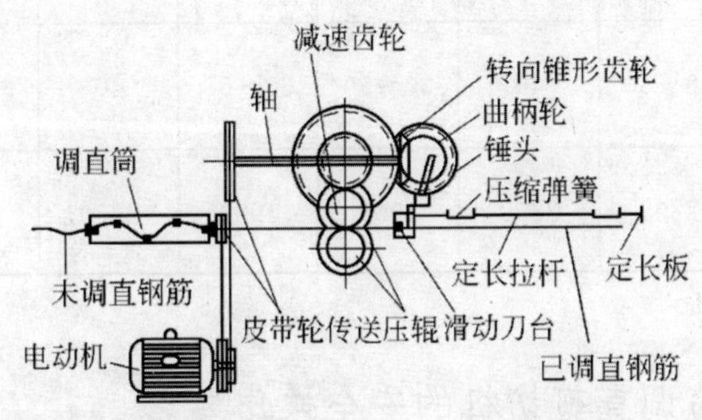

图 4—2　钢筋调直机工作原理图

（6）由电动机通过皮带传动增速，使调直筒高速旋转，穿过调直筒的钢筋被调直，并由调直模清除钢筋表面的锈皮；由电动机通过另一对减速皮带传动和齿轮减速箱，一方面驱动两个传送压辊，牵引钢筋向前运动，另一方面带动曲柄轮，使锤头上下运动。

（7）当钢筋调直到预定长度，锤头锤击上刀架，将钢筋切断，切断的钢筋落入承料架时，由于弹簧作用，刀台又回到原位，完成一个循环。其工作原理如图 4—2 所示。

第 2 讲　钢筋调直剪切机的技术性能

以某品牌钢筋调直剪切机为例，主要技术性能见表 4—1。

表 4—1 钢筋调直剪切机主要技术性能

型号	GT1.6/4	GT3/8	GT6/12	GT5/17	LGT4/8	LGT6/14	WGT10/16
钢筋公称直径/mm	1.6～4	3～8	6～12	5～7	4～8	6～14	10～16
钢筋抗拉强度/MPa	650	650	650	1500	800	800	1000

续表

型号	GT1.6/4	GT3/8	GT6/12	GT5/17	LGT4/8	LGT6/14	WGT10/16
切断长度/mm	300～8000	300～8000	300～8000	300～8000	300～8000	300～8000	300～8000
切断长度误差/mm	1	1	1	1	1	1.5	1.5
牵引速度/(m/min)	20～30	40	30～50	30～50	40	30～50	20～30
调直筒转速/(r/min)	2800	2800	1900	1900	2800	1450	1450

第3讲　钢筋调直剪切机的安全操作要点

机器安装完毕试调直过程中，应对调整部分进行试调，试调工作必须由专业技术人员完成，以便使加工出的钢筋满足使用要求。钢筋调直机的局部构造如图4—3所示。

图4—3 钢筋调直机局部构造图

1—调直滚；2—牵引轮；3—切刀；4—跑道；5—冲压主轴；6—下料开口时间调节丝；7—下料开口大小调节丝

一、调直块的调整

（1）调直筒内有五个与被调钢筋相适应的调直块，一般调整第三个调直块，使其偏移中心线3 mm，如图4—4中（a）所示。若试调钢筋仍有慢弯，可加大偏移量，钢筋拉伤严重，可减小偏移量。

（2）对于冷拉的钢料，特别是弹性高的，建议调直块1、5在中心线上，3向一方偏移，2、4向3的反方向偏移，如图4—4（b）所示。偏移量由试验确定，达到调出钢筋满意为止，长期使用调直块要磨损，调直块的偏移量相应增大，磨损严重时需更换。

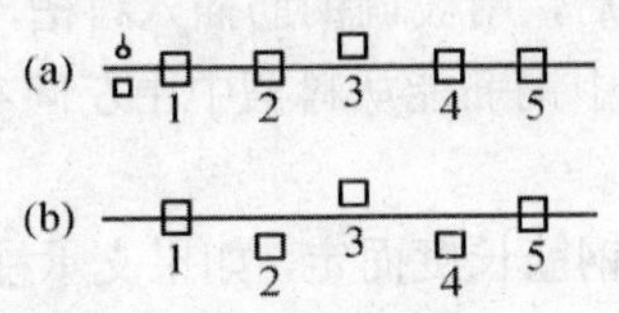

图4—4 调直块调整示意图

二、压辊的调整与使用

（1）本机有两对压辊可供调不同直径钢筋时使用，对于四槽压辊，如用外边的槽，将压辊垫圈放在外边；如用里边的槽，要将压辊垫圈装在压辊的背面或将压辊翻转。入料前将手柄4转向虚线位置，此时抬起上压辊，把被调料前端引入压辊间，而后手柄转回4，再根据被调钢筋直径的大小，旋紧或放松手轮6来改变两辊之间的压紧力，如图4—5所示。

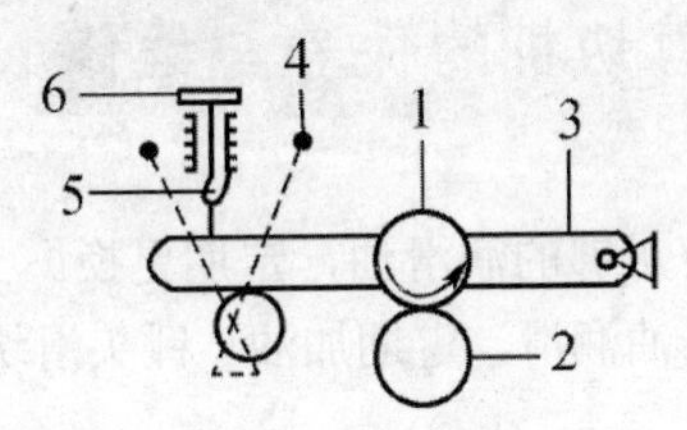

图4—5 压辊调整机结构图

1—上压辊；2—下压辊；3—框架；4—手柄；5—压簧；6—手轮

（2）一般要求两轮之间的夹紧力要能保证钢筋顺利地被牵引，看不见料有明显的转动，而在切断的瞬间，钢筋在压辊之间有明显的打滑现象为宜。

三、上下切刀间隙调整

上下切刀间隙调整是在方刀台没装入机器前进行的（图4—6）。上切刀3安装在刀架2上，下切刀装在机体上，刀架又在锤头的作用下可上下运动，与固定的下切刀对钢筋实现切断，旋转下切刀可调整两刀间隙，一般是保证两刀口靠得很近，而上切刀运动时又没有阻力，调好后要旋紧下切刀的锁紧螺母。

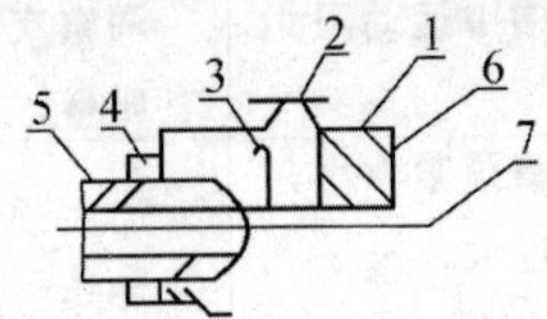

图4—6 方刀台总成示意图

1—方刀台；2—刀架；3—上切刀；4—锁母；5—下切刀；6—拉杆；7—钢筋

四、承料架的调整和使用

（1）根据钢筋直径确定料槽宽度，若钢筋直径大时，将螺钉松开，移动下角板向左，料槽宽度加大，反之则小，一般料槽宽度比钢筋直径大15%～20%。

（2）支承柱旋入上角板后，用被调钢筋插入料槽，沿着料槽纵向滑动，要能感到阻力，钢筋又能通过，试调中钢筋能从料槽中由左向右连续挤出为宜，否则重调，然后将螺母锁紧。

（3）定尺板位置按所需钢筋长度而定，如果支承柱或拉杆托块妨碍定尺板的安装，可暂时取下。

（4）定尺切断时拉杆上的弹簧要施加预压力，以保证方刀能可靠弹回为准，对粗料同时用三个弹簧，对细料用其中一个或两个，预压力不足能引起连切，预压力过大可能出现在切断时被顶弯，或者压辊过度拉伤钢筋。

（5）每盘料开头一段经常不直，进入料槽，容易卡住，所以应用手动机构切断，并从料槽中取出。每盘料末尾一段要高度注意，最好缓慢送入调直筒，以防折断伤人。

第4讲　钢筋调直剪切机的保养与维修

（1）保证传动箱内有足够的润滑油，定期更换。

（2）调直筒两端用干油润滑，定期加油。锤头滑块部位每班加油一次，方刀台导轨面要每班加油一次。

（3）盘料架上部孔定期加干油，承料架托块每班要加润滑油。

（4）定期检查锤头和切刀状态，如有损坏及时更换。

（5）不要打开皮带罩和调直筒罩开车，以防发生危险。

（6）机器电气部分要装有接地线。

（7）调直剪切机在使用过程中若出现故障一般由专业人员进行检修处理，在本书中只作一般介绍，见表4—2。

表4—2 钢筋调直剪切机故障产生原因及排除方法

故障	产生原因	排除方法
方刀台被顶出导航	牵引力过大； 料在料槽中运动阻力过大	减小压辊压力； 调整支承柱旋入量，调整偏移量，提高调直质量，加大拉杆弹簧预压外力
连切现象	拉杆弹簧预紧力小； 压辊力过大； 料槽阻力大	加大预紧力； 排除方法同方刀台被顶出导航
调前未定尺寸	支承柱旋人短	调整支承柱

续表

故障	产生原因	排除方法
钢筋不直	调直块偏移量小	加大偏移量
钢筋表面拉伤	压辊压力过大； 调直块偏移量过大； 调直块损坏	减小压力； 减小偏移量； 更换调直块
弯丝	见说明书	调正调直块角度，看调直器与压滚槽、切断总成是否在一条直线上
出现断丝	见说明书	调直块角度过大，切断总成上压簧变软，刀退不回，送丝滚上的压簧过松，材质不好
跑丝	见说明书	压滚压簧过紧，滑道拔簧过松，滑道下边拖丝钢棍不到位，滑道不滑动
出现短节	见说明书	滑道与主机拉簧过松，调整拉簧
机器出现振动	见说明书	调整调直块的平衡度

第2单元　钢筋冷拉机

钢筋冷拉机是对热轧钢筋在正常温度下进行强力拉伸的机械。冷拉是把钢筋拉伸到超过钢材本身的屈服点，然后放松，以使钢筋获得新的弹性阶段，提高钢筋强度（20%～25%）。通过冷拉不但可使钢筋被拉直、延伸，而且还可以起到除锈和检验钢材的作用。

常用的冷拉机械有阻力轮式、卷扬机式、丝杠式、液压式等。以下介绍卷扬机式钢筋冷拉机和阻力轮式钢筋冷拉机。

第1讲　卷扬机式钢筋冷拉机

一、构造及原理

卷扬机式钢筋冷拉工艺是目前普遍采用的冷拉工艺。它的优点有适应性强，可按要求调节冷拉率和冷拉控制应力；冷拉行程大，不受设备限制，可冷拉不同长度和直径的钢筋；设备简单、效率高、成本低。

卷扬机式钢筋冷拉机构造（图 4—7），它主要由卷扬机、滑轮组、地锚、导向滑轮、夹具和测力装置等组成。

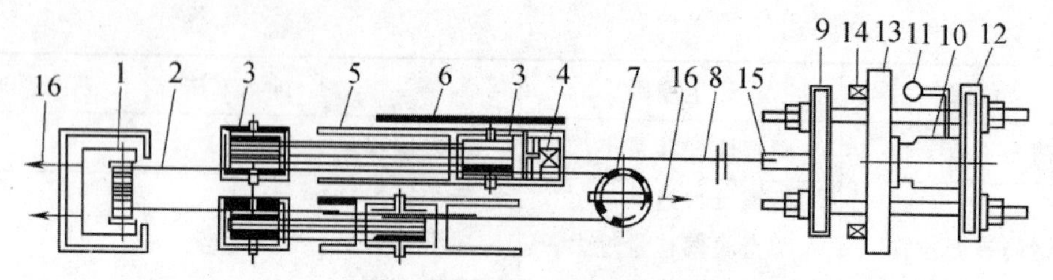

图 4—7 卷扬机式钢筋冷拉机

1—卷扬机；2—传动钢丝绳；3—滑轮组；4—夹具；5—轨道；6—标尺；7—导向轮；8—钢筋；9—活动前横梁；10—千斤顶；11—油压表；12—活动后横梁；13—固定横梁；14—台座；15—夹具；16—地锚

工作时，由于卷筒上传动钢丝绳是正、反穿绕在两副动滑轮组上，因此当卷扬机旋转时，夹持钢筋的一副动滑轮组被拉向卷扬机，使钢筋被拉伸；而另一副动滑轮组则被拉向导向滑轮，为下次冷拉时交替使用。钢筋所受的拉力经传力杆、活动横梁传送给测力装置，从而测出拉力的大小。对于拉伸长度，可通过标尺直接测量或用行程开关来控制。

二、技术性能

卷扬机式钢筋冷拉机的主要技术性能见表 4—3。

表 4—3 卷扬机式钢筋冷拉机主要技术性能

项目	粗钢筋冷拉	细钢筋冷拉
卷扬机型号规格	JM5(5 t 慢速)	JM3(3 t 慢速)
滑轮直径及门数	计算确定	计算确定
钢丝绳直径/mm	24	15.5
卷扬机速度/(m/min)	小于 10	小于 10
测力器形式	千斤顶式测力器	千斤顶式测力器
冷拉钢筋直径/mm	12～36	6～12

第 2 讲 阻力轮式钢筋冷拉机

阻力轮式钢筋冷拉机的构造如图 4—8 所示。它由支承架、阻力轮、电动机、变速箱、绞轮等组成。主要适用于冷拉直径为 6～8 mm 的盘圆钢筋，冷拉率为 6%～8%。若与两台调直机配合使用，可加工出所需长度的冷拉钢筋。阻力轮式钢筋冷拉机，是利用一个变速箱，其出头轴装有绞轮，由电动机带动变速箱高速轴，使绞轮随着变速箱低速轴一同旋转，强力使钢筋通过 4 个或 6 个不在一条直线上的阻力轮，将钢筋拉长。绞轮直径一般为 550 mm。阻力轮是固定在支承架上的滑轮，直径为

100 mm，其中一个阻力轮的高度可以调节，以便改变阻力大小，控制冷拉率。

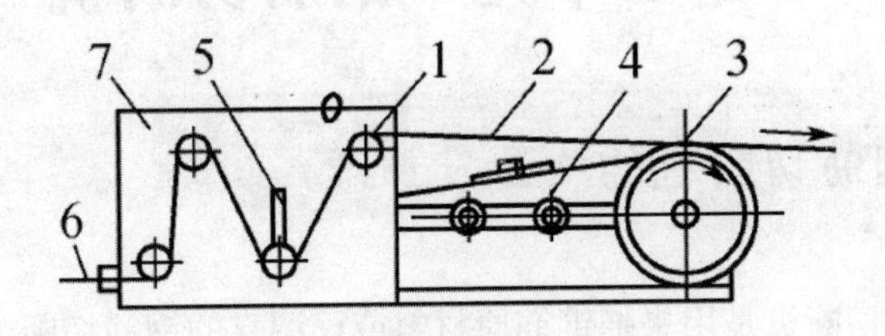

图 4—8 阻力轮式钢筋冷拉设备示意图

1—阻力轮；2—钢筋；3—绞轮；4—变速箱；5—调节槽；6—钢筋；7—支撑架

第 3 讲　钢筋冷拉机安全操作要点

（1）应根据冷拉钢筋的直径，合理选用卷扬机。卷扬钢丝绳应经封闭式导向滑轮并和被拉钢筋水平方向成直角。卷扬机的位置应使操作人员能见到全部冷拉场地，卷扬机与冷拉中线距离不得少于 5 m。

（2）冷拉场地应在两端地锚外侧设置警戒区，并应安装防护栏及警告标志。无关人员不得在此停留。操作人员在作业时必须离开钢筋 2 m 以外。

（3）用配重控制的设备应与滑轮匹配，并应有指示起落的记号，没有指示记号时应有专人指挥。配重框提起时高度应限制在离地面 300 mm 以内，配重架四周应有栏杆及警告标志。

（4）作业前，应检查冷拉夹具，夹齿应完好，滑轮、拖拉小车应润滑灵活，拉钩、地锚及防护装置均应齐全牢固。确认良好后，方可作业。

（5）卷扬机操作人员必须看到指挥人员发出信号，并待所有人员离开危险区后方可作业。冷拉应缓慢、均匀。当有停车信号或见到有人进入危险区时，应立即停拉，并稍稍放松卷扬钢丝绳。

（6）用延伸率控制的装置，应装设明显的限位标志，并应有专人负责指挥。

（7）夜间作业的照明设施，应装设在张拉危险区外。当需要装设在场地上空时，其高度应超过 5 m。灯泡应加防护罩，导线严禁采用裸线。

（8）作业后，应放松卷扬钢丝绳，落下配重，切断电源，锁好开关箱。

第3单元 钢筋切断机

第1讲 钢筋切断机的构造及原理

（1）钢筋切断机是用来把钢筋原材料或已调直的钢筋切断，其主要类型有机械式、液压式和手持式。机械式钢筋切断机有偏心轴立式、凸轮式和曲柄连杆式等形式。常见的为曲柄连杆式钢筋切断机。

（2）曲柄连杆式钢筋切断机又分开式（图4—9）、半开式及封闭式三种，它主要由电动机、曲柄连杆机构、偏心轴、传动齿轮、减速齿轮及切断刀等组成。曲柄连杆式钢筋切断机由电动机驱动三角皮带轮，通过减速齿轮系统带动偏心轴旋转。偏心轴上的连杆带动滑块和活动刀片在机座的滑道中作往复运动，配合机座上的固定刀片切断钢筋。

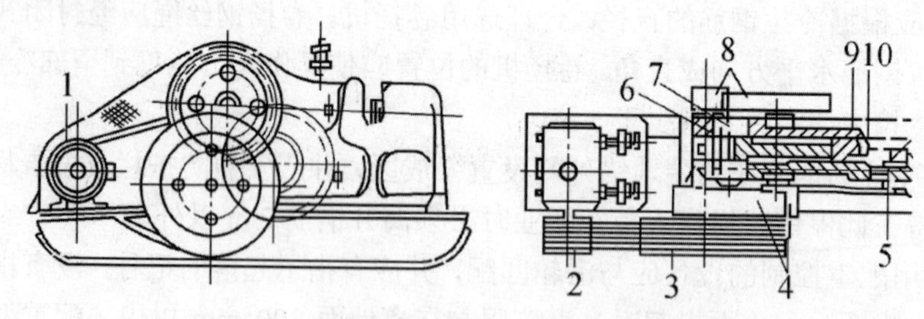

图4—9 曲柄连杆开式钢筋切断机结构示意图

1—电机；2、3—皮带轮；4、8—减速齿轮；5—固定刀；6—连杆；7—偏心轴；9—滑块；10—活刀

第2讲 钢筋切断机的安全操作要点

（1）接送料的工作台面应和切刀下部保持水平，工作台的长度可根据加工材料长度决定。

（2）启动前，必须检查切刀无裂纹，刀架螺栓紧固，防护罩牢靠。然后用手转动皮带轮，检查齿轮啮合间隙，调整切刀间隙。

（3）启动后，先空运转，检查各传动部分及轴承运转正常后，方可作业。

（4）机械未达到正常转速时，不可切料。切料时，必须使用切刀的中、下部位，紧握钢筋，对准刃口迅速投入。应在固定刀片一侧握紧并压住钢筋，以防钢筋末端弹出伤人。严禁用两手分在刀片两边握住钢筋俯身送料。

（5）不得剪切直径及强度超过机械铭牌规定的钢筋和烧红的钢筋。一次切断多根钢筋时，其总截面积应在规定范围内。

（6）剪切低合金钢时，应更换高硬度切刀，剪切直径应符合铭牌规定。

（7）切断短料时，手和切刀之间的距离应保持在 150 mm 以上，如手握端小于 400 mm 时，应采用套管或夹具将钢筋短头压住或夹牢。

（8）运转中，严禁直接清除切刀附近的断头和杂物，钢筋摆动周围和切刀周围不得停留非操作人员。

（9）发现机械运转不正常、有异常或切刀歪斜等情况，应立即停机检修。

（10）作业后，切断电源，用钢刷清除切刀间的杂物，进行整机清洁润滑。

第 3 讲　钢筋切断机的故障及排除

钢筋切断机常见故障及排除方法见表 4—3。

表 4—3 钢筋切断机常见故障及排除方法

故障	原因	排除方法
剪切不顺利	刀片安装不牢固，刀口损伤	紧固刀片或修磨刀口
	刀片侧间隙过大	调整间隙
切刀或衬刀打坏	一次切断钢筋太多	减少钢筋数量
	刀片松动	调整垫铁，拧紧刀片螺栓
	刀片质量不好	更换
切细钢筋时切口不直	切刀过钝	更换或修磨
	上、下刀片间隙太大	调整间隙
轴承及连杆瓦发热	润滑不良，油路不通	加油
	轴承不清洁	清洗
连杆发出撞击声	铜瓦磨损，间隙过大	研磨或更换轴瓦
	连接螺栓松动	紧固螺栓

第 4 单元　钢筋弯曲机

钢筋弯曲机是将钢筋弯曲成所要求的尺寸和形状的设备。

第 1 讲　钢筋弯曲机的构造及原理

常用的台式钢筋弯曲机按传动方式分为机械式和液压式两类。机械式钢筋弯曲机又有涡轮式和齿轮式。

一、涡轮式钢筋弯曲机

（1）图 4—10 为 GW-40 型涡轮式钢筋弯曲机的结构，主要由电动机 11、涡轮箱 6、工作圆盘 9、孔眼条板 12 和机架 1 等组成。

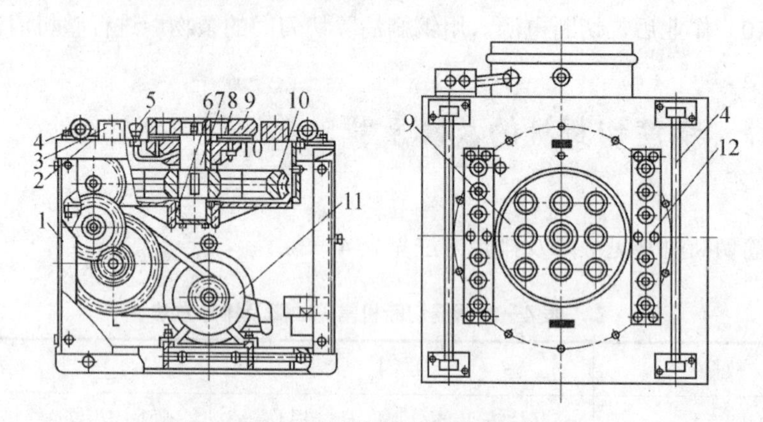

图 4—10 GW-40 型涡轮式钢筋弯曲机

1—机架；2—工作台；3—插座；4—滚轴；5—油杯；6—涡轮箱；7—工作主轴；8—立轴承；9—工作圆盘；10—涡轮；11—电动机；12—孔眼条板

（2）图 4—11 为 GW-40 型钢筋弯曲机的传动系统。

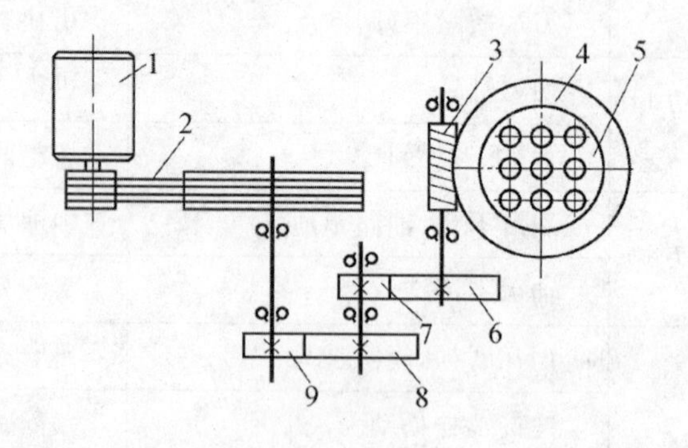

图 4—11 传动系统

1—电动机；2—V 带；3—涡杆；4—涡轮；5—工作盘；6、7—配换齿轮；8、9—齿轮

（3）电动机 1 经 V 带 2、齿轮 6 和 7、齿轮 8 和 9、涡杆 3 和涡轮 4 传动，带动装在涡轮轴上的工作盘 5 转动。工作盘上一般有 9 个轴孔，中心孔用来插心轴，周围的 8 个孔用来插成形轴。当工作盘转动时，心轴的位置不变，而成形轴围绕着心轴作圆弧运动，通过调整成形轴位置，即可将被加工的钢筋弯曲成所需要的形状。更换相应的齿轮，可使工作盘获得不同转速。

（4）钢筋弯曲机的工作过程如图 4—12 所示。将钢筋 5 放在工作盘 4 上的心轴 1 和成型轴 2 之间，开动弯曲机使工作盘转动，由于钢筋一端被挡铁轴 3 挡住，因而钢筋被成型轴推压，绕心轴进行弯曲，当达到所要求的角度时，自动或手动使工作盘停止，然后使工作盘反转复位。如要改变钢筋弯曲的曲率，可以更换不同直径的心轴。

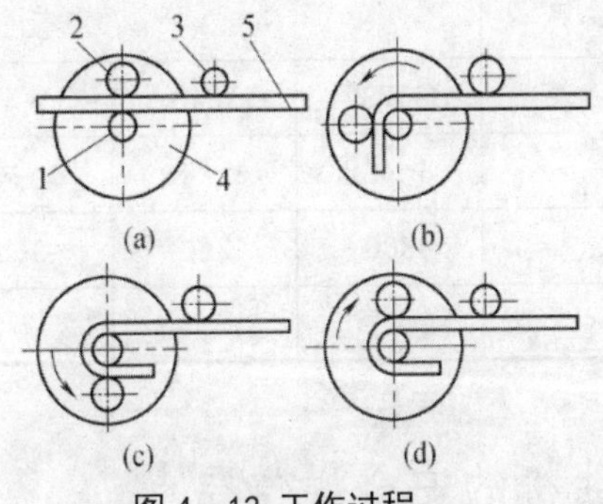

图 4—12 工作过程

（a）装料；（b）弯 90°；（c）弯 180°；（d）回位

1—心轴；2—成型轴；3—挡铁轴；4—工作盘；5—钢筋

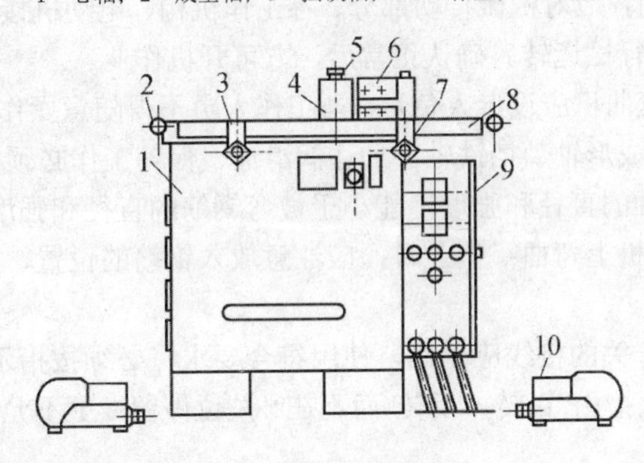

图 4—13 齿轮式钢筋弯曲机

1—机架；2—滚轴；3、7—调节手轮；4—转轴；5—紧固手轮；6—夹持器；8—工作台；9—控制配电箱；10—电动机

二、齿轮式钢筋弯曲机

图 4—13 为齿轮式钢筋弯曲机，主要由机架、工作台、调节手轮、控制配电箱、电动机和减速器等组成。

齿轮式钢筋弯曲机全部采用自动控制。工作台上左右两个插入座可通过手轮无级调节，并与不同直径的成形轴及挡料装置相配合，能适应各种不同规格的钢筋弯曲成形。

第 2 讲　钢筋弯曲机的技术性能

钢筋弯曲机技术性能主要包括如下参数：弯曲钢筋直径（mm）、固定速比、挂轮速比、工作盘转速（r/min）、电动机、功率（kW）、控制电器、外形尺寸（mm）、整机质量（kg）等。其性能参数见表4—4。

表4—4　钢筋弯曲机主要技术性能

类别	弯曲机				
型号	GW32	GW40A	GW40B	GW40D	GW50A
弯曲钢筋直径/mm	6～32	6～40	6～40	6～40	6～50
工作盘直径/mm	360	360	350	360	360
工作盘转速/(r/min)	10/20	3.7/14	3.7/14	6	6

第3讲　钢筋弯曲机的安全操作要点

（1）操作前，应对机械传动部分、各工作机构、电动机接地以及各润滑部位进行全面检查，进行试运转。确认正常后，方可开机作业。

（2）钢筋弯曲机应设专人负责，非工作人员不得随意操作；严禁在机械运转过程中更换心轴、成形轴、挡铁轴；加注润滑油、保养工作必须在停机后方可进行。

（3）挡铁轴的直径和强度不能小于被弯钢筋的直径和强度；未经调直的钢筋，禁止在钢筋弯曲机上弯曲；作业时，应注意放入钢筋的位置、长度和回转方向，以免发生事故。

（4）倒顺开关的接线应正确，使用符合要求，必须按指示牌上“正转→停→反转”转动，不得直接由“正转→反转”而不在“停”位停留，更不允许频繁交换工作盘的旋转方向。

（5）工作完毕，要先将开关扳到“停”位，切断电源，然后整理机具应在指定地点堆码钢筋并应清扫铁锈等污物。

第4讲　钢筋弯曲机的维护及故障排除

一、维护要点

（1）按规定部位和周期进行润滑减速器的润滑，冬季用HE-20号齿轮油，夏季用HL-30号齿轮油。传动轴轴承、立轴上部轴承及滚轴轴承冬季用ZG-1号润滑脂润滑，夏季用ZG-2号润滑脂润滑。

（2）连续使用三个月后，减速箱内的润滑油应及时更换。

（3）长期停用时，应在工作表面涂装防锈油脂，并存放在室内干燥通风处。

二、故障排除

钢筋弯曲机常见故障及排除方法见表 4—5。

表 4—5 钢筋弯曲机常见故障及排除方法

故障现象	故障原因	排除方法
弯曲的钢筋角度不合适	运用中心轴和挡铁轴不合理	按规定选用中心轴和挡铁轴
弯曲大直径钢筋时无力	传动带松弛	调整带的紧度
弯曲多根钢筋时，最上面的钢筋在机器开动后跳出	钢筋没有把住	将钢筋用力把住并保持一致
立轴上部与轴套配合处发热	润滑油路不畅，有杂物阻塞，不过油	清除杂物
	轴套磨损	更换轴套
传动齿轮噪声大	齿轮磨损	更换磨损齿轮
	弯曲的直径大，转速太快	按规定调整转速

第 5 单元　钢筋对焊机

钢筋对焊机有 UN、UN1，UNs、UNg 等系列。钢筋对焊常用的是 UN1 系列，这种对焊机专用于电阻焊接或闪光焊接低碳钢、有色金属等，按其额定功率不同，有 UN1-25、UN1-75、UN1-100 型杠杆加压式对焊机和 UN1-150 型气压自动加压式对焊机等。以下重点介绍 UN1 系列对焊机。

第 1 讲　钢筋对焊机的构造

UN1 系列对焊机构造（图 4—14）主要由焊接变压器、固定电极、移动电极、送料机构（加压机构）、水冷却系统及控制系统等组成。左右两电极分别通过多层铜皮与焊接变压器次级线圈的导体连接，焊接变压器的次级线圈采用循环水冷却。在焊接处的两侧及下方均有防护板，以免熔化金属溅入变压器及开关中。焊工须经常清理防护板上的金属溅沫，以免造成短路等故障。

一、送料机构

送料机构能够完成焊接中所需要的熔化及挤压过程，它主要包括操纵杆、可动横架、调节螺丝等，当将操纵杆在两极位置中移动时，可获得电极的最大工作行程。

二、开关控制

按下按钮，此时接通继电器，使交流接触器吸合，于是焊接变压器接通。移动操纵杆，可实施电阻焊或闪光焊。当焊件因塑性变形而缩短，达到规定的顶锻留量，行程螺栓触动行程开关使电源自动切断。控制电源由次级电压为 36 V 的控制变压器供电，以保证操作者的人身安全。

三、钳口（电极）

左右电极座 8 上装有下钳口 13、杠杆式夹紧臂 10、夹紧螺栓 9，另有带手柄的套钩 7，用以夹持夹紧臂 10。下钳口为铬锆铜，其下方为借以通电的铜块，由两楔形铜块组成，用以调节所需的钳口高度。楔形铜块的两侧由护板盖住，图 4—14 拆去了铜护板。

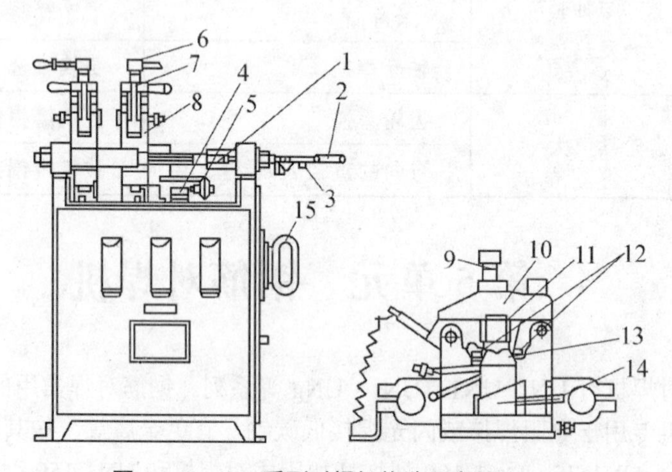

图 4—14　UN1 系列对焊机构造示意图

1—调节螺栓；2—操纵杆；3—按钮；4—行程开关；5—行程螺栓；6—手柄；7—套钩；8—电极座；9—夹紧螺栓；10—夹紧臂；11—上钳口；12—下钳口紧固螺栓；13—下钳口；14—下钳口调节螺杆；15—插头

四、电气装置

焊接变压器为铁壳式，其初级电压为 380 V，变压器初级线圈为盘式绕组，次级绕组为三块周围焊有铜水管的铜板并联而成，焊接时按焊件大小选择调节级数，以取得所需要的空载电压。变压器至电极由多层薄铜片连接。焊接过程通电时间的长短，可由焊工通过按钮开关及行程开关控制。

上述开关控制中间继电器，由中间继电器使接触器接通或切断焊接电源。

第 2 讲　钢筋对焊机的主要技术性能

UN1 系列钢筋对焊机的主要技术性能见表 4—6。

表 4—6　UN1 系列钢筋对焊机主要技术性能表

型号		单位	UN1-25	UN1-40	UN1-75	UN1-100	UN1-150
额定容量		kV·A	25	40	75	100	150
初级电压		V	380	380	380	380	380
负载持续率		%	20	20	20	20	20
次级电压调节范围		V	3.28～5.13	4.3～6.5	4.3～7.3	4.5～7.6	7.04～11.5
次级电压调节级数		级	8	8	8	8	8
额定调节级数		级	7	7	7	7	7
最大顶锻力		kN	10	25	30	40	50
钳口最大距离		mm	35	60	70	70	70
最大送料行程		mm	15～20	25	30	40～50	50
低碳钢额定焊接截面		mm^2	260	380	500	800	1000
低碳钢最大焊接截面		mm^2	300	460	600	1000	1200
焊接生产率		次/h	110	85	75	30	30
冷却水消耗量		L/h	400	450	400	400	400
质量		kg	300	375	445	478	550
外形尺寸	长	mm	1590	1770	1770	1770	1770
	宽	mm	510	655	655	655	655
	高	mm	1370	1230	1230	1230	1230

第 3 讲　钢筋对焊机安装操作方法

（1）UN1-25 型对焊机为手动偏心轮夹紧机构。其底座和下电极固定在焊机座板上，当转动手柄时，偏心轮通过夹具上板对焊件加压，上下电极间距离可通过螺钉来调节。当偏心轮松开时，弹簧使电极压力去掉。

（2）UN1 系列其他型号对焊机先按焊件的形状选择钳口，如焊件为棒材，可直接用焊机配置钳口；如焊件异形，应按焊件形状定做钳口。

（3）调整钳口，使钳口两中心线对准，将两试棒放于下钳口定位槽内，观看两试棒是否对应整齐，如能对齐，对焊机即可使用；如对不齐，应调整钳口。调整时先松开紧固螺栓 12，再调整调节螺杆 14，并适当移动下钳口，获得最佳位置后，拧紧紧固螺栓 12。

（4）按焊接工艺的要求，调整钳口的距离。当操纵杆在最左端时，钳口（电极）间距应等于焊件伸出长度与挤压量之差；当操纵杆在最右端时，电极间距相当于两焊件伸出长度，再加 2～3 mm（即焊前之原始位置），该距离调整由调节螺栓 1 获得。焊接标尺可帮助调整参数。

（5）试焊。在试焊前为防止焊件的瞬间过热，应逐级增加调节级数。在闪光焊时须使用较高的次级空载电压。闪光焊过程中有大量熔化金属溅沫，焊工须戴深色防护眼镜。

低碳钢焊接时，最好采用闪光焊接法。在负载持续率为 20%时，可焊最大的钢件截面技术数据见表 4—6。

（6）钳口的夹紧动作如下。

1）先用手柄 6 转动夹紧螺栓 9，适当调节上钳口 11 的位置。

2）把焊件分别插入左右两上下钳口间。

3）转动手柄，使夹紧螺栓夹紧焊件。焊工必须确保焊件有足够的夹紧力，方能施焊，否则可能导致烧损机件。

（7）焊件取出动作如下。

1）焊接过程完成后，用手柄松开夹紧螺栓。

2）将套钩 7 卸下，则夹紧臂受弹簧的作用而向上提起。

3）取出焊件，拉回夹紧臂，套上套钩，进行下一轮焊接。

焊工也可按自己习惯装卡工件，但必须保证焊前工件夹紧。

（8）闪光焊接法。碳钢焊件的焊接规范可参考下列数据。

1）电流密度：烧化过程中，电流密度通常为 6～25 A/mm^2，较电阻焊时所需的电流密度低 20%～50%。

2）焊接时间：在无预热的闪光焊时，焊接时间视焊件的截面及选用的功率而定。当电流密度较小时，焊接时间即延长，通常约为 2～20 s 左右。

3）烧化速度：烧化速度决定于电流密度，预热程度及焊件大小，在焊接小截面焊件时，烧化速度最大可为 4～5 mm/s，而焊接大截面时，烧化速度则小于 2 mm/s。

4）顶锻压力：顶锻压力不足，可能造成焊件的夹渣及缩孔。在无预热闪光焊时，顶锻压力应为 5～7 kg/mm^2。而预热闪光焊时，顶锻压力则为 3～4 kg/mm^2。

5）顶锻速度：为减少接头处金属的氧化，顶锻速度应尽可能的高，通常等于 15～30 mm/s。

第 4 讲　钢筋对焊机安全操作要点

（1）工作人员应熟知对焊机焊接工艺过程。

1）连续闪光焊：连续闪光、顶锻，顶锻后在焊机上通电加热处理；

2）预热闪光焊：一次闪光、烧化预热、二次闪光、顶锻。

（2）操作人员必须熟知所用机械的技术性能（如变压器级数、最大焊接截面、焊接次数、最大顶锻力、最大送料行程）和主要部件的位置及应用。

（3）操作人员应会根据机械性能和焊接物选择焊接参数。

（4）焊件准备：清除钢筋端头 120 mm 内的铁锈、油污和灰尘。如端头弯曲则应整直或切除。

（5）对焊机应安装在室内并应有可靠的接地（或接零），多台对焊机安装在一起时，机间距离至少要在 3 m 以上。分别接在不同的电源上。每台均应有各自的控制开关。开关箱至机身的导线应加保护套管。导线的截面应不小于规定的截面面积。

（6）操作前应对焊机各部件进行检查。

1）压力杠杆等机械部分是否灵活；

2）各种夹具是否牢固；

3）供电、供水是否正常。

（7）操作场所附近的易燃物应清除干净，并备有消防设备。操作人员必须戴防护镜和手套，站立的地面应垫木板或其他绝缘材料。

（8）操作人员必须正确地调整和使用焊接电流，使与所焊接的钢筋截面相适应。严禁焊接超过规定直径的钢筋。

（9）断路器的接触点应经常用砂纸擦拭，电极应定期锉光。二次电路的全部螺栓应定期拧紧，以免发生过热现象。

（10）冷却水温度不得超过 40℃，排水量应符合规定要求。

（11）较长钢筋对焊时应放在支架上。随机配合搬运钢筋的人员应注意防止火花烫伤。搬运时，应注意焊接处烫手。

（12）焊完的半成品应堆码整齐。

（13）闪光区内应设挡板，焊接时禁止其他人员入内。

（14）冬季焊接工作完毕后，应将焊机内的冷却水放净，以免冻坏冷却系统。

第 5 讲　钢筋对焊机的维护与保养

UN1 系列对焊机的维护与保养见表 4—7。

表 4—7　UN1 系列对焊机的维护与保养

保养部位	保养工作技术内容	维护保养方法	保养周期
整机	擦拭外壳灰尘	擦拭	每日一次
	传动机构润滑	向油孔注油	每月一次
	机内清除飞溅物，灰尘	用铁铲去除飞溅物，用压缩气体吹除灰尘	每月一次

续表

保养部位	保养工作技术内容	维护保养方法	保养周期
变压器	经常检查水龙头接头，防止漏水，使变压器受潮	勤检查，发现漏水迹象及时排除	每日一次
	二次绕组与软铜带连接螺钉松动	拧紧松动螺钉	每季一次
	闪光对焊机要定期清理溅落在变压器上的飞溅物	消除飞溅堆积物	每月一次
电压调节开关	焊机工作时不许调节	焊机空载时可以调节	列入操作规程
	插座应插入到位	插入开关时应用力插到位，插不紧应检修刀夹	每月一次
	开关接线螺钉防止松动	发现松动应紧固螺钉	每月一次
电极（夹具）	焊件接触面应保持光洁	清洁，磨修	每日一次
	焊件接触面勿粘连铁迹	磨修或更换电极	每日一次
水路系统	无冷却水不得使用焊机	先开水阀后开焊机	列入操作规程
	保证水路通畅	发现水路堵塞及时排除	每季一次
	出水口水温不得过高	加大水流量，保持进水口水温不高于 30℃，出水口温度不高于 45℃	每日检查
	冬季要防止水路结冰，以免水管冻裂	每日用完焊机应用压缩空气将机内存水吹除干净	冬季执行
接触器	主触点要防止烧损	研磨修理或更换触点	每季一次
	绕组接线头防止断线、掉头和松动	接好断线掉头处，拧紧松动的螺丝	每季一次

第 6 讲　钢筋对焊机的检修

对焊机检修应在断电后进行，检修应由专业电工进行。

（1）按下控制按钮，焊机不工作。

1）检查电源电压是否正常；

2）检查控制线路接线是否正常；

3）检查交流接触器是否正常吸合；

4）检查主变压器线圈是否烧坏。

（2）松开控制按钮或行程螺栓触动行程开关，变压器仍然工作。

1）检查控制按钮、行程开关是否正常；

2）检查交流接触器、中间继电器衔铁是否被油污粘连不能断开，造成主变压器持续供电。

（3）焊接不正常，出现不应有飞溅。

1）检查工件是否不清洁，有油污，锈痕；

2）检查丝杆压紧机构是否能压紧工件；

3）检查电极钳口是否光洁，有无铁迹。

（4）下钳口（电极）调节困难。

1）检查电极、调整块间隙是否被飞溅物阻塞；

2）检查调整块，下钳口调节螺杆是否烧损、烧结，变形严重。

（5）不能正常焊接交流，接触器出现异常响声。

1）焊接时测量交流接触器进线电压是否低于自身释放电压 300 V；

2）检查引线是否太细太长，压降太大；

3）检查网络电压是否太低，不能正常工作；

4）检查主变压器是否有短路，造成电流太大；

5）根据检查出来的故障部位进行修理、换件、调整。

第 6 单元　钢筋点焊机

第 1 讲　钢筋点焊机的基本构造

图 4—15 所示为杠杆弹簧式点焊机的外形结构，它主要由点焊变压器、电极臂、杠杆系统、分级转换开关和冷却系统等组成。

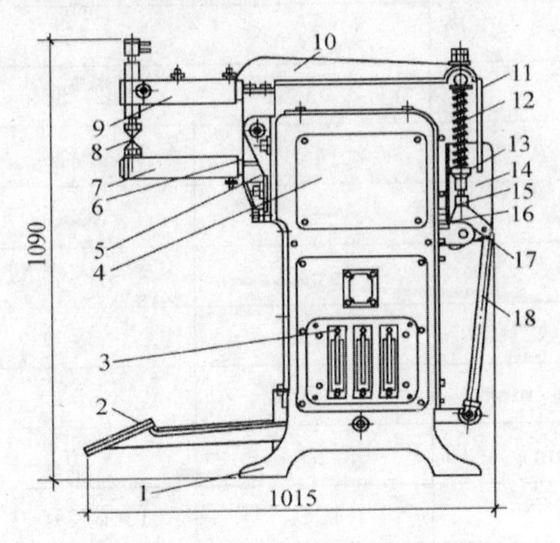

图 4—15　杠杆弹簧式点焊机外形结构

1—基础螺栓；2—踏脚；3—分级开关；4—变压器；5—夹座；6—下夹块；7—下电极臂；8—电极；9—上电极臂；10—压力臂；11—指示板；12—压簧；13—调节螺母；14—开关罩；15—转块；16—滚柱；17—三角形联杆；18—联杆

图4—16所示为杠杆弹簧式点焊机的工作原理。点焊时，将表面清理好的平直钢筋叠合在一起放在两个电极之间，踏下脚踏板，使两根钢筋的交点接触紧密，同时断路器也相接触，接通电源使钢筋交接点在短时间内产生大量的电阻热，钢筋很快被加热到熔点而处于熔化状态。放开脚踏板，断路器随杠杆下降切断电流，在压力作用下，熔化了的钢筋交接点冷却凝结成焊接点。

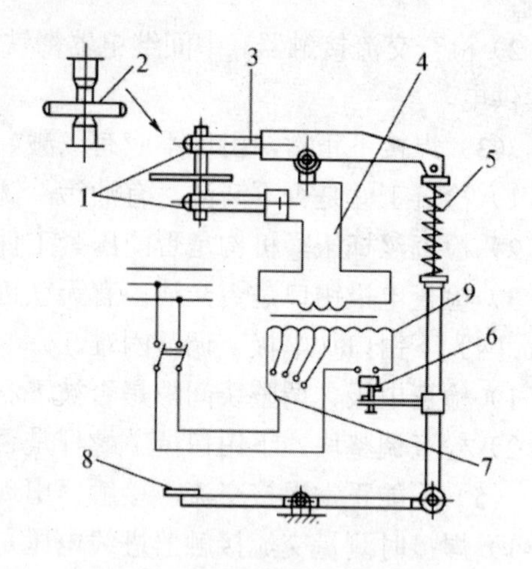

图4—16 点焊机工作原理示意图

1—电极；2—钢筋；3—电极臂；4—变压器次级线圈；5—弹簧；6—断路器；7—变压器调节级数开关；8—脚踏板；9—变压器初级线圈

第2讲　钢筋点焊机的技术性能

常用点焊机的主要技术性能见表4—8。

表4—8 点焊机技术性能

指标	DN-25	DN$_1$-75	DN-75
型式	脚踏式	凸轮式	气动式
额定容量/(kV·A)	25	75	75
额定电压/V	220/380	220/380	220/380
初级线圈电流/A	114/66	341/197	
每小时焊点数	～600	3000	
次级电压/V	1.76～3052	3.52～7.04	
次级电压调节数	8(9)	8	8
悬臂有效伸长距离/mm	250	350	800
上电极行程/mm	20	20	20
电极间最大压力/N	1250	1600(2100)	1900
自重/kg	240	455(370)	650

第 3 讲　钢筋点焊机的安全操作要点

（1）作业前，应清除上、下两电极的油污。通电后，机体外壳应无漏电。

（2）启动前，应先接通控制线路的转向开关和焊接电流的小开关，调整好级数，再接通水源、气源，最后接通电源。

（3）焊机通电后，应检查电气设备、操作机构、冷却系统、气路系统及机体外壳有无漏电现象。电极触头应保持光洁。有漏电时，应立即更换。

（4）作业时，气路、水冷却系统应畅通。气体应保持干燥。排水温度不得超过 40℃，排水量可根据气温调节。

（5）严禁在引燃电路中加大熔断器。当负载过小使引燃管内电弧不能发生时，不得闭合控制箱的引燃电路。

（6）当控制箱长期停用时，每月应通电加热 30 min。更换闸流管时应预热 30 min。正常工作的控制箱的预热时间不得小于 5 min。

第 7 单元　钢筋气压焊机具

第 1 讲　钢筋气压焊工艺简介

钢筋气压焊，是采用一定比例的氧-乙炔焰为热源，对需要接头的两钢筋端部接缝处进行加热烘烤，使其达到热塑状态，同时对钢筋施加 30～40 MPa 的轴向压力，使钢筋顶锻在一起。

钢筋气压焊分敞开式和闭式两种。前者是将两根钢筋端面稍加离开，加热到熔化温度，加压完成的一种办法，属熔化压力焊；后者是将两根钢筋端面紧密闭合，加热到 1200～1250℃，加压完成的一种方法，属固态压力焊。目前常用的方法为闭式气压焊，其机理是在还原性气体的保护下，加热钢筋，使其发生塑性流变后相互紧密接触，促使端面金属晶体相互扩散渗透，再结晶、再排列，进而形成牢固的对焊接头。

这项工艺不仅适用于竖向钢筋的连接，也适用于各种方向布置的钢筋的连接。适用于 HPB235、HRB335 级钢筋，其直径为 14～40 mm。当不同直径钢筋焊接时，两钢筋直径差不得大于 7 mm。另外，热轧 HRB400 级钢筋中的 20MnSiV、20MnTi 亦适用，但不包括含碳量、含硅量较高的 25MnSi。

第2讲 钢筋气压焊设备

钢筋气压焊设备主要包括氧气和乙炔供气装置、加热器、加压器及钢筋卡具等，如图4—17所示。辅助设备包括用于切割钢筋的砂轮锯、磨平钢筋端头的角向磨光机等，下面分别介绍。

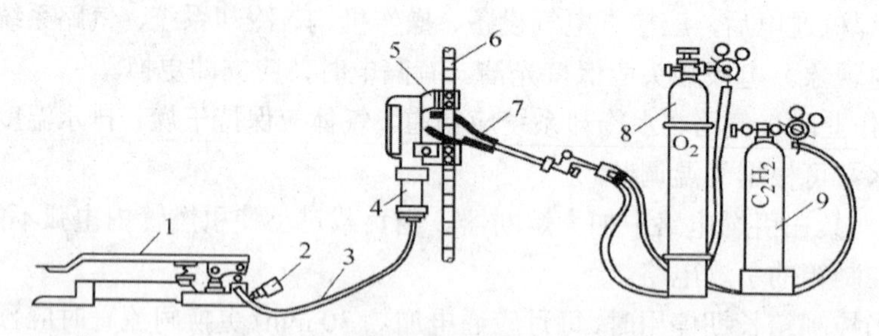

图4—17 钢筋气压焊设备工作示意

1—脚踏液压泵；2—压力表；3—液压胶管；4—油缸；5—钢筋卡具；6—被焊接钢筋；7—多火口烤钳；8—氧气瓶；9—乙炔瓶

一、供气装置

供气装置包括氧气瓶、溶解乙炔气瓶（或中压乙炔发生器）、干式回火防止器、减压器、橡胶管等。溶解乙炔气瓶的供气能力，必须满足现场最粗钢筋焊接时的供气量要求，若气瓶供气不能满足要求时，可以并联使用多个气瓶。

（1）氧气瓶是用来储存、运输压缩氧（O2）的钢瓶，常用容积为40 L，储存氧气6 m^3，瓶内公称压力为14.7 MPa。

（2）乙炔气瓶是储存、运输溶解乙炔（C2H2）的特殊钢瓶，在瓶内填满浸渍丙酮的多孔性物质，其作用是防止气体爆炸及加速乙炔溶解于丙酮的过程。瓶的容积40 L，储存乙炔气为6 m^3，瓶内公称压力为1.52 MPa。乙炔钢瓶必须垂直放置，当瓶内压力减低到0.2 MPa时，应停止使用。氧气瓶和溶解乙炔气瓶的使用，应遵照《气瓶安全监察规程》的有关规定执行。

（3）减压器是用于将气体从高压降至低压，设有显示气体压力大小的装置，并有稳压作用。减压器按工作原理分正作用和反作用两种，常用的有如下两种单级反作用减压器：①QD-2A型单级氧气减压器，高压额定压力为15 MPa，低压调节范围为0.1～1.0 MPa；②QD-2O型单级乙炔减压器，高压额定压力为1.6 MPa，低压调节范围为0.01～0.15 MPa。

（4）回火防止器是装在燃料气体系统防止火焰向燃气管路或气源回烧的保险装置，分水封式和干式两种。其中水封式回火防止器常与乙炔发生器组装成一体，使用时一定要检查水位。

（5）乙炔发生器是利用电石（主要成分为 CaC_2）中的主要成分碳化钙和水相互作用，以制取乙炔的一种设备。使用乙炔发生器时应注意：每天工作完毕应放出电石渣，并经常清洗。

二、加热器

加热器由混合气管和多火口烤钳组成，一般称为多嘴环管焊炬。为使钢筋接头处能均匀加热，多火口烤钳设计成环状钳形，如图 4—18 所示，并要求多束火焰燃烧均匀，调整方便。其火口数与焊接钢筋直径的关系见表 4—9。

表 4—9　加热器火口数与焊接钢筋直径的关系

焊接钢筋直径/mm	火口数
$\phi22 \sim \phi25$	6～8
$\phi26 \sim \phi32$	8～10
$\phi33 \sim \phi40$	10～12

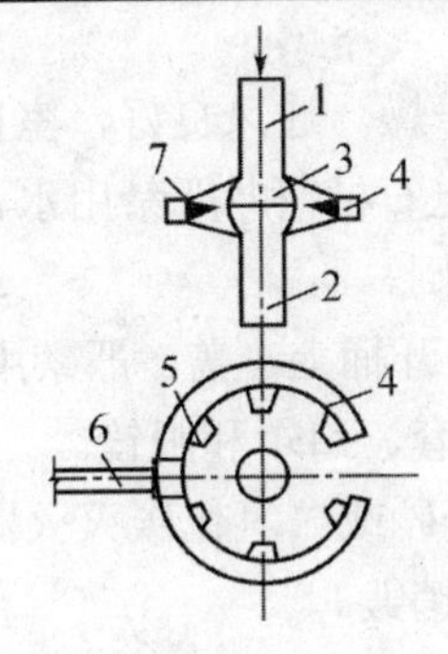

图 4—18 多火口烤钳

1—上钢筋；2—下钢筋；3—镦粗区；4—环形加热器（火钳）；5—火口；6—混气管；7—火焰

三、加压器

加压器由液压泵、压力表、液压胶管和油缸四部分组成。在钢筋气压焊接作业中，加压器作为压力源，通过连接夹具对钢筋进行顶锻，施加所需要的轴向压力。

液压泵分手动式、脚踏式和电动式三种。

四、钢筋卡具（或称连接钢筋夹具）

由可动和固定卡子组成，用于卡紧、调整和压接钢筋用。

连接钢筋夹具应对钢筋有足够握力，确保夹紧钢筋，并便于钢筋的安装定位，应能传递对钢筋施加的轴向压力，确保在焊接操作中钢筋不滑移，钢筋头不产生偏心和弯曲，同时不损伤钢筋的表面。

第3讲 气焊设备安全操作要点

（1）一次加电石10 kg或每小时产生5 m^3乙炔气的乙炔发生器应采用固定式，并应建立乙炔站（房），由专人操作。乙炔站与厂房及其他建筑物的距离应符合现行国家标准《乙炔站设计规范》（GB 50031—1991）及《建筑设计防火规范》（GB 50016—2014）的有关规定。

（2）乙炔发生器（站）、氧气瓶及软管、阀、表均应齐全有效，紧固牢靠，不得松动、破损和漏气。氧气瓶及其附件、胶管、工具不得沾染油污。软管接头不得采用铜质材料制作。

（3）乙炔发生器、氧气瓶和焊炬相互间的距离不得小于10 m。当不满足上述要求时，应采取隔离措施。同一地点有两个以上乙炔发生器时，其相互间距不得小于10 m。

（4）电石的贮存地点应干燥，通风良好，室内不得有明火或敷设水管、水箱。电石桶应密封，桶上应标明“电石桶”和“严禁用水消火”等字样。电石有轻微的受潮时，应轻轻取出电石，不得倾倒。

（5）搬运电石桶时，应打开桶上小盖。严禁用金属工具敲击桶盖。取装电石和砸碎电石时，操作人员应戴手套、口罩和眼镜。

（6）电石起火时必须用干砂或二氧化碳灭火器，严禁用泡沫、四氯化碳灭火器或水灭火。电石粒末应在露天销毁。

（7）使用新品种电石前，应作温水浸试，在确认无爆炸危险时，方可使用。

（8）乙炔发生器的压力应保持正常，压力超过147 kPa时应停用。乙炔发生器的用水应为饮用水。发气室内壁不得用含铜或含银材料制作，温度不得超过80℃。对水入式发生器，其冷却水温不得超过50℃；对浮桶式发生器，其冷却水温不得超过60℃。当温度超过规定时应停止作业，并采用冷水喷射降温和加入低温的冷却水。不得以金属棒等硬物敲击乙炔发生器的金属部分。

（9）使用浮筒式乙炔发生器时，应装设回火防止器。在内筒顶部中间，应设有防爆球或胶皮薄膜，球壁或膜壁厚度不得大于1 mm，其面积应为内筒底面积的60%以上。

（10）乙炔发生器应放在操作地点的上风处，并应有良好的散热条件，不得放在供电电线的下方，亦不得放在强烈日光下曝晒。四周应设围栏，并应悬挂“严禁烟火”标志。

（11）碎电石应在掺入小块电石后装入乙炔发生器中使用，不得完全使用碎电石。夜间添加电石时不得采用明火照明。

（12）氧气橡胶软管应为红色，工作压力应为1500 kPa；乙炔橡胶软管应为黑色，工作压力应为300 kPa。新橡胶软管应经压力试验，未经压力试验或代用品及变质、老化、脆裂、漏气及沾上油脂的胶管均不得使用。

（13）不得将橡胶软管放在高温管道和电线上，或将重物及热的物件压在软管上，且不得将软管与电焊用的导线敷设在一起。软管经过车行道时，应加护套或盖板。

（14）氧气瓶应与其他易燃气瓶、油脂和其他易燃、易爆物品分别存放，且不得同车运输。氧气瓶应有防震圈和安全帽；不得倒置；不得在强烈日光下曝晒。不得用行车或起重机吊运氧气瓶。

（15）开启氧气瓶阀门时，应采用专用工具，动作应缓慢，不得面对减压器，压力表指针应灵敏正常。氧气瓶中的氧气不得全部用尽，应留 49 kPa 以上的剩余压力。

（16）未安装减压器的氧气瓶严禁使用。

（17）安装减压器时，应先检查氧气瓶阀门接头，不得有油脂，并略开氧气瓶阀门吹除污垢，然后安装减压器，操作者不得正对氧气瓶阀门出气口，关闭氧气瓶阀门时，应先松开减压器的活门螺丝。

（18）点燃焊（割）炬时，应先开乙炔阀点火，再开氧气阀调整火焰。关闭时，应先关闭乙炔阀，再关闭氧气阀。

（19）在作业中，发现氧气瓶阀门失灵或损坏不能关闭时，应让瓶内的氧气自动放尽后，再进行拆卸修理。

（20）当乙炔发生器因漏气着火燃烧时，应立即将乙炔发生器朝安全方向推倒，并用黄砂扑灭火种，不得堵塞或拔出浮筒。

（21）乙炔软管、氧气软管不得错装。使用中，当氧气软管着火时，不得折弯软管断气，应迅速关闭氧气阀门，停止供氧。当乙炔软管着火时，应先关熄炬火，可采用弯折前面一段软管将火熄灭。

（22）冬季在露天施工，当软管和回火防止器冻结时，可用热水或在暖气设备下化冻，严禁用火焰烘烤。

（23）不得将橡胶软管背在背上操作。当焊枪内带有乙炔、氧气时不得放在金属管、槽、缸、箱内。

（24）氢氧并用时，应先开乙炔气，再开氢气，最后开氧气，再点燃。熄灭时，应先关氧气，再关氢气，最后关乙炔气。

（25）作业后，应卸下减压器，拧上气瓶安全帽，将软管卷起捆好，挂在室内干燥处，并将乙炔发生器卸压，放水后取出电石篮。剩余电石和电石滓，应分别放在指定的地方。

第 8 单元　预应力钢筋加工机械

第 1 讲　锚具、夹具和连接器

锚具是后张法结构或构件中为保持预应力筋拉力并将其传递到混凝土上用的永

久性锚固装置。夹具是先张法构件施工时为保持预应力筋拉力并将其固定在张拉台座（或钢模）上用的临时性锚固装置。后张法张拉用的夹具又称工具锚，是将千斤顶（或其他张拉设备）的张拉力传递到预应力筋的装置。连接器是先张法或后张法施工中将预应力从一根预应力筋传递到另一根预应力筋的装置。

预应力筋用锚具、夹具和连接器按锚固方式不同，可分为夹片式（单孔与多孔夹片锚具）、支承式（镦头锚具、螺母锚具等）、锥塞式（钢质锥形锚具等）和握裹式（挤压锚具、压花锚具等）四类。

一、夹片式锚具

（1）单孔夹片锚具。

单孔夹片锚具是由锚环与夹片组成，如图 4—19 所示。夹片的种类很多。按片数可分为三片或二片式。其锚固示意，如图 4—20 所示。

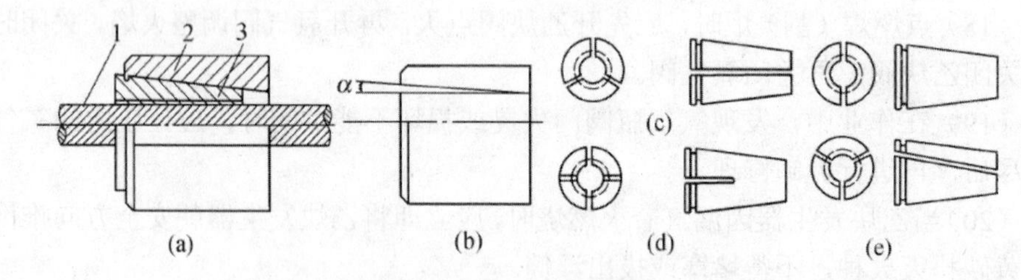

图 4—19　单孔夹片锚具

（a）组装图；（b）锚环；（c）三片式夹片；（d）二片式夹片；（e）斜开缝夹片

1—钢绞线；2—锚环；3—夹片

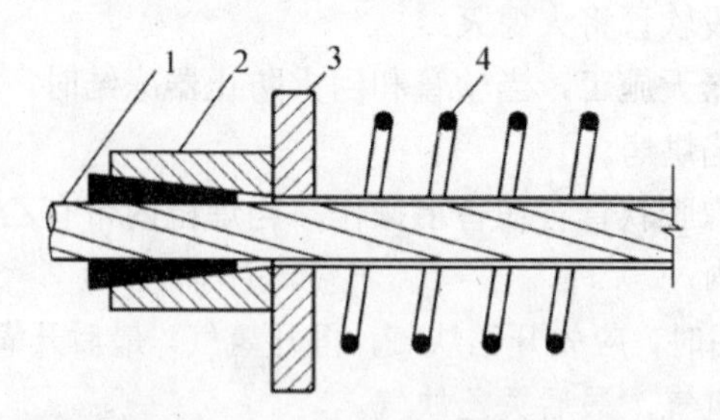

图 4—20　单孔夹片锚固示意图

1—钢绞线；2—单孔夹片锚具；3—承压钢板；4—螺旋筋

（2）多孔夹片锚具。

多孔夹片锚具是由多孔夹片锚具、锚垫板（也称铸铁喇叭管、锚座）、螺旋筋等组成，如图 4—21 所示。这种锚具是在一块多孔的锚板上，利用每个锥形孔装一副夹片，夹持一根钢绞线。其优点是任何一根钢绞线锚固失效，都不会引起整体锚固失效。每束钢绞线的根数不受限制。对锚板与夹片的要求，与单孔夹片锚具相同。

多孔夹片锚固体系在后张法有黏结预应力混凝土结构中用途最广。国内生产厂家已有数十家，主要品牌有：QM、OVM、HVM、B&S、YM、YLM、TM 等。

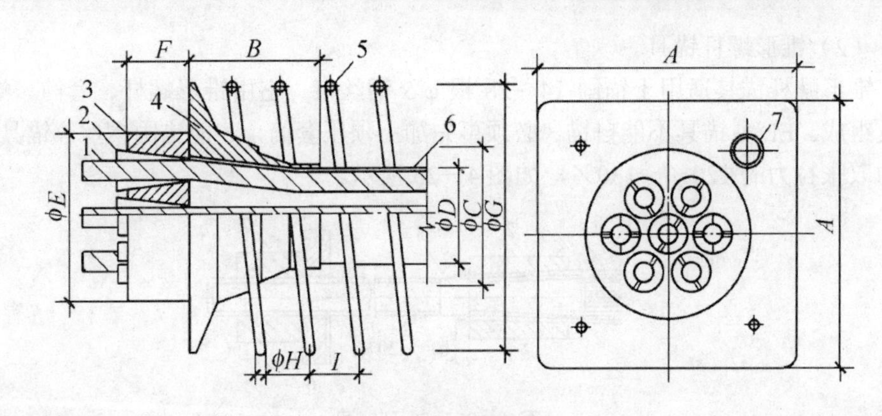

图4—21　多孔夹片锚具

1—钢绞线；2—夹片；3—锚板；4—锚垫板（铸铁喇叭管）；5—螺旋筋；6—金属波纹管；7—灌浆孔

二、支承式锚具

（1）镦头锚具。

镦头锚具适用于锚固任意根数 φ^P 与 φ^P7 钢丝束。镦头锚具的型式与规格，可根据需要自行设计。常用的镦头锚具分为A型与B型。A型由锚环与螺母组成，用于张拉端。B型为锚板，用于固定端，如图4—22所示。

此外，镦头锚具还有锚杆型和锚板型：锚杆型锚具（图 4—23）由锚杆、螺母和半环形垫片组成，锚杆直径小，构件端部无需扩孔；锚板型锚具（图 4—24）由带外螺纹的锚板与垫片组成，但另端锚板应由锚板芯与锚板环用螺纹连接，以便锚芯穿过孔道。这两种锚具宜用于短束，以免垫片过多。在先张法施工中，还可采用单根镦头夹具。

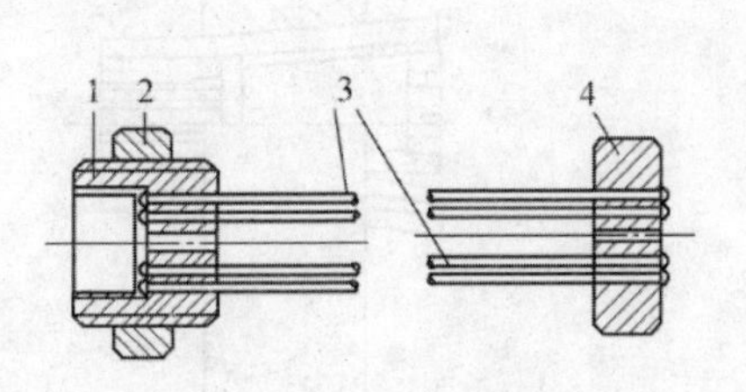

图4—22　镦头锚具

1—A型锚环；2—螺母；3—钢丝束；4—B型锚板

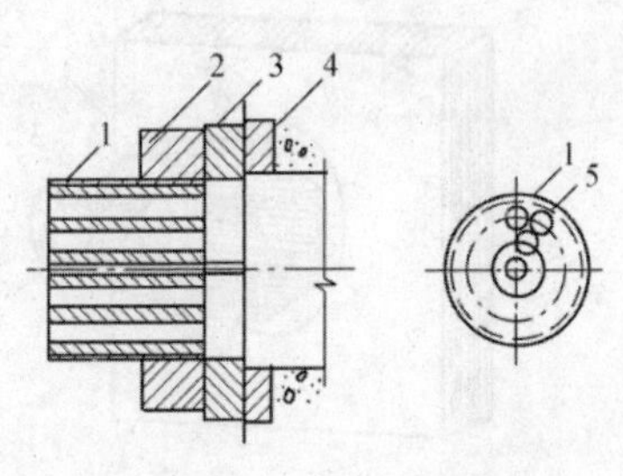

图4—23　锚杆型镦头锚具

1—锚杆；2—螺母；3—半环形垫片；4—预埋钢板；5—锚孔

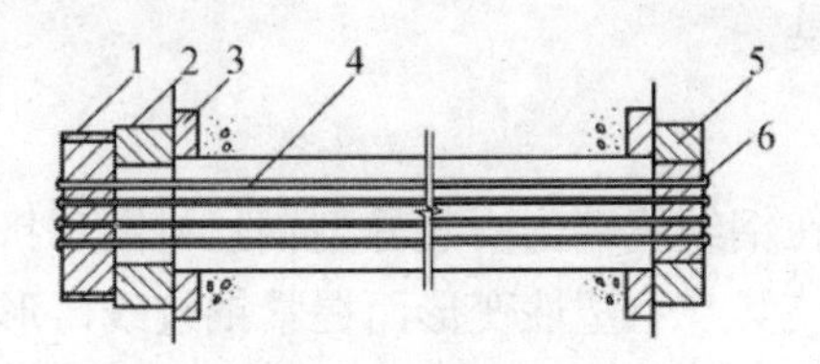

图4—24　锚板型镦头锚具

1—带外螺纹的锚板；2—半环形垫片；3—预埋钢板；4—钢丝束；5—锚板环；6—锚芯

（2）锥形螺杆锚具。

锥形螺杆锚具适用于锚固 14～28 根 $\varphi^{s}5$ 钢丝束。它由锥形螺杆、套筒、螺母、垫板组成。EL 型锚具不能自锚，必须事先加上顶压套筒，才能锚固钢丝。锚具的顶紧力取张拉力的 120%～130%，如图 4—25 所示。

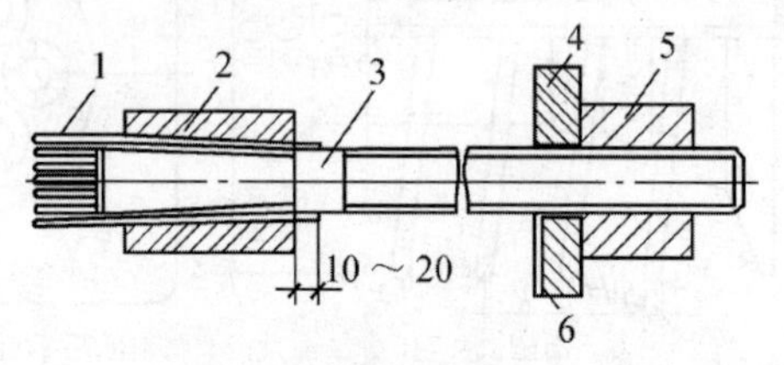

图 4—25　EL 型锚具

1—钢丝 $\phi^{s}5$；2—套筒；3—锥形螺杆；4—垫板；5—螺母；6—排气槽

（3）精轧螺纹钢筋锚具。

精轧螺纹钢筋锚具适用于锚固直径 25 mm 和 32 mm 的高强精轧螺纹钢筋。JLM 型锚具与 LM 型锚具和 EL 锚具的不同之处是不用专门的螺杆。钢筋本身就轧有外螺纹，可以直接拧上螺母进行锚固，也可以拧上连接器进行钢筋连接。JLM 型锚具的连接器为 JLL 型，可在钢筋的任意截面处拧上实现连接，避免了焊接。精轧螺纹钢筋锚具如图 4—26 所示。

三、锥形锚具

钢质锥形锚具（又称弗氏锚具）适用于锚固 6～30φP5 和 12～24φP7 钢丝束。它由锚环与锚塞组成，如图 4—27 所示。

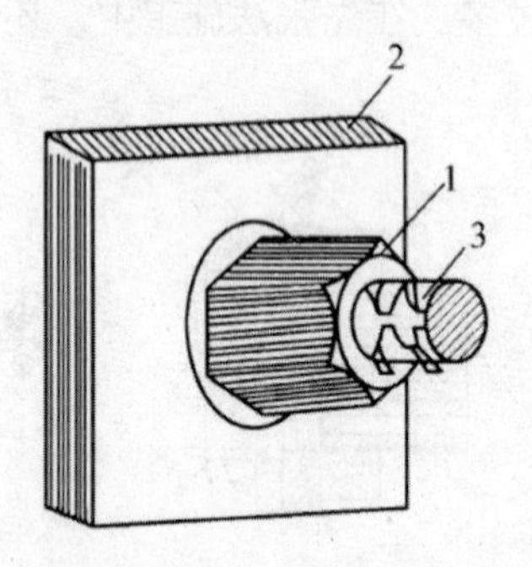

图 4—26　JLM 型锚具

1—锥面螺母；2—锥形孔垫板；3—精轧螺母钢筋

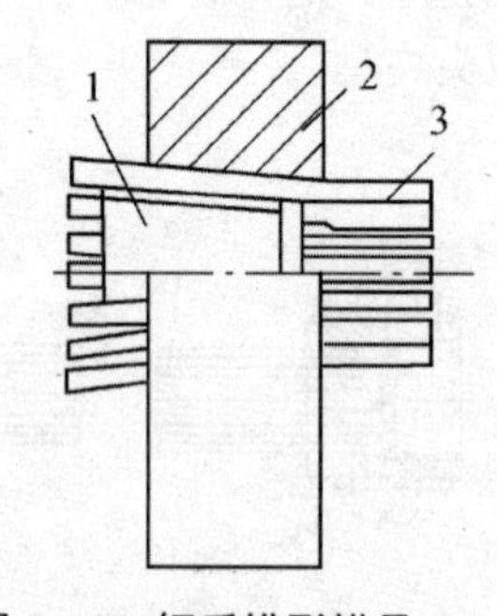

图 4—27　钢质锥形锚具

1—锚塞；2—锚环；3—钢丝束

四、握裹式锚具

（1）挤压锚具。

P 型挤压锚具是在钢绞线端部安装异型钢丝衬圈和挤压套，利用专用挤压机将挤压套挤过模孔后，使其产生塑性变形而握紧钢绞线，形成可靠的锚固，如图 4—28 所示。挤压锚具既可埋在混凝土结构内，也可安装在结构之外，对有黏结预应力钢绞线、无黏结预应力钢绞线都适用，应用范围最广。

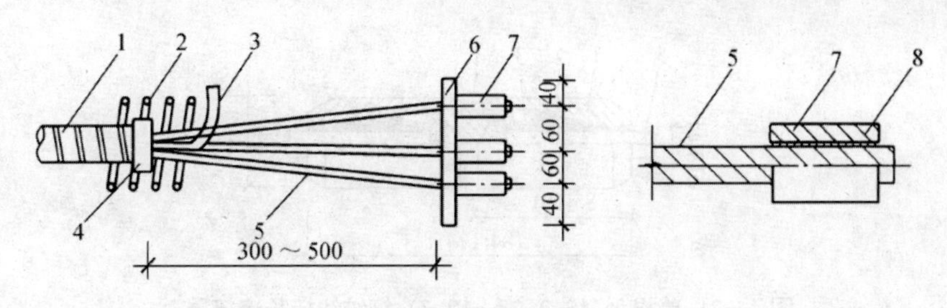

图 4—28　挤压锚具

1—金属波纹管；2—螺旋筋；3—排气管；4—约束圈；5—钢绞线；

6—锚垫板；7—挤压锚具；8—异型钢丝衬圈

（2）压花锚具。

H 型压花锚具是利用专用压花机将钢绞线端头压成梨形散花头的一种握裹式锚具，如图 4—29 所示。压花锚具仅用于固定端空间较大且有足够的黏结长度的情况，但成本最低。

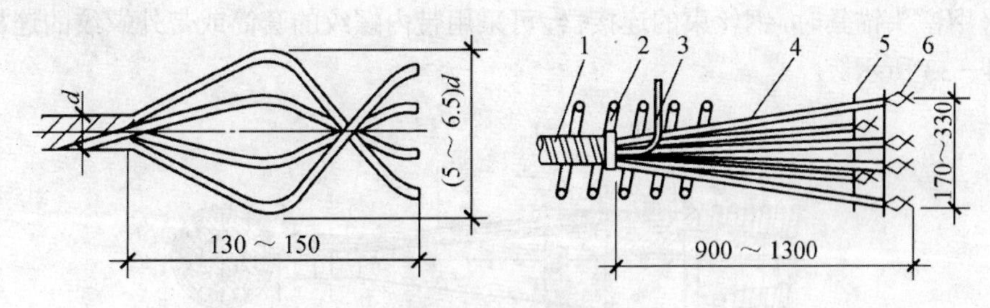

图 4—29　压花锚具

1—波纹管；2—螺旋筋；3—排气管；4—钢绞线；5—构造筋；6—压花锚具

五、连接器

（1）单根钢绞线连接器。

单根钢绞线锚头连接器由带外螺纹的夹片锚具、挤压锚具与带内螺纹的套筒组成，如图 4—30 所示。前段筋采用带外螺纹的夹片锚具锚固，后段筋的挤压锚具穿在带内螺纹的套筒内，利用该套筒的内螺纹拧在夹片锚具的外螺纹上，起连接作用。

单根钢绞线接长连接器是由两个带内螺纹的夹片锚具和一个带外螺纹的连接头组成，如图 4—31 所示。为了防止夹片松脱，在连接头与夹片之间装有弹簧。

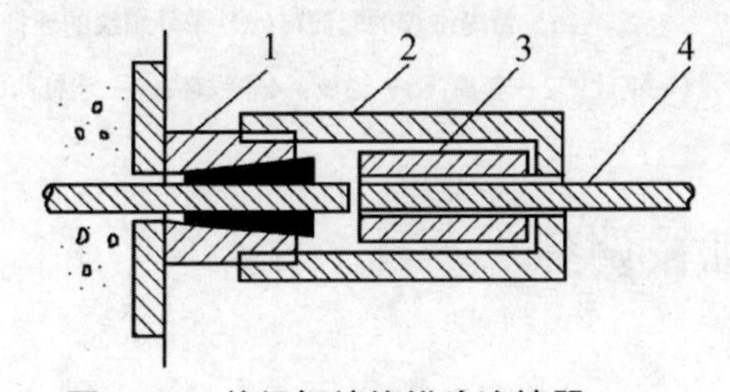

图 4—30　单根钢绞线锚头连接器

1—带外螺纹的锚环；2—带内螺纹的套筒；3—挤压锚具；4—钢绞线

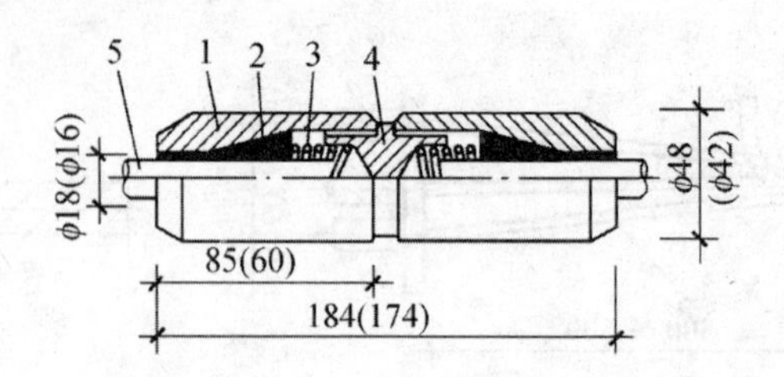

图 4—31 单根 $\phi^{s}15.2$（φs12.7）钢绞线接长连接器

1—带内螺纹的加长锚环；2—带外螺纹的连接头；3—弹簧；4—夹片；5—钢绞线

（2）多根钢绞线连接器。

多根钢绞线连接器主要由连接体、夹片、挤压锚具、白铁护套、约束圈等组成，如图 4—32 所示。其连接体是一块增大的锚板。锚板中部锥形孔用于锚固前段束，锚板外周边的槽口用于挂后段束的挤压锚具。

（3）钢丝束连接器。

采用镦头锚具时，钢丝束的连接器，可采用带内螺纹的套筒或带外螺纹的连杆，如图 4—33 所示。

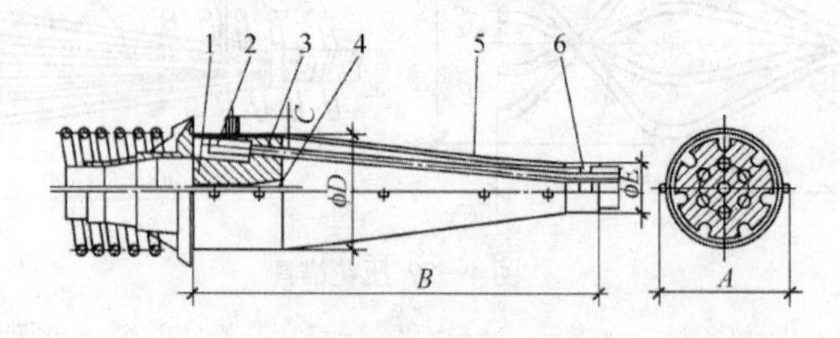

图 4—32 多根钢绞线连接器

1—连接体；2—挤压锚具；3—钢绞线；4—夹片；5—白铁护套；6—约束圈

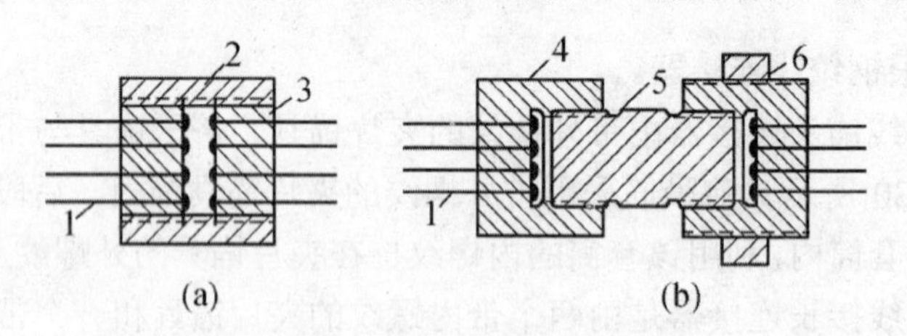

图 4—33 钢丝束连接器

（a）带内螺纹的套筒；（b）带外螺纹的连杆

1—钢丝；2—套筒；3—锚板；4—锚环；5—连杆；6—螺母

第 2 讲 张拉机械设备

一、台座

台座是先张法生产中的主要机械设备之一，要求有足够的强度和稳定性，以免台座变形、倾覆、滑移而引起预应力值的损失。

（1）槽式台座，如图 4—34 所示，它由端柱、传力柱、柱垫、横梁和台面等组成。一般多做成装配式的，长度一般不大于 76 m，宽度随构件外形及制作方式而定，一般不小于 1 m。它既可承受张拉力，又可作养生槽。

槽式台座常用于生产张拉拉力较高的大中型预应力混凝土构件，如起重机梁、屋架等。

（2）换埋式台座，如图 4—35 所示，它由钢立柱、预制混凝土挡板和砂床组成。它是用砂床埋住挡板、立柱，以此来代替现浇混凝土墩，抵抗张拉时的倾覆力矩。拆迁方便，可多次重复使用。

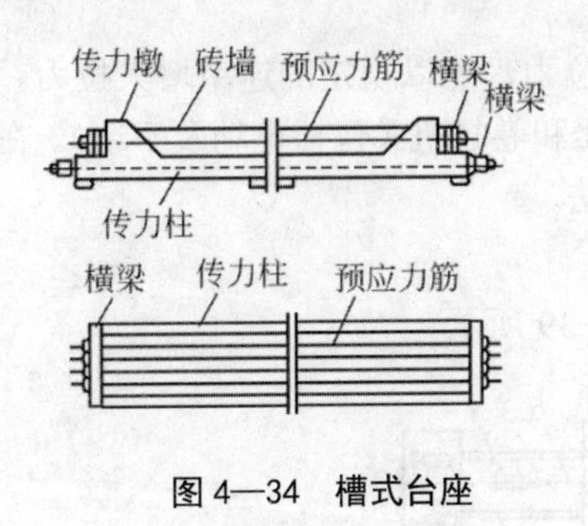

图 4—34　槽式台座

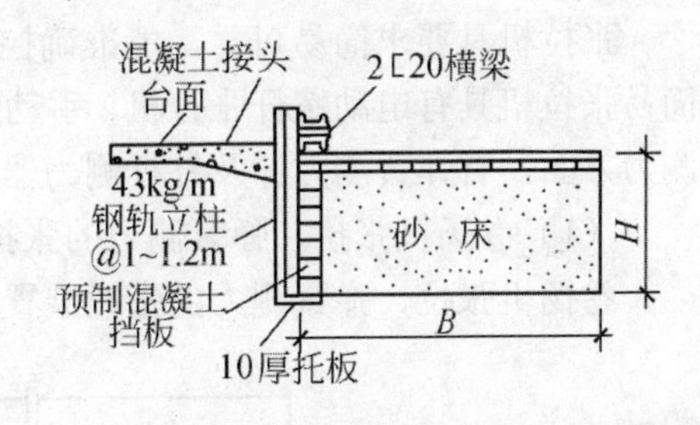

图 4—35　换埋式台座

（3）简易台座，如图 4—36 所示，利用地坪或构件（如基础梁、起重机梁、柱子等）做成传力支座，承受张拉力。

（4）墩式台座，如图 4—37 所示，它由台墩、台面、横梁、定位板等组成。常用的为台墩与台面共同受力的形式。台座长度和宽度由场地大小、构件类型和产量等因素确定，一般长不大于 150 m，宽不大于 2 m。在台座的端部应留出张拉操作用通道和场地，两侧应有构件运输和堆放的场地。依靠自重平衡张拉力，张拉力可达 1 000～2 000 kN。

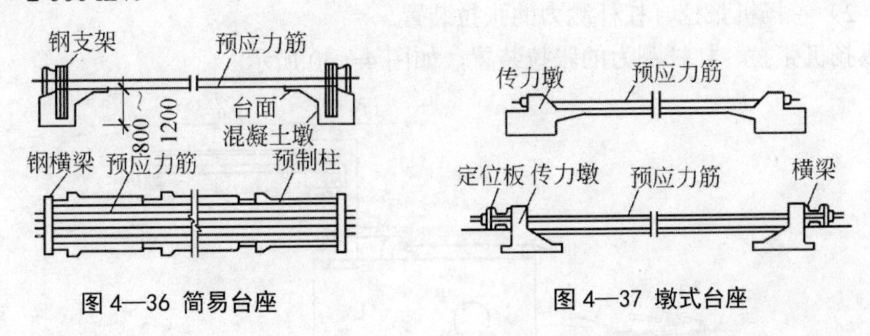

图 4—36 简易台座

图 4—37 墩式台座

墩式台座适于生产多种形式构件，或叠层生产、成组立模生产中小型构件，张拉一次可生产多个构件，劳动效率高，又可减少钢丝滑动或台座横梁变形引起的应力损失。这种形式国内应用最广。

（5）构架式台座，如图 4—38 所示，它一般采用装配式预应力混凝土结构，由多个 1 m 宽重约 2.4 t 的三角形块体组成，每一块体能承受的拉力约 130 kN，可根据台座需要的张拉力，设置一定数量的块体组成。

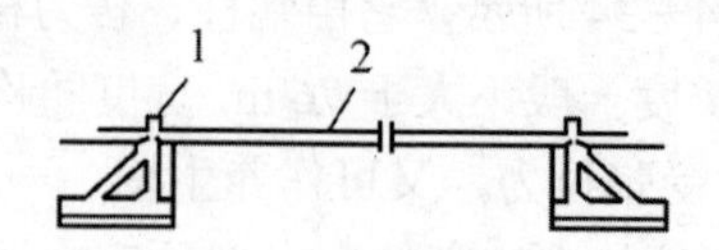

图 4—38 构架式台座

1—构架；2—预应力筋

二、张拉机具

张拉机具要求简易可靠，能准确控制钢丝的拉力，能以稳定的速率增大拉力。简易张拉机具有电动螺杆张拉机、手动螺杆张拉器和卷扬机（包括电动及手动）。在测力方面，有弹簧测力计及杠杆测力器等不同方法。

（1）卷扬机张拉、弹簧测力的张拉装置。

卷扬机张拉、弹簧测力的张拉装置，如图 4—39 所示。

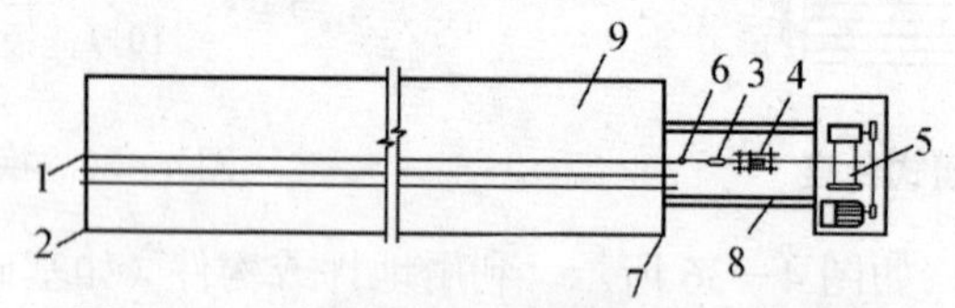

图 4—39 卷扬机张拉、弹簧测力装置示意图

1—镦头或锚固夹具；2—后横梁；3—张拉夹具；4—弹簧测力计；5—电动卷扬机；6—锚固夹具；7—前横梁；8—顶杆；9—台座

弹簧测力计宜设置行程开关，以便张拉到要求的拉力时，能自行停车。如弹簧测力计不设行程开关，钢丝绳的速度以 1 m/min 为宜，速度太快，则张拉力不易控制准确。

（2）卷扬机张拉、杠杆测力的张拉装置。

卷扬机张拉、杠杆测力的张拉装置，如图 4—40 所示。

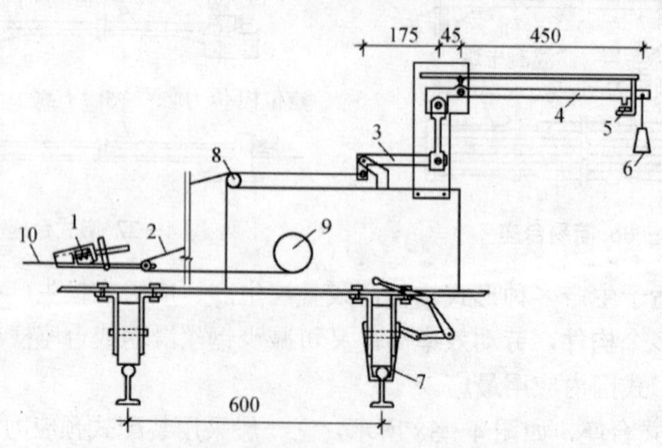

图 4—40 卷扬机张拉、杠杆测力装置示意图

1—钳式张拉夹具；2—钢丝绳；3、4—杠杆；5—断电器；6—砝码；7—夹轨器；8—导向轮；9—卷扬机；10—钢丝

该机的优点是用杠杆测力器代替弹簧测力计，能克服因弹簧疲劳等原因造成的测力误差。缺点是杠杆制造精度要求较高。

（3）电动螺杆张拉机。

电动螺杆张拉机由张拉螺杆、变速箱、拉力架、承力架和张拉夹具组成，如图 4—41 所示。为了便于转移和工作，将其装置在带轮的小车上。电动螺杆张拉机可以张拉预应力钢筋，也可以张拉预应力钢丝。

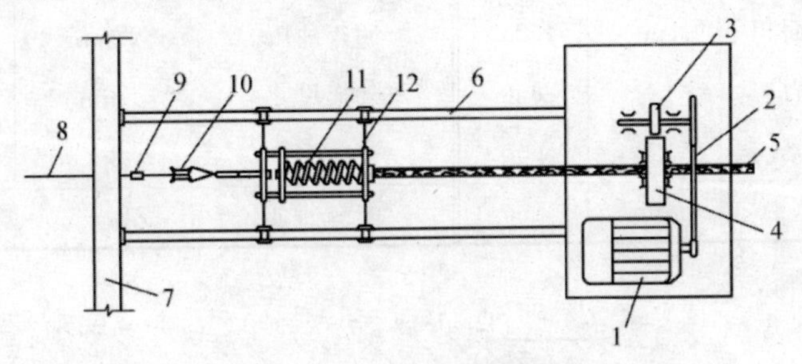

图 4—41　电动螺杆张拉机

1—电动机；2—皮带；3—齿轮；4—齿轮螺母；5—螺杆；6—顶杆；7—台座横梁；8—钢丝；9—锚固夹具；10—张拉夹具；11—弹簧测力计；12—滑动架

电动螺杆张拉机的工作过程：工作时顶杆支承到台座横梁上，用张拉夹具夹紧预应力筋，开动电动机使螺杆向右侧运动，对预应力筋进行张拉，达到控制应力要求时停车，并用预先套在预应力筋上的锚固夹具将预应力筋临时锚固在台座的横梁上。然后开倒车，使电动螺杆张拉机卸荷。

（4）液压冷镦设备。

液压冷镦设备，它分为钢筋冷镦器和钢丝冷镦器两种。

YLD—45 型的钢筋冷镦器主要用来镦粗 $\varphi 12$ 以下的钢筋。它由油缸、夹紧活塞、镦头活塞、顺序阀、回油阀、镦头模、夹片及锚环等部件组成。工作时，要与高压油泵配套使用。

LD—10、LD—20 型的钢丝冷镦器，它由油缸、夹紧活塞、镦头活塞、顺序控制碟簧、回程碟簧、镦头模、夹片及锚环等部件组成，密封件为圆形耐油橡胶密封圈。它工作时也要与高压油泵配套使用。其中 LD—10 可镦 $\varphi 5$ 钢丝，镦头压力为 32～36 N/mm^2；LD—20 可镦 $\varphi 7$ 钢丝，镦头压力为 40～43 N/mm^2。

（5）液压拉伸设备。

液压拉伸设备由千斤顶和高压油泵组成。千斤顶则分为拉杆式、穿心式、锥锚式三类；高压油泵则分为手动式和轴向电动式两种。

1）拉杆式千斤顶。拉杆式千斤顶主要适用于张拉焊有螺丝端杆锚具的粗钢筋、带有锥形螺杆锚具的钢丝束及镦头锚具钢丝束。工程中常用的 L600 型千斤顶技术性能见表 4—10。其工作原理如图 4—42 所示，首先将连接器与螺丝端杆连接，顶杆支承在构件端部的预埋铁板上，当高压油进入主缸，推动主活塞向右移动时，带动预应力筋向右移动，这样预应力筋就受到了张拉。当达到规定的张拉力后，拧紧螺丝端杆上的螺母，将预应力筋锚固在构件的端部，锚固后，改由副缸进油，推动副缸带动主缸和拉杆向左移动，将主缸恢复到开始张拉时的位置。同时，主缸的油也回到油泵中。至此，完成了一次张拉过程。

表 4—10 L600 型千斤顶技术性能

项目	单位	数据	项目	单位	数据
额定油压	MPa	40	回程液压面积	cm^2	38
张拉缸液压面积	cm^2	162.5	回程油压	N/mm^2	<10
理论张拉力	kN	650	外形尺寸	mm	$\phi193\times677$
公称张拉力	kN	600	净重	kg	65
张拉行程	mm	150	配套油泵	ZB_4－500 型电动油泵	

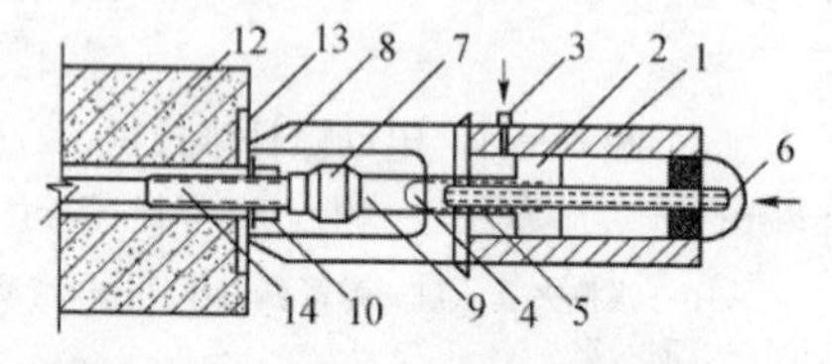

图 4—42 用拉杆式千斤顶张拉单根粗钢筋的工作原理图

1—主缸；2—主缸活塞；3—主缸进油孔；4—副缸；5—副缸活塞；6—副缸进油孔；7—连接器；8—传力架；9—拉杆；10—螺母；11—预应力筋；12—混凝土构件；13—预埋铁板；14—螺丝端杆

2）穿心式千斤顶。穿心式千斤顶是中空通过钢筋束的千斤顶，是适应性较强的千斤顶。它既可张拉带有夹片锚具或夹具的钢筋束和钢绞线束，配上撑脚、拉杆等附件后，也可作为拉杆式千斤顶用。根据使用功能不同，它又可分为 YC 型、YCD 型、YCQ 型、YCW 型等系列。

YC 型又分为 YC18 型、YC20 型、YC60 型、YC120 型等。YC 型技术性能见表 4—11。

表 4—11 YC 型穿心式千斤顶技术性能

项目	单位	YC18 型	YC20D 型	YC60 型	YC120
额定油压	MPa	50	40	40	50
张拉缸液压面积	cm^2	40.6	51	162.6	250
公称张拉力	kN	180	200	600	1200
张拉行程	mm	250	200	150	300
顶压缸活塞面积	cm^2	13.5	—	84.2	113
顶压行程	mm	15	—	50	40
张拉缸回程液压面积	cm^2	22	—	12.4	160
顶压方式		弹簧	—	弹簧	液压
穿心孔径	mm	27	31	55	70

YC 型千斤顶的张拉力，一般有 180 kN、200 kN、600 kN、1200 kN 和 3000 kN，张拉行程由 150 mm 至 800 mm 不等，基本上已经形成各种张拉力和不同张拉行程的 YC 型千斤顶系列。现以 YC60 型千斤顶为例，说明其工作原理。

YC60 型千斤顶主要由张拉油缸、顶压油缸、顶压活塞、穿心套、保护套、端盖堵头、连接套、撑套、回程弹簧和动、静密封套等部件组成。其构造如图 4—43 所示。

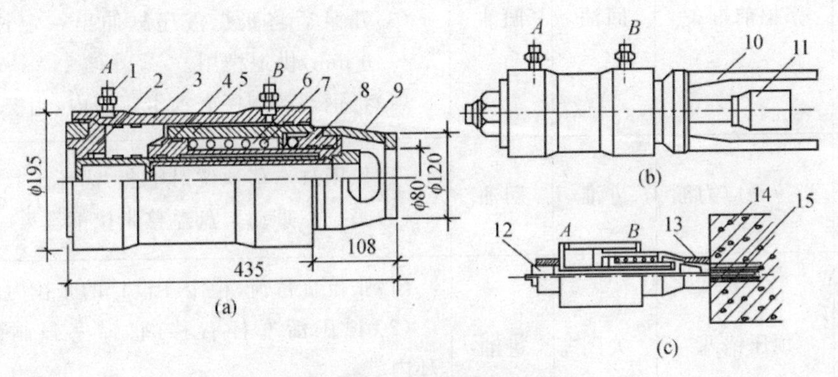

图 4—43　YC60 型千斤顶

（a）YC60 型千斤顶构造；（b）YC60 型改装成 YL60 型千斤顶；（c）YC60 型千斤顶工作原理

1—端盖螺母；2—端盖；3—张拉油缸；4—顶压活塞；5—顶压油缸；6—穿心套；　7—回程弹簧；8—连接套；9—撑套；10—撑脚；11—连接头；12—工具锚；13—预应力筋锚具；14—构件；15—预应力筋

3）锥锚式千斤顶。锥锚式千斤顶又称双作用或三作用千斤顶，是一种专用千斤顶，如图 4—44 所示。适用于张拉以 KT—Z 型锚具为张拉锚具的钢筋束或钢绞线束和张拉以钢质锥形锚具为张拉锚具的钢绞线束。　其操作顺序见表 4—12。

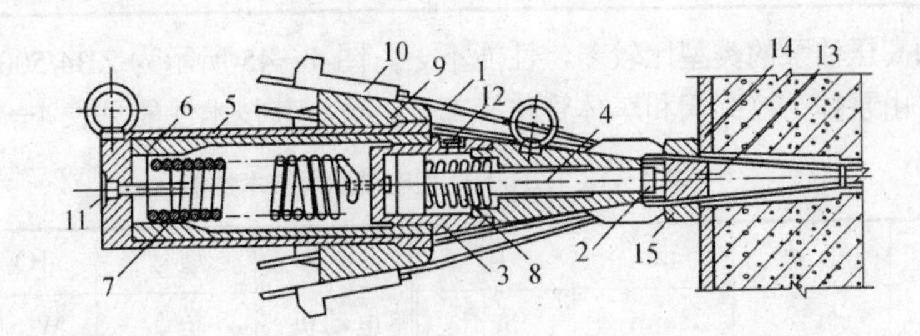

图 4—44 锥锚式千斤顶基本构造

1—预应力筋；2—顶压头；3—副缸；4—副缸活塞；5—主缸；6—主缸活塞；7—主缸拉力弹簧；8—副缸压力弹簧；9—锥形卡环；10—楔块；11—主缸油嘴；12—副缸油嘴；13—锚塞；14—混凝土构件；15—锚环

4）油泵。油泵是配合千斤顶施工的必要设备。选用与千斤顶配套的油泵时，油泵的额定压力应等于或大于千斤顶的额定压力。

高压油泵具有小流量、超高压、泵阀配套和可移动的特点。它按动力方式可分为手动和电动高压油泵两类；电动高压油泵又分为径向泵和轴向泵两种型式。小规模生产或无电源情况下，手动高压油泵仍有一定实用性；而电动高压油泵则具有工作效率高、劳动强度小和操作方便等优点。

表 4—12 锥锚式千斤顶操作顺序

顺序	工序名称	进回油情况		动作情况
		A 油嘴	B 油嘴	
1	张拉前准备	回油	回油	(1)油泵停车或空载运转。 (2)安装锚环,对中套、千斤顶。 (3)开泵后将张拉液压缸伸出一定长度(约30～40 mm)供退楔用。 (4)将钢丝按顺序嵌入卡盘槽内,用楔块卡紧
2	张拉预应力筋	进淮	回油	(1)顶压缸右移顶位对中套、锚环。 (2)张拉缸带动卡盘左移张拉钢丝束
3	顶压锚塞	关闭	进油	(1)张拉缸持荷,稳定在设计的张拉力。 (2)顶压活塞杆右移,将锚塞强制顶入锚环内。 (3)弹簧压缩
4	液压退楔(张拉缸回程)	回油	进油	(1)张拉缸(或顶压缸)右移(或左移)回程复位。 (2)退楔翼板顶住楔块使之松脱
5	顶压活塞杆弹簧活塞	回油	回油	(1)油泵停车或空载运转。 (2)在弹簧力作用下,顶压活塞杆左移复位

电动高压油泵的类型比较多，性能不一。图 4—45 所示为 ZB4/500 型电动高压油泵，它由泵体、控制阀和车体管路等部分组成。其技术性能见表 4—13。

表 4—13 ZB4/500 型电动油泵技术性能

柱塞	直径	mm	10	电动机	型号	$JO_2-32-4TZ$	
	行程	mm	6.8		功率	W	3000
	个数	个	2×3		转数	r/min	1430
油泵转数		r/min	1430	出油嘴数		个	2
理论排量		mL/r	3.2	用油种类		10 号或 20 号机械油	
额定压力		MPa	50	油箱容量		L	42
额定排量		L/min	2×2	自重		kg	120
				外形		mm	745×494×1052

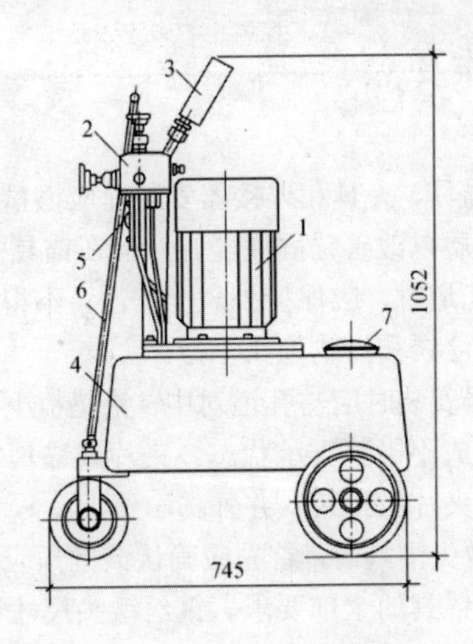

图 4—45　ZB4/500 型电动高压油泵

1—电动机及泵体；2—控制阀；3—压力表；4—油箱小车；5—电气开关；6—拉手；7—加油口

三、灌浆设备

在预应力后张法的施工中，采用有黏结预应力筋时，张拉工序结束后，构件的穿筋孔道需要用水泥浆或水泥砂浆灌满。灌浆需用专用灌浆设备。

目前常用的灌浆设备为电动灰浆泵。它由灰浆搅拌机、灌浆泵、贮浆桶、过滤器、橡胶管和喷浆嘴等组成。其型号有 HB6—3，为电动活塞式泵。其技术性能：输送量为每小时 3 m^3；垂直输送可达 40 m，水平输送达 150 m；工作压力为 1.5 MPa；电动机功率为 4 kW；排浆口胶管内径为 51 mm，进浆口胶管内径为 64 mm。

四、张拉设备标定

施加预应力用的机具设备及仪表，应由专人使用和管理，并应定期维护和标定（校验）。

张拉设备应配套标定，以确定张拉力与压力表读数的关系曲线。标定张拉设备用的试验机或测力计精度，不得低于±2%。压力表的精度不宜低于 1.5 级，最大量程不宜小于设备额定张拉力的 1.3 倍。标定时，千斤顶活塞的运行方向，应与实际张拉工作状态一致。

张拉设备的标定期限，不宜超过半年。当发生下列情况之一时，应对张拉设备重新标定：

（1）千斤顶经过拆卸修理；

（2）千斤顶久置后重新使用；

（3）压力表受过碰撞或出现失灵现象；

（4）更换压力表；

（5）张拉中预应力筋发生多根破断事故或张拉伸长值误差较大。

第 3 讲　安全操作要点

（1）预应力筋用锚具、夹具和连接器安装前应擦拭干净。当按施工工艺规定需要在锚固零件上涂抹介质以改善锚固性能时，应在锚具安装时涂抹。

（2）钢绞线穿入孔道时，应保持外表面干净，不得拖带污物；穿束以后，应将其锚固夹持段及外端的浮锈和污物擦拭干净。

（3）锚具和连接器安装时应与孔道对中。锚垫板上设置对中止口时，则应防止锚具偏出止口以外，形成不平整支承状态。夹片式锚具安装时，各根预应力钢材应平顺，不得扭绞交叉；夹片应打紧，并外露一致。

（4）使用钢丝束镦头锚具前，首先应确认该批预应力钢丝的可镦性，即其物理力学性能应能满足镦头锚具的全部要求。钢丝镦头尺寸不应小于规定值，头形应圆整端正。钢丝镦头的圆弧形周边出现纵向微小裂纹时，其裂纹长度不得延伸至钢丝母材，不得出现斜裂纹或水平裂纹。

（5）用钢绞线挤压锚具挤压时，在挤压模内腔或挤压元件外表面应涂润滑油，压力表读数应符合操作说明书的规定。挤压后的钢绞线外端应露出挤压头 2～5 mm。

（6）夹片式、锥塞式等形式的锚具，在预应力筋张拉和锚固过程中或锚固完成以后，均不得大力敲击或振动。

（7）利用螺母锚固的支承式锚具，安装前应逐个检查螺纹的配合情况。对于大直径螺纹的表面，应涂润滑油脂，以确保张拉和锚固过程中顺利旋合和拧紧。

（8）钢绞线压花锚成型时，应将表面的污物或油脂擦拭干净，梨形头尺寸和直线段长度不应小于设计值，并应保证与混凝土有充分的黏结力。

（9）对于预应力筋，应采用形式和吨位与其相符的千斤顶整束张拉锚固。对直线形或平行排放的预应力钢绞线束，在确保各根预应力钢绞线不会叠压时，也可采用小型千斤顶逐根张拉工艺，但必须将“分批张拉预应力损失”计算在控制应力之内。

（10）千斤顶安装时，工具锚应与前端工作锚对正，使工具锚与工作锚之间的各根预应力钢材相互平行，不得扭绞错位。

工具锚夹片外表面和锚板锥孔内表面使用前宜涂润滑剂，并应经常将夹片表面清洗干净。当工具夹片开裂或牙面缺损较多，工具锚板出现明显变形或工作表面损伤显著时，均不得继续使用。

（11）对于一些有特殊要求的结构或张拉空间受到限制时，可配置专用的变角块，并应采用变角张拉法施工。

（12）采用连接器接长预应力筋时，应全面检查连接器的所有零件，必须执行全部操作工艺，以确保连接器的可靠性。

（13）预应力筋锚固以后，因故必须放松时，对于支承式锚具可用张拉设备松开锚具，将预应力缓慢地卸除；对于夹片式、锥塞式等锚具，宜采用专门的放松装置将锚具松开。任何时候都不得在预应力筋存在拉力的状态下直接将锚具切去。

（14）预应力筋张拉锚固后，应对张拉记录和锚固状况进行复查，确认合格后，方可切割露于锚具之外的预应力筋多余部分。切割工作应使用砂轮锯；当使用砂轮锯有困难时，也可使用氧—乙炔焰，严禁使用电弧。当用氧—乙炔焰切割时，火焰不得接触锚具；切割过程中还应用水冷却锚具。切割后预应力筋的外露长度不应小于 30 mm。

（15）预应力筋张拉时，应有安全措施。预应力筋两端的正面严禁站人。

（16）后张法预应力混凝土构件或结构在张拉预应力筋后，宜及时向预应力筋孔道中压注水泥浆。先张法生产预应力混凝土构件时，张拉预应力筋后，宜及时浇筑构件混凝土。

（17）对暴露于结构外部的锚具应及时实施永久性防护措施，防止水分、氯离子及其他有腐蚀性的介质侵入。同时，还应采取适当的防火和避免意外撞击的措施。

封头混凝土应填塞密实并与周围混凝土黏结牢固。无黏结预应力筋的锚固穴槽中，可填堵微膨胀砂浆或环氧树脂砂浆。

锚固区预应力筋端头的混凝土保护层厚度不应小于 20 mm；在易受腐蚀的环境中，保护层还宜适当加厚。对凸出式锚固端，锚具表面距混凝土边缘不应小于 50 mm。封头混凝土内应配置 1～2 片钢筋网，并应与预留锚固筋绑扎牢固。

（18）在无黏结预应力筋的端部塑料护套断口处，应用塑料胶带严密包缠，防止水分进入护套。在张拉后的锚具夹片和无黏结筋端部，应涂满防腐油脂，并罩上塑料（PE）封端罩，并应达到完全密封的效果。也可采用涂刷环氧树脂达到全密封效果。

第 5 部分

混凝土工程机械选型及使用

第 1 单元　混凝土搅拌机

第 1 讲　混凝土搅拌机的分类和特点

混凝土搅拌机的分类和特点见表 5—1。

表 5—1　混凝土搅拌机的分类和特点

分类	型式	主要特点	适用范围
按工作特性	周期式	加料、搅拌、出料都按周期进行，易保证质量；但间断生产，生产率较低	建筑施工对混凝土质量要求较高，一般采用周期式
	连续式	加料、搅拌、出料都连续进行，生产率高，但产品质量不均匀	适用于对混凝土质量要求不高，而需要量很大的水利工程
按动力种类	电动式	工作可靠，使用简便，费用较低，但需要有电源	有电源处都应使用电动式
	内燃式	机动性好，但故障多，使用费高	适用于无电源处
按装置型式	固定式	一般容量较大，生产率较高，多为电动式，不便于移动	适用于混凝土制备场所
	移动式	一般容量较小，有轮式行走机构，便于移动	适用于流动性建筑施工
按搅拌方法	强制式	搅拌强烈均匀，时间短，效率高，适合于细石混凝土、干性混凝土和砂浆搅拌，搅拌干性混凝土比自落式搅拌机的生产率高 1～2 倍，但功率消耗较大，叶片和衬板磨损快	适用于混凝土搅拌站(楼)和混凝土制品厂
	自落式	结构简单，能耗较低，搅拌时间长，质量不均匀，效率较低，不能搅拌坍落度较小的混凝土	适用于一般施工现场

强制式搅拌机按主轴型式可分为立轴式和卧轴式，卧轴式按轴的数目又可分为单轴式和双轴式。

立轴强制式搅拌机是靠搅拌筒内的涡桨式叶片的旋转将物料挤压、翻转、抛出而进行强制搅拌的，具有搅拌均匀、时间短、密封性好的特点，适用于干硬混凝土和轻质混凝土。

卧轴强制式搅拌机兼有自落式和强制式两种机型的优点，即搅拌质量好，生产率高，耗能少，能搅拌干硬性、塑性、轻骨料混凝土以及各种砂浆、灰浆和硅酸盐等混合物，是一种多功能的搅拌机械。

第 2 讲　混凝土搅拌机的型号

混凝土搅拌机的型号分类及表示方法见表 5—2。

表 5—2　混凝土搅拌机型号分类及表示方法

类	组	型	特性	代号	代号含义	主参数	
						名称	单位表示法
混凝土机械	混凝土搅拌机 J(搅)	锥形反转出料式 Z(锥)	—	JZ	锥形反转出料混凝土搅拌机	出料容量	L
			C(齿)	JZC	齿圈锥形反转出料混凝土搅拌机		
			M(摩)	JZM	摩擦锥形反转出料混凝土搅拌机		
		锥形倾翻出料式 F(翻)	—	JF	锥形倾翻出料混凝土搅拌机		
			C(齿)	JFC	齿圈锥形倾翻出料混凝土搅拌机		
			M(摩)	JFM	摩擦锥形倾翻出料混凝土搅拌机		
		立轴涡桨式 W(涡)		JW	立轴涡桨式混凝土搅拌机		
		单卧轴式 D(单)	—	JD	单卧轴式混凝土搅拌机		
			Y(液)	JDY	单卧轴式液压上料混凝土搅拌机		
		双卧轴式 S(双)	—	JS	双卧轴式混凝土搅拌机		
			Y(液)	JSY	双卧轴式液压上料混凝土搅拌机		

第 3 讲　混凝土搅拌机的构造组成

一、锥形反转出料混凝土搅拌机

锥形反转出料搅拌机主要由搅拌机构、上料装置、供水系统和电气部分组成，如图 5—1 所示。

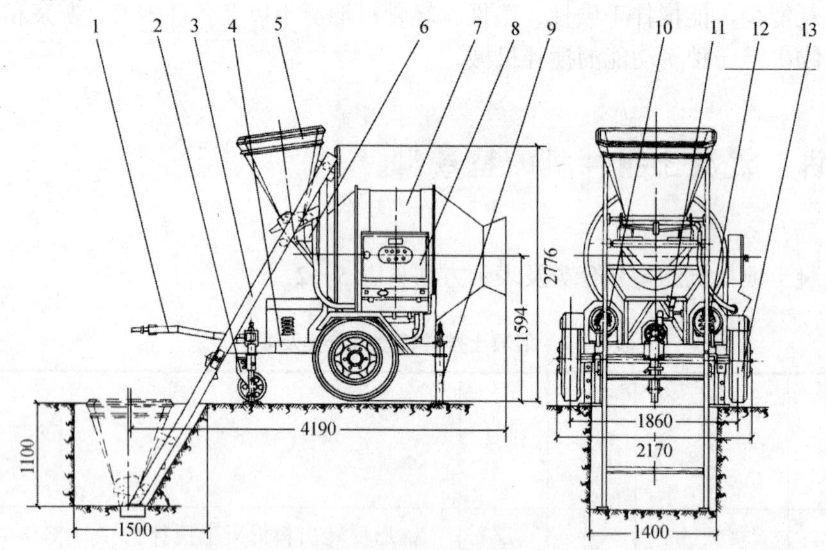

图 5—1　锥形反转出料搅拌机结构外形

1—牵引架；2—前支轮；3—上料架；4—底盘；5—料斗；6—中间料斗；7—拌筒；8—电器箱；9—支腿；10—搅拌传动机构；11—供水系统；12—卷扬系统；13—行走轮

（1）搅拌机构：搅拌筒内交叉布置有 2 块低叶片和 2 块高叶片，在出料锥内装有 2 块出料叶片。由于高低叶片均与搅拌筒圆柱体母线成 40°～45°的夹角，因此拌和料除了有提升、自落作用外，还增加了一个搅拌筒前后料流的轴向窜动，因此能在较短时间内将物料拌和成匀质混凝土。

（2）上料装置：进料斗底部装有一个附着式振动器，取代了凸块加冲击杆的振动方式，既降低了噪声，又简化了机构。

（3）供水系统：供水系统采用时间继电器控制微型水泵运转时间的方法来实现定量供水，省去了水箱、三通阀等零部件，提高了供水精度。

（4）卸料机构：由电气控制搅拌筒的正反转运行，操纵反转按钮即可自动出料。

（5）行走机构：行走机构只装有两只充气轮胎，并简化了拖行转向机构。

二、锥形倾翻出料搅拌机

锥形倾翻出料搅拌机为自落式，搅拌筒为锥形，进出料在同一口。搅拌时，搅拌筒轴线具有约 15°倾角；出料时，搅拌筒向下旋转俯角约 50°～60°，将拌和料卸出。这种搅拌机卸料快，拌筒容积利用系数大，能搅拌大骨料的混凝土，适用于搅拌楼。现已批量生产的有 JF750、JF1000、JF1500、JF3000 等型号，各型号结构相似，现以 JF1000 型为例，简述其构造。

JF1000 型搅拌机由搅拌系统和倾翻机构组成，加料、配水等装置及空气压缩机等需另行配置，因其用作混凝土搅拌站（楼）主机，可以相互配套使用。

（1）搅拌系统。搅拌筒由两个截面圆锥组成，曲梁是水平安装的,如图 5—2 所示。

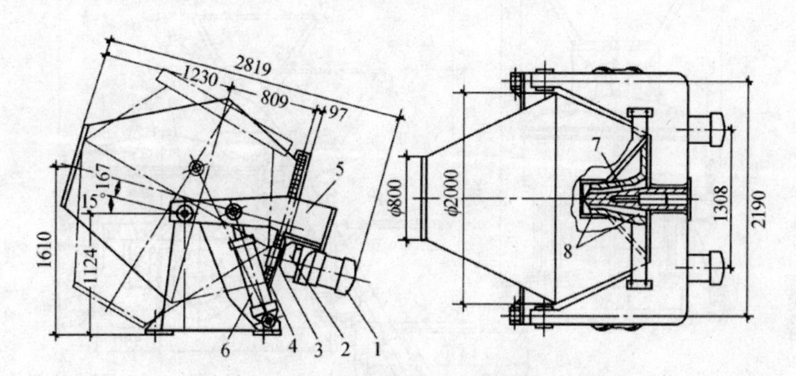

图 5—2　JF1000 型搅拌机搅拌筒结构示意

1—电动机；2—行星摆线针轮减速器；3—小齿轮；4—大齿圈；5—倾翻机架；6—倾翻汽缸；7—锥形轴；8—单列圆锥滚珠轴承

（2）气动倾翻机构。如图 5—3 所示，工作时，压缩空气经过分水滤气器、油雾器及电磁阀进入汽缸下腔，使活塞杆推动曲梁并带动搅拌筒向下转动，倾翻卸料。

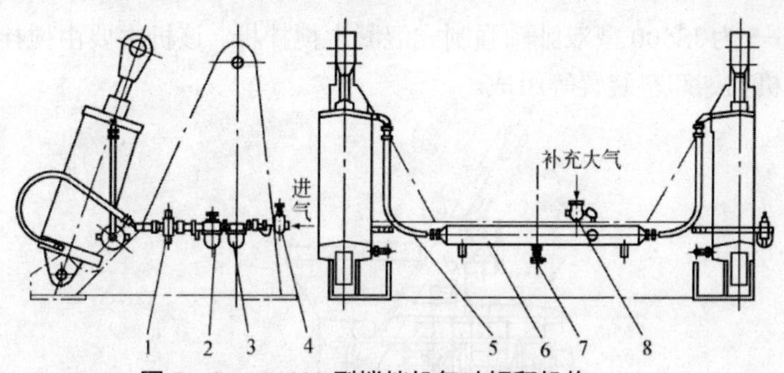

图 5—3　JF1000 型搅拌机气动倾翻机构

1—电磁气阀；2—油雾器；3—分水滤气器；4—截止阀；5—夹布胶管；6—贮气筒；7—二通旋塞；8—单向阀

三、立轴强制式混凝土搅拌机

立轴强制式搅拌机有涡浆式和行星式两种。涡浆式主要有 JW250、JW350、JW500、JW1000 等四种规格，JW1000 型用于搅拌楼（站）。图 5—4 为 JW250 型搅拌机，该机为移动涡浆强制式搅拌机，进料容量为 375 L，出料容量为 250 L。该机主要由搅拌机构、传动机构、进出料机构和供水系统等组成。

四、卧轴强制式混凝土搅拌机

卧轴强制式混凝土搅拌机有单卧轴和双卧轴。双卧轴搅拌机生产的效率高，能耗低，噪声小，搅拌效果比单卧轴好，但结构较复杂，适于较大容量的混凝土搅拌作业，一般用作搅拌楼（站）的配套主机或用于大、中型混凝土预制厂。单卧轴有JD50、JD200、JD250、JD300、JDY350 等规格型号，双卧轴有 JS350、JS500、JS1000、JS1500 等规格型号。

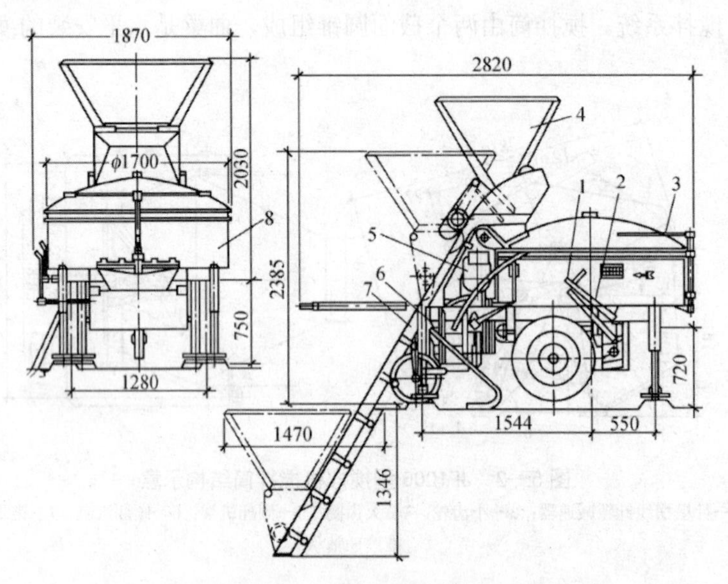

图 5—4　JW250 型搅拌机

1—上料手柄；2—料斗下降手柄；3—出料手柄；4—上料斗；5—水箱；6—水泵；7—上料斗导轨；8—搅拌筒

图 5—5 为 JS500 型双卧轴强制式混凝土搅拌机。该机主要由搅拌机构、上料机构、传动机构、卸料装置等组成。

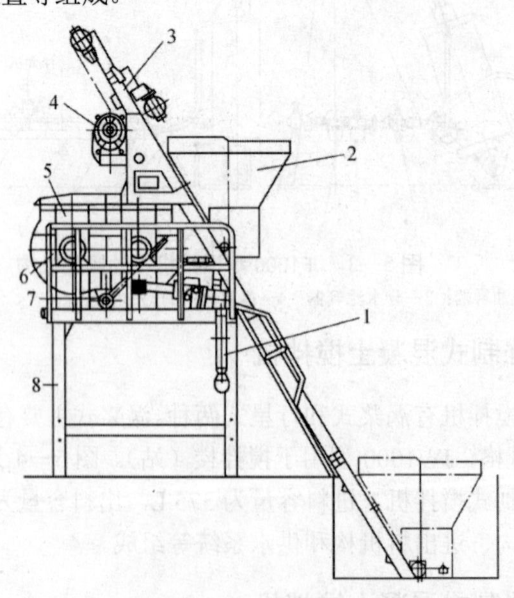

图 5—5　JS500 型双卧轴强制式混凝土搅拌机

1—供水系统；2—上料斗；3—上料架；4—卷扬装置；5—搅拌筒；6—搅拌装置；7—卸料门；8—机架

第 4 讲　混凝土搅拌机的技术性能

各类混凝土搅拌机的技术性能见表 5—1～表 5—4。

表 5—1　锥形反转出料搅拌机基本参数

基本参数	型号					
	JZ150	JZ200	JZ250	JZ350	JZ500	JZ750
出料容量/L	150	200	250	350	500	750
进料容量/L	240	320	400	560	800	1200
搅拌额定功率/kW	3	4	4	5.5	10	15
每小时工作循环次数　≥	30	30	30	30	30	30
骨料最大粒径/mm	60	60	60	60	60	80

表 5—2　锥形倾翻出料搅拌机基本参数

基本参数	型号				
	JF50	JF100	JF150	JF250	JF350
出料容量/L	50	100	150	250	350
进料容量/L	80	160	240	400	560
搅拌额定功率/kW	1.5	2.2	3	4	5.5
每小时工作循环次数　≥	30	30	30	30	30
骨料最大粒径/mm	40	60	60	60	80
出料容量/L	500	750	1000	1500	3000
进料容量/L	800	1200	1600	2400	4800
搅拌额定功率/kW	7.5	11	15	20	40
每小时工作循环次数　≥	30	30	25	25	20
骨料最大粒径/mm	80	120	120	150	250

表 5—3 立轴涡桨式搅拌机基本参数

基本参数	型号									
	JW50	JW100	JW150	JW200	JW250	JW350	JW500	JW750	JW1000	JW1500
	JX50	JX100	JX150	JX200	JX250	JX350	JX500	TX750	JX1000	JX1500
出料容量/L	50	100	150	200	250	350	500	750	1000	1500
进料容量/L	80	160	240	320	400	560	800	1200	1600	2400
搅拌额定功率/kW	4	7.5	10	13	15	17	30	40	55	80
每小时工作循环次数≥	50	50	50	50	50	50	50	45	45	45
骨料最大粒径/mm	40	40	40	40	40	40	60	60	60	80

表 5—4 单卧轴、双卧轴搅拌机基本参数

基本参数	型号					
	JD50	JD100	JD150	JD200	JD250	JD350 JS350
出料容量/L	50	100	150	200	250	350
进料容量/L	80	160	240	320	400	560
搅拌额定功率/kW	2.2	4	5.5	7.5	10	15
每小时工作循环次数 ≥	50	50	50	50	50	50
骨料最大粒径/mm	40	40	40	40	40	40

基本参数	型号				
	JD500 JS500	JD750 JS750	JD1000 JS1000	JD1500 JS1500	JD3000 JS3000
出料容量/L	500	750	1000	1500	3000
进料容量/L	800	1200	1600	2400	4800
搅拌额定功率/kW	17	22	33	44	95
每小时工作循环次数 ≥	50	45	45	45	40
骨料最大粒径/mm	60	60	60	80	120

第 5 讲 混凝土搅拌机的主要参数

周期式混凝土搅拌机的主要参数是额定容量、工作时间和搅拌转速。

一、额定容量

额定容量有进料容量和出料容量之分，我国规定出料容量为主参数，表示机械型号。进料容量是指装进搅拌筒的物料体积，单位用 L 表示；出料容量是指卸出物料体积，单位用 m^3 表示。两种容量的关系如下：

（1）搅拌筒的几何体积 V_0 和装进干料容量 V_1 的关系如式：

$$\frac{V_0}{V_1}=2\sim4$$

（2）拌和后卸出的混凝土拌和物体积 V_2 和捣实后混凝土体积 V_3 的比值 φ_2 称为压缩系数，它和混凝土的性质有关。

对于干硬性混凝土 $\varphi_2=\frac{V_2}{V_3}=1.45\sim1.26$

对于塑性混凝土 $\varphi_2=\frac{V_2}{V_3}=1.25\sim1.11$

对于软性混凝土 $\varphi_2=\frac{V_2}{V_3}=1.10\sim1.04$

二、工作时间

以 s 为单位，可分为：

上料时间——从给拌筒送料开始到上料结束；

出料时间——从出料开始到至少95%以上的拌和物料卸出；

搅拌时间——从上料结束到出料开始；

循环时间——在连续生产条件下，先一次上料过程开始至紧接着的后一次上料开始之间的时间，也就是一次作业循环的总时间。

三、搅拌转速

搅拌筒的转速，一般以 n 表示，单位为r/min。

自落式搅拌机拌筒旋转 n 值，一般为14～33 r/min，其中常用的 n 为18 r/min左右。

强制式搅拌机拌筒旋转 n 值，一般为28～36 r/min，其中常用的 n 为36～38 r/min。

第6讲　混凝土搅拌机的选用

一、混凝土搅拌机的选择

（1）按工程量和工期要求选择。混凝土工程量大且工期长时，宜选用中型或大型固定式混凝土搅拌机群或搅拌站。如混凝土工程量小且工期短时，宜选用中小型移动式搅拌机。

（2）按设计的混凝土种类选择。搅拌混凝土为塑性半塑式时，宜选用自落式搅拌机。如搅拌混凝土为高强度、干硬性或为轻质混凝土时，宜选用强制式搅拌机。

（3）按混凝土的组成特性和稠度方面选择。如搅拌混凝土稠度小且集料粒度大时，宜选用容量较大的自落式搅拌机。如搅拌稠度大且集料粒度大的混凝土时，宜选用搅拌筒转速较快的自落式搅拌机。如稠度大而集料粒度小时，宜选用强制式搅拌机或中、小容量的锥形反转出料的搅拌机。不同容量搅拌机的适用范围见表5—5，自落式搅拌机容量和集料最大粒度的关系见表5—6。

表5—5 不同容量搅拌机的适用范围

进料容量/L	出料容量/L	适用范围
100	60	试验室制作混凝土试块
240 320	150 200	修缮工程或小型工地拌制混凝土及砂浆
400 560 800	250 350 500	一般工地、小型移动式搅拌站和小型混凝土制品厂的主机
1200 1600	750 1000	大型工地、拆装式搅拌站和大型混凝土制品厂搅拌楼主机
2400 4800	1500 3000	大型堤坝和水工工程的搅拌楼主机

表 5—6　自落式搅拌机容量和集料最大粒度的关系

搅拌机容量/m^3	0.35 以下	0.75	1.00
拌和料最大粒度/mm	60	80	120

二、混凝土搅拌机的生产率

搅拌机生产率的高低，取决于每拌制一罐混凝土所需要的时间和每罐的出料体积，其计算式：

$$Q = 3600 \times \left(\frac{V}{t_1 + t_2 + t_3}\right) \cdot K_1$$

式中　Q——生产率，m^3/h；

V——搅拌机的额定出料容量，m^3；

t_1——每次上料时间，s。使用上料斗进料时，一般为 8～15 s；通过漏斗或链斗提升机上料时，可取 15～26 s；

t_2——每次搅拌时间，s。随混凝土坍落度和搅拌机容量大小而异，可根据实测确定，或参考表 5—7。

t_3——每次出料时间，s。倾翻出料时间一般为 10～15 s；非倾翻出料时间约为 40～50 s；

K_1——时间利用系数，根据施工组织而定，一般为 0.9。

表 5—7 拌和物在自落式搅拌机中延续的最短时间

出料容量/m^3	坍落度≤60 mm	坍落度＞60 mm
≤0.25	60 s	45 s
0.75	120 s	90 s
1.50	150 s	120 s

第 7 讲　混凝土搅拌机的安全操作要点

（1）固定式搅拌机应安装在牢固的台座上。当长期固定时，应埋置地脚螺栓；在短期使用时，应在机座上铺设木枕并找平放稳。

（2）固定式搅拌机的操纵台，应使操作人员能看到各部工作情况。电动搅拌机的操纵台，应垫上橡胶板或干燥木板。

（3）移动式搅拌机的停放位置应选择平整坚实的场地，周围应有良好的排水沟渠。就位后，应放下支腿将机架顶起达到水平位置，使轮胎离地。当使用期较长时，应将轮胎卸下妥善保管，轮轴端部用油布包扎好，并用枕木将机架垫起支牢。

（4）对需设置上料斗地坑的搅拌机，其坑口周围应垫高夯实，应防止地面水流入坑内。上料轨道架的底端支承面应夯实或铺砖，轨道架的后面应采用木料加以支承，应防止作业时轨道变形。

（5）料斗放到最低位置时，在料斗与地面之间，应加一层缓冲垫木。

（6）作业前重点检查项目应符合下列要求：

1）电源电压升降幅度不超过额定值的5%；

2）电动机和电器元件的接线牢固，保护接零或接地电阻符合规定；

3）各传动机构、工作装置、制动器等均紧固可靠，开式齿轮、皮带轮等均有防护罩；

4）齿轮箱的油质、油量符合规定。

（7）作业前，应先启动搅拌机空载运转。应确认搅拌筒或叶片旋转方向与筒体上箭头所示方向一致。对反转出料的搅拌机，应使搅拌筒正、反转运转数分钟，并应无冲击抖动现象和异常噪声。

（8）作业前，应进行料斗提升试验，应观察并确认离合器、制动器灵活可靠。

（9）应检查并校正供水系统的指示水量与实际水量的一致性；当误差超过2%时，应检查管路的漏水点，或应校正节流阀。

（10）应检查集料规格并应与搅拌机性能相符，超出许可范围的不得使用。

（11）搅拌机启动后，应使搅拌筒达到正常转速后进行上料。上料时应及时加水。每次加入的拌和料不得超过搅拌机的额定容量并应减少物料粘罐现象，加料的次序应为石子—水泥—砂子或砂子—水泥—石子。

（12）进料时，严禁将头或手伸入料斗与机架之间。运转中，严禁用手或工具伸入搅拌筒内扒料、出料。

（13）搅拌机作业中，当料斗升起时，严禁任何人在料斗下停留或通过；当需要在料斗下检修或清理料坑时，应将料斗提升后用铁链或插入销锁住。

（14）向搅拌筒内加料应在运转中进行，添加新料应先将搅拌筒内原有的混凝土全部卸出后方可进行。

（15）作业中，应观察机械运转情况，当有异常或轴承温升过高等现象时，应停机检查；当需检修时，应将搅拌筒内的混凝土清除干净，然后再进行检修。

（16）加入强制式搅拌机的集料最大粒径不得超过允许值，并应防止卡料。每次搅拌时，加入搅拌筒的物料不应超过规定的进料容量。

（17）强制式搅拌机的搅拌叶片与搅拌筒底及侧壁的间隙，应经常检查并确认符合规定，当间隙超过标准时，应及时调整。当搅拌叶片磨损超过标准时，应及时修补或更换。

（18）作业后，应对搅拌机进行全面清理；当操作人员需进入筒内时，必须切断电源或卸下熔断器，锁好开关箱，挂上“禁止合闸”标牌，并应有专人在外监护。

（19）作业后，应将料斗降落到坑底，当需升起时，应用链条或插销扣牢。

（20）冬季作业后，应将水泵、放水开关、量水器中的积水排尽。

（21）搅拌机在场内移动或远距离运输时，应将进料斗提升到上止点，用保险铁链或插销锁住。

第2单元　混凝土搅拌站（楼）

混凝土搅拌站（楼）是用来集中搅拌混凝土的联合装置，又称混凝土预制厂。它生产的混凝土用车辆运送到施工现场，以代替施工现场的单机分散搅拌。

搅拌站与搅拌楼的区别是：搅拌站生产能力小，结构容易拆装，能组成集装箱转移地点，适用于施工现场；搅拌楼体积大，生产率高，只能作为固定式的搅拌装置，适用于产量大的商品混凝土供应。

第1讲　混凝土搅拌站（楼）的分类与特点

混凝土搅拌站（楼）的分类与特点见表5—8。

表5—8 混凝土搅拌站（楼）分类与特点

区分	类别	说　明	特　点
按作业型式不同区分	周期式	周期式搅拌站（楼）的进料、出料都按一定周期循环进行	按周期循环作业，能保证质量，但生产效率低，适用于一般建筑工程
	连续式	连续式搅拌站（楼）的进料、出料为连续进行	连续作业能提高生产率，但混凝土搅拌不均匀，适用于需要量大的水利工程
按工艺布置型式不同区分	单阶式（一阶式）	将砂、石、水泥等物料一次提升到楼顶料仓，靠物料自重下落，按生产流程经称量、配料、搅拌、直至拌成混凝土出料、装车	单阶式工艺流程合理，搅拌生产率高，占地面积小，易于实行自动化，但要求厂房高，因而投资较大，一般为搅拌楼所采用
	双阶式（二阶式）	集料的贮料仓同搅拌设备大体上是在同一水平上，集料经提升到贮料仓，在料仓下进行累计称量和分别称量，然后再用提升斗或皮带输送机送到搅拌机内进行搅拌	双阶式搅拌的组合材料须经二次提升，效率较低，自动化程度也低。但整机高度降低，装拆方便，减少厂房投资，一般为搅拌站所采用

第 2 讲　混凝土搅拌站（楼）的选择

一、搅拌站（楼）设置的选择

（1）如果工程量大，浇筑也较集中，可就近设置搅拌站，采用直接搅拌灌注的方式，有利于保证质量和降低成本。

（2）如果总的工程量不小，但浇筑点分散，可采用总站和分站相结合的办法，或采用总站下设运输线至各浇筑点的办法，但应考虑混凝土的运送时间。

（3）搅拌站的位置应选择靠近交通道路和采料场，以保证物料的运输和供应，并能满足供电、供水的要求。

二、搅拌站（楼）主机的选择

搅拌主机的选择，决定了搅拌站（楼）的生产率。常用的主机有锥形反转出料式、立轴涡桨式和双卧轴强制式等三种型式，搅拌主机的规格可按搅拌站（楼）的生产率选用，其搅拌性能与效用见表 5—9，可供选用参考。

表 5—9 三种搅拌机性能和效用比较表

性能和效用名称	搅拌机型式		
	锥形反转出料式(JZ)	立轴涡桨式(JW)	双卧轴强制式(JS)
适用坍落度范围	15～25 cm	4～15 cm	10～25 cm
适用最大集料	8 cm	5 cm	8 cm
进料时间	中	中	快
搅拌时间	最长	最短	较短
搅拌筒或叶片转速	慢	最快	中
所需功率	小	大	中
材料损耗	最少	最大	中
搅拌效果	较差	最好	好
保养维修	简单	中	较繁
生产速度	慢	快	最快
耗用水泥	较多	最少	中
混凝土塑性	较差	最佳	中
对环境污染	大	小	小
价　格	低	高	高

三、混凝土运输设备的选择

混凝土运输设备必须根据施工地点的地形和距离进行选择。各种运输设备的适用范围，可参考表 5—10。

表 5—10 混凝土运输设备的特点及适用范围

运输设备	主要特点	适用范围
滑　槽	结构简单、经济	结构物比搅拌机出料口低
起重机	机动性好，并有多种用途	结构物在搅拌站附近，并比搅拌机出料口高 10 m 以内
提升机	不便移动，高度可达 60 m，占地面积小	结构物在搅拌站附近，并比搅拌机出料口高 10 m 以上
皮带输送机	运量大，运输连续，但易发生离析现象	结构物与搅拌机出料口的高低差，一般皮带输送机的安装倾角为 20°以下
混凝土泵	可连续运输，结构物工作面可以很小	混凝土给料粒度必须符合混凝土泵性能
轨道斗车	需铺设轨道，上坡可用卷扬机牵引	运量大、运距长，人力推车一般在 500 m 以内，机车牵引可达 1500 m 以上
自卸汽车	机动性好，如途中颠簸，混凝土容易发生分层现象	运量大，运距在 2～2.5 km 以上
架空索道	需要架设索道设施	跨越山沟或河流运输
人力推车	劳动强度大，效率低	运量小，运距在 70 m 以内
混凝土搅拌运输车	在运输过程中能连续缓慢搅拌，防止混凝土产生分层离析现象，从而保证混凝土质量	适合于混凝土远距离运输

第 3 讲　混凝土搅拌站（楼）的安全操作要点

（1）混凝土搅拌站的安装，应由专业人员按出厂说明书规定进行，并应在技术人员主持下，组织调试，在各项技术性能指标全部符合规定并经验收合格后，方可投产使用。

（2）作业前检查项目应符合下列要求：

1）搅拌筒内和各配套机构的传动、运动部位及仓门、斗门、轨道等均无异物卡住；

2）各润滑油箱的油面高度符合规定；

3）打开阀门排放气路系统中气水分离器的过多积水，打开贮气筒排污螺塞放出油水混合物；

4）提升斗或拉铲的钢丝绳安装、卷筒缠绕均正确，钢丝绳及滑轮符合规定，提升料斗及拉铲的制动器灵敏有效；

5）各部螺栓已紧固，各进、排料阀门无超限磨损，各输送带的张紧度适当，不跑偏；

6）称量装置的所有控制和显示部分工作正常，其精度符合规定；

7）各电气装置能有效控制机械动作，各接触点和动、静触头无明显损伤。

（3）应按搅拌站的技术性能准备合格的砂、石集料，粒径超出许可范围的不得使用。

（4）机组各部分应逐步启动。启动后，各部件运转情况和各仪表指示情况应正常，油、气、水的压力应符合要求，方可开始作业。

（5）作业过程中，在贮料区内和提升斗下，严禁人员进入。

（6）搅拌筒启动前应盖好仓盖。机械运转中，严禁将手、脚伸入料斗或搅拌筒探摸。

（7）当拉铲被障碍物卡死时，不得强行起拉，不得用拉铲起吊重物，在拉料过程中，不得进行回转操作。

（8）搅拌机满载搅拌时不得停机，当发生故障或停电时，应立即切断电源，锁好开关箱，将搅拌筒内的混凝土清除干净，然后排除故障或等待电源恢复。

（9）搅拌站各机械不得超载作业，应检查电动机的运转情况，当发现运转声音异常或温升过高时，应立即停机检查；电压过低时不得强制运行。

（10）搅拌机停机前，应先卸载，然后按顺序关闭各部开关和管路。应将螺旋管内的水泥全部输送出来，管内不得残留任何物料。

（11）作业后，应清理搅拌筒、出料门及出料斗，并用水冲洗，同时冲洗附加剂及其供给系统。称量系统的刀座、刀口应清洗干净，并应确保称量精度。

（12）冰冻季节，应放尽水泵、附加剂泵、水箱及附加剂箱内的存水，并应启动水泵和附加剂泵运转 1～2 min。

（13）当搅拌站转移或停用时，应将水箱、附加剂箱、水泥、砂、石贮存料斗及称量斗内的物料排净，并清洗干净。转移中，应将杆杠秤表头平衡砣秤杆固定，传感器应卸载。

第 4 讲　混凝土搅拌站（楼）的保养与维护

一、日常维护（作业前、作业中进行）

（1）各润滑油箱的油面应符合规定，不足时添加，变质时更换。

（2）气路系统中气水分离器积水情况，积水过多时应打开阀门排放；打开贮气筒排污塞，放出油水混合物。

（3）各部螺栓应紧固，各进、排料阀门应无超限磨损，各输送带张紧度适当，不跑偏。

（4）称量装置的所有控制和显示部分工作正常有效，其精度应符合规定。

（5）各电气装置均能有效控制机械动作；各接触点和动、静点无过度损伤。

二、定期维护（每月或200工作小时后进行）

（1）各润滑点（如出料门轴、各贮料斗和称量斗门轴、带式输送机托轮、压轮、张紧轮、轴承和传动链条、螺旋输送机高部轴承，以及铲臂固定座润滑点等）必须按润滑周期要求进行润滑。

（2）检查搅拌叶片、内外刮板和铲臂保护环等磨损情况，必要时调整间隙或更换；叶片和底衬板的间隙一般应保持2.5mm。

（3）检查出料门密封情况，如有漏浆，应松开调节螺栓将密封胶条下移到合适位置，然后拧紧调节螺栓。

（4）检查电气系统各接触点和中间继电器的静、动触头，如有损伤或烧坏，应及时修复或换新。

（5）检查全机各机构的连接件并进行紧固，缺损者补齐。

（6）清除全机外表积污，并用清水冲洗干净。

第3单元　混凝土输送泵和泵车

混凝土泵是将混凝土沿管道连续输送到浇筑工作面的一种混凝土输送机械。混凝土泵车是将混凝土泵装置在汽车底盘上，并用液压折叠式臂架（又称布料杆）管道来输送混凝土。臂架具有变幅、曲折和回转三个动作，在其活动范围内可任意改变混凝土浇筑位置，在有效幅度内进行水平与垂直方向的混凝土输送，从而降低劳动强度，提高生产率，并能保证混凝土质量。

第1讲　混凝土泵的分类

混凝土泵按移动方式分为固定式、拖式、汽车式、臂架式等。按构造和工作原理分为活塞式、挤压式和风动式，其中活塞式混凝土泵又因传动方式不同而分为机械式和液压式两类，其具体分类如图5—6所示。

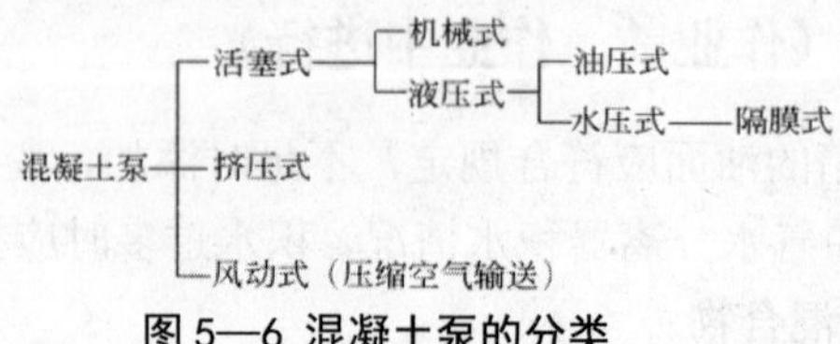

图5—6 混凝土泵的分类

第 2 讲　混凝土泵的构造组成

一、液压活塞式混凝土泵

液压活塞式混凝土泵目前定型生产的有 HB8、HB15、HB30、HB60 等型号，分单缸和双缸两种。图 5—7 为 HB8 型液压活塞式混凝土泵，由电动机、料斗、输出管、球阀、机架、泵缸、空气压缩机、油缸、行走轮等组成。

图 5—8 是 HB30 型混凝土泵的示意图，该型号属于中小排量、中等运距的双缸液压活塞式混凝土泵。它还有 HB30A 和 HB30B 两种改进型号，其主要区别在于液压系统。液压活塞式混凝土泵的工作原理如图 5—9 所示，其是通过液压缸的压力活塞杆推动混凝土缸中的工作活塞来进行压送混凝土的。

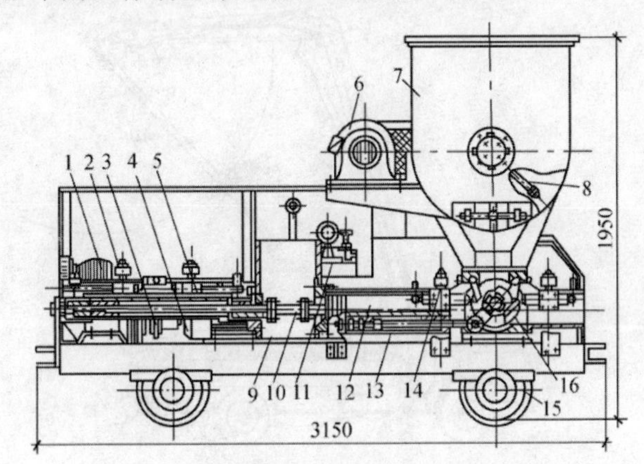

图 5—7　HB8 型液压活塞式混凝土泵

1—空气压缩机；2—主油缸行程阀；3—空压机离合器；4—主电动机；5—主油缸；6—电动机；7—料斗；8—叶片；9—水箱；10—中间接杆；11—操纵阀；12—混凝土泵缸；13—球阀油缸；14—球阀行程阀；15—车轮；16—球阀

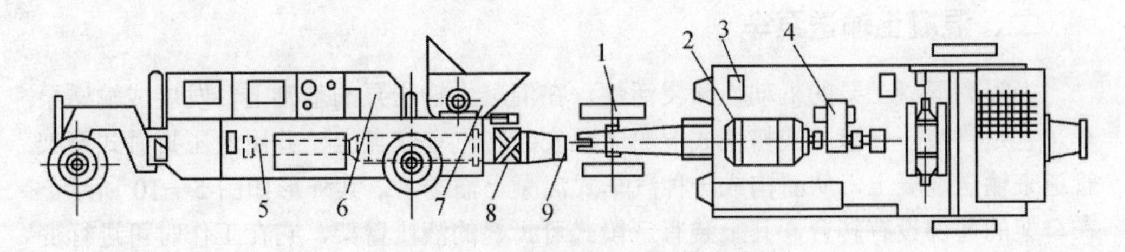

图 5—8 HB30 型混凝土泵总成示意图

1—机架及行走机构；2—电动机和电气系统；3—液压系统；4—机械传动系统；5—推送机械；6—机罩；7—料斗及搅拌装置；8—分配阀；9—输送管道

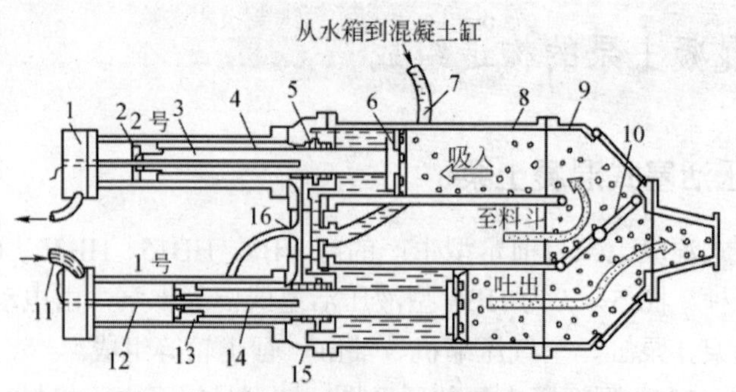

图 5—9 液压活塞式混凝土泵工作原理图

1—液压缸盖；2—液压缸；3—活塞杆；4—闭合油路；5—V 形密封圈；6—活塞；7—水管；8—混凝土缸；9—阀箱；10—板阀；11—油管；12—铜管；13—液压缸活塞；14—干簧管；15—缸体接头；16—双缸连接缸体

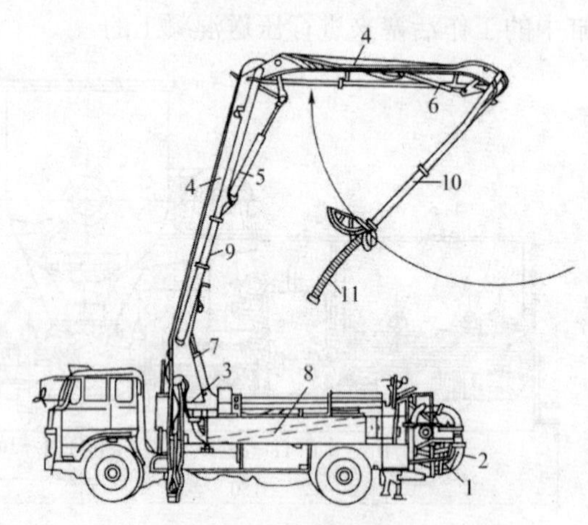

图 5—10 混凝土输送泵车外形

1—混凝土泵；2—输送泵；3—布料杆回转支承装置；4—布料杆臂架；5、6、7—控制布料杆摆动的油缸；8、9、10—输送管；11—橡胶软管

二、混凝土输送泵车

为提高混凝土泵的机动性和灵活性，在混凝土输送泵的基础上，发展成输送泵车。它是将液压活塞式或挤压式混凝土泵安装在汽车底盘上，并用液压折叠式臂架管道来输送混凝土，从而构成一种汽车式混凝土输送泵，其外形如图 5—10 所示。在车架的前部设有转台，其上装有三段式可折叠的液压臂架，它在工作时可进行变幅、曲折和回转三个动作。

第 3 讲 混凝土泵的技术性能

（1）混凝土泵主要性能指标见表 5—11。

表5—11 混凝土泵主要技术性能

<table>
<tr><th colspan="3">型　号</th><th>HB8</th><th>HB15</th><th>HB30</th><th>HB30B</th><th>HB60</th></tr>
<tr><td rowspan="8">性能</td><td colspan="2">排量/(m^3/h)</td><td>8</td><td>10～15</td><td>30</td><td>15～30</td><td>30～60</td></tr>
<tr><td rowspan="2">最大输送距离/m</td><td>水平</td><td>200</td><td>250</td><td>350</td><td>420</td><td>390</td></tr>
<tr><td>垂直</td><td>30</td><td>35</td><td>60</td><td>70</td><td>65</td></tr>
<tr><td colspan="2">输送管直径/mm</td><td>150</td><td>150</td><td>150</td><td>150</td><td>150</td></tr>
<tr><td colspan="2">混凝土坍落度/cm</td><td>5～23</td><td>5～23</td><td>5～23</td><td>5～23</td><td>5～23</td></tr>
<tr><td colspan="2" rowspan="2">集料最大粒径/mm</td><td>卵石 50</td><td>卵石 50</td><td>卵石 50</td><td>卵石 50</td><td>卵石 50</td></tr>
<tr><td>碎石 40</td><td>碎石 40</td><td>碎石 40</td><td>碎石 40</td><td>碎石 40</td></tr>
<tr><td colspan="2">输送管情况方式</td><td>气洗</td><td>气洗</td><td>气洗</td><td>气洗</td><td>气洗</td></tr>
<tr><td rowspan="10">规格</td><td colspan="2">混凝土缸数</td><td>1</td><td>2</td><td>2</td><td>2</td><td>2</td></tr>
<tr><td colspan="2">混凝土缸直径×行程/mm</td><td>150×600</td><td>150×1000</td><td>220×825</td><td>220×825</td><td>220×1000</td></tr>
<tr><td colspan="2">料斗容量×离地高度/(L×mm)</td><td>A型 400×1460
B型 400×1690</td><td>400×1500</td><td>Ⅰ型 300×1300
Ⅱ型 300×1160</td><td>Ⅰ型 300×1300
Ⅱ型 300×1160</td><td>Ⅰ型 300×1290
Ⅱ型 300×1185</td></tr>
<tr><td colspan="2">主电动机功率/kW</td><td>—</td><td>—</td><td>45</td><td>45</td><td>55</td></tr>
<tr><td colspan="2">主油泵型号</td><td>—</td><td>—</td><td>YB－B$_{114}$C</td><td>CBY$_{2040}$</td><td>CBY $\frac{3100}{3063}$</td></tr>
<tr><td colspan="2">额定压力/MPa</td><td>—</td><td>—</td><td>10.5</td><td>16</td><td>20</td></tr>
<tr><td colspan="2">排量/(L/min)</td><td>—</td><td>—</td><td>169.6</td><td>119</td><td>243</td></tr>
<tr><td colspan="2">总重/kg</td><td>A型 2960
B型 3260</td><td>4800</td><td>Ⅰ型
Ⅱ型 4500</td><td>4500</td><td>Ⅰ型 5900
Ⅱ型 5810
Ⅲ型 5500</td></tr>
<tr><td colspan="2">外形尺寸/mm
(长×宽×高)</td><td>A型 3134×1590×1620
B型 3134×1590×1850</td><td>4458×2000×1718</td><td colspan="2">Ⅰ型 4580×1830×1300
Ⅱ型 3620×1360×1160</td><td>Ⅰ型 4980×1840×1420
Ⅱ型 4075×1360×1315
Ⅲ型 4075×1360×1240</td></tr>
<tr><td colspan="2">备　注</td><td>A型不带行走轮
B型带行走轮</td><td>—</td><td colspan="2">Ⅰ型　轮胎式
Ⅱ型　轨道式</td><td>Ⅰ型　轮胎式
Ⅱ型　轨道式
Ⅲ型　固定式</td></tr>
</table>

（2）混凝土泵车主要技术性能见表5—12。

表 5—12 臂架式混凝土泵车主要技术性能

<table>
<tr><td colspan="3">型 号</td><td>B—HB20</td><td colspan="2">IPF85B</td><td>HBQ60</td></tr>
<tr><td rowspan="5">性能</td><td colspan="2">排量/(m³/h)</td><td>20</td><td colspan="2">10～85</td><td>15～70</td></tr>
<tr><td rowspan="2">最大输送距离/m</td><td>水平</td><td>270
(管径 150)</td><td colspan="2">310～750
(因管径而异)</td><td>340～500
(因管径而异)</td></tr>
<tr><td>垂直</td><td>50
(管径 150)</td><td colspan="2">80～125
(因管径而异)</td><td>65～90
(因管径而异)</td></tr>
<tr><td colspan="2">容许集料的最大尺寸/mm</td><td>40(碎石)
50(卵石)</td><td colspan="2">25～50
(因管径和集料种类而异)</td><td>25～50
(因管径和集料种类而异)</td></tr>
<tr><td colspan="2">混凝土坍落度适应范围/cm</td><td>5～23</td><td colspan="2">5～23</td><td>5～23</td></tr>
<tr><td rowspan="2">泵体规格</td><td colspan="2">混凝土缸数</td><td>2</td><td colspan="2">2</td><td>2</td></tr>
<tr><td colspan="2">缸径×行程/mm</td><td>180×1000</td><td colspan="2">195×1400</td><td>180×1500</td></tr>
<tr><td colspan="3">清洗方式</td><td>气、水</td><td colspan="2">水</td><td>气、水</td></tr>
<tr><td rowspan="3">汽车底盘</td><td colspan="2" rowspan="2">型 号</td><td rowspan="2">黄河 JN150</td><td>IPF85B—2</td><td>IPF85B</td><td rowspan="2">罗曼 R10,215F</td></tr>
<tr><td>ISUZU
CVR144</td><td>ISUZUK
—SJR461</td></tr>
<tr><td colspan="2">发动机最大功率[马力(r/rain)]</td><td>160/1800</td><td>188/2300</td><td>188/2300</td><td>215/2200</td></tr>
<tr><td rowspan="2">臂架</td><td colspan="2">最大水平长度/m</td><td>17.96</td><td colspan="2">17.40</td><td>17.70</td></tr>
<tr><td colspan="2">最大垂直高度/m</td><td>21.20</td><td colspan="2">20.70</td><td>21.00</td></tr>
<tr><td colspan="3">总重/kg</td><td>约 15000</td><td>14740</td><td>15330</td><td>约 15500</td></tr>
<tr><td colspan="3">外形尺寸/mm
(长×宽×高)</td><td>9490×2470
×3445</td><td>9030
×2490
×3270</td><td>9000
×2495
×3280</td><td>8940×2500
×3340</td></tr>
</table>

<table>
<tr><td colspan="3">型 号</td><td>DC—S115B</td><td colspan="2">NCP9FB</td><td>PTF75B</td></tr>
<tr><td rowspan="5">性能</td><td colspan="2">排量/(m³/h)</td><td>70</td><td>大排量时
15～90</td><td>高压时
10～45</td><td>10～75</td></tr>
<tr><td rowspan="2">最大输送距离/m</td><td>水平</td><td>270～530
(因管径而异)</td><td colspan="2">470～1720
(因管径、压力而异)</td><td>250～600
(因管径而异)</td></tr>
<tr><td>垂直</td><td>70～110
(因管径而异)</td><td colspan="2">90～200
(因管径、压力而异)</td><td>50～95
(因管径而异)</td></tr>
<tr><td colspan="2">容许集料的最大尺寸/mm</td><td>25～50
(因管径和集料种类而异)</td><td colspan="2">25～50
(因管径和集料种类而异)</td><td>25～50
(因管径和集料种类而异)</td></tr>
<tr><td colspan="2">混凝土坍落度适应范围/cm</td><td>5～23</td><td colspan="2">5～23</td><td>5～23</td></tr>
</table>

续表

型 号		DC—S115B	NCP9FB	PTF75B	
泵体规格	混凝土缸数	2	2	2	
	缸径×行程/mm	180×1500	190×1570	195×1400	
清洗方式		气、水	气、水	气、水	
汽车底盘	型 号	三菱 EP117J 型 8 t 车	日产 K—CK20L	ISUZU SLR450	日野 KB721
	发动机最大功率[马力(r/min)]	215/2500	185/2300	195/2300	190/235
臂架	最大水平长度/m	17.70	18.10	17.40	
	最大垂直高度/m	21.20	20.60	20.70	
总重/kg		15350	约 16000	15430	15290
外形尺寸/mm (长×宽×高)		8840×2475 ×3.400	9135×2490 ×3365	8900×2490 ×3490	

第4讲 混凝土泵及泵车生产计算

混凝土泵的生产率按式计算：

$$Q = 60FSnaK$$

式中 Q——生产率，m^3/h；

F——活塞断面积，m^2；

S——活塞行程，m；

n——活塞每分钟循环次数，次/min；

a——混凝土泵缸体数；

K——容积效率，一般为0.6～0.9。

混凝土泵的输送能力，直接受输送管道阻力的影响，并分别用最大水平输送距离和最大垂直输送高度来表示，但两项不能同时达到最大值。在实用上往往根据管道布置，按照阻力系数，统一折算成水平输送距离，其值不得大于混凝土泵的最大水平输送距离。

水平输送折算距离按式计算：

$$L=L_1+L_2+L_3+L_4+L_5=K_1l_c+K_2H+K_3l_n+K_4n_c+K_5n_w$$

式中 L——水平输送折算距离，m；

L_1——水平钢管折算长度，m；

L_2——垂直钢管折算长度，m；

L_3——胶皮软管折算长度，m；

L_4——锥管接头折算长度，m；

L_5——弯头折算长度，m；

K_1——水平钢管折算系数，表 5—13 所示；

K_2——垂直钢管折算系数，表 5—14 所示；

K_3——胶皮软管折算系数，表 5—14 所示；

K_4——锥管折算系数，表 5—15 所示；

K_5——弯头折算系数，表 5—15 所示；

l_c——水平钢管累计长度，m；

H——垂直钢管累计长度，m；

l_n——胶皮软管长度，m；

n_c——锥管个数；

n_w——弯头个数。

表 5—13 水平钢管折算系数 K_1

混凝土坍落度/cm	23～18	17～14	13～9	8～5
水平钢管折算系数 K_1	1	1.3	1.7	2

表 5—14 垂直钢管和胶皮软管折算系数 K_2 及 K_3

混凝土坍落度/cm		23～18	18～12	12～8	8～5
垂直钢管 K_2	4″	4	5	8	10
	5″	5	6	8	10
	6″	6	7	8	10
胶皮软管 K_3	4″～7 m	20	30	40	50
	5″～7 m	18	25	30	40
	6″～7 m	15	20	25	30

表 5—15 锥管和弯头折算系数 K_4 及 K_5

混凝土坍落度/cm			23～18	18～12	12～8	8～5
锥管 K_4	4″泵	7″/6″～1.5 m	5	10	15	20
		6″/5″～1.5 m	10	20	30	40
		5″/4″～1.5 m	20	30	50	70
		6″/4″～1.5 m	40	60	—	—
	5″泵	7″/6″～1.5 m	6	13	19	25
		6″/5″～1.5 m	13	25	38	50
		5″/4″～1.5 m	25	38	63	88
		6″/4″～1.5 m	50	75	—	—

续表

混凝土坍落度/cm			23～18	18～12	12～8	8～5
	6″泵	7″/6″～1.5 m	8	15	23	30
		6″/5″～1.5 m	15	30	45	60
		5″/4″～1.5 m	30	45	75	105
		6″/4″～1.5 m	60	90	—	—
弯头 K_5	90° R=0.5 m	4″	8	16	24	32
		5″	7	13	20	27
		6″	5	11	16	21
	90° R=1 m	4″	6	12	18	24
		5″	5	10	15	20
		6″	4	8	12	16
	45° R=0.5 m	4″	4	8	12	16
		5″	3.5	6.5	10	13.5
		6″	2.5	5.5	8	10.5
	45° R=1 m	4″	3	6	9	12
		5″	2.5	5	7.5	10
		6″	2	4	6	8

第 5 讲　混凝土泵及泵车的安全操作要点

一、混凝土泵的安全操作要点

（1）混凝土泵应安放在平整、坚实的地面上，周围不得有障碍物，在放下支腿并调整后应使机身保持水平和稳定，轮胎应揳紧。

（2）泵送管道的敷设应符合下列要求：

1）水平泵送管道宜直线敷设。

2）垂直泵送管道不得直接装接在泵的输出口上，应在垂直管前端加装长度不小于 20 m 的水平管，并在水平管近泵处加装逆止阀。

3）敷设向下倾斜的管道时，应在输出口上加装一段水平管，其长度不应小于倾斜管高低差的 5 倍。当倾斜度较大时，应在坡度上端装设排气活阀。

4）泵送管道应有支承固定，在管道和固定物之间应设置木垫作缓冲，不得直接与钢筋或模板相连，管道与管道间应连接牢靠；管道接头和卡箍应扣牢密封，不得漏浆；不得将已磨损管道装在后端高压区。

5）泵送管道敷设后，应进行耐压试验。

(3)砂石粒径、水泥强度等级及配合比应按出厂规定，满足泵机可泵性的要求。

(4) 作业前应检查并确认泵机各部螺栓紧固，防护装置齐全可靠，各部位操纵开关、调整手柄、手轮、控制杆、旋塞等均在正确位置，液压系统正常无泄漏，液压油符合规定，搅拌斗内无杂物，上方的保护格网完好无损并盖严。

(5) 输送管道的管壁厚度应与泵送压力匹配，近泵处应选用优质管子。管道接头、密封圈及弯头等应完好无损。高温烈日下应采用湿麻袋或湿草袋遮盖管路，并应及时浇水降温，寒冷季节应采取保温措施。

(6) 应配备清洗管、清洗用品、接球器及有关装置。开泵前，无关人员应离开管道周围。

(7) 启动后，应空载运转，观察各仪表的指示值，检查泵和搅拌装置的运转情况，确认一切正常后，方可作业。泵送前应向料斗加入 10 L 清水和 0.3 m^3 的水泥砂浆润滑泵及管道。

(8) 泵送作业中，料斗中的混凝土平面应保持在搅拌轴轴线以上。料斗格网上不得堆满混凝土，应控制供料流量，及时清除超粒径的骨料及异物，不得随意移动格网。

(9) 当进入料斗的混凝土有离析现象时应停泵，待搅拌均匀后再泵送。当骨料分离严重，料斗内灰浆明显不足时，应剔除部分骨料，另加砂浆重新搅拌。

(10) 泵送混凝土应连续作业；当因供料中断被迫暂停时，停机时间不得超过 30 min。暂停时间内应每隔 5～10　min（冬季 3～5 min）作 2～3 个冲程反泵-正泵运动，再次投料泵送前应先将料搅拌。当停泵时间超限时，应排空管道。

(11) 垂直向上泵送中断后再次泵送时，应先进行反向推送，使分配阀内混凝土吸回料斗，经搅拌后再正向泵送。

(12) 泵机运转时，严禁将手或铁锹伸入料斗或用手抓握分配阀。当需在料斗或分配阀上工作时，应先关闭电动机和消除蓄能器压力。

(13) 不得随意调整液压系统压力。当油温超过 70℃时，应停止泵送，但仍应使搅拌叶片和风机运转，待降温后再继续运行。

(14) 水箱内应贮满清水，当水质混浊并有较多砂粒时，应及时检查处理。

(15) 泵送时，不得开启任何输送管道和液压管道；不得调整、修理正在运转的部件。

(16) 作业中，应对泵送设备和管路进行观察，发现隐患应及时处理。对磨损超过规定的管子、卡箍、密封圈等应及时更换。

(17) 应防止管道堵塞。泵送混凝土应搅拌均匀，控制好坍落度；在泵送过程中，不得中途停泵。

(18) 当出现输送管堵塞时，应进行反泵运转，使混凝土返回料斗；当反泵几次仍不能消除堵塞，应在泵机卸载情况下，拆管排除堵塞。

(19) 作业后，应将料斗内和管道内的混凝土全部输出，然后对泵机、料斗、管道等进行冲洗。当用压缩空气冲洗管道时，进气阀不应立即开大，只有当混凝土顺利排出时，方可将进气阀开至最大。在管道出口端前方 10 m 内严禁站人，并应用金属网篮等收集冲出的清洗球和砂石粒。对凝固的混凝土，应采用刮刀清除。

（20）作业后，应将两侧活塞转到清洗室位置，并涂上润滑油。各部位操纵开关、调整手柄、手轮、控制杆、旋塞等均应复位。液压系统应卸载。

二、混凝土泵车的安全操作要点

（1）泵车就位地点应平坦坚实，周围无障碍物，上空无高压输电线。泵车不得停放在斜坡上。

（2）泵车就位后，应支起支腿并保持机身的水平和稳定。当用布料杆送料时，机身倾斜度不得大于3°。

（3）就位后，泵车应显示停车灯，避免碰撞。

（4）作业前检查项目应符合下列要求：

1）燃油、润滑油、液压油、水箱添加充足，轮胎气压符合规定，照明和信号指示灯齐全良好；

2）液压系统工作正常，管道无泄漏；清洗水泵及设备齐全良好；

3）搅拌斗内无杂物，料斗上保护格网完好并盖严；

4）输送管路连接牢固，密封良好。

（5）布料杆所用配管和软管应按出厂说明书的规定选用，不得使用超过规定直径的配管，装接的软管应拴上防脱安全带。

（6）伸展布料杆应按出厂说明书的顺序进行。布料杆升离支架后方可回转。严禁用布料杆起吊或拖拉物件。

（7）当布料杆处于全伸状态时，不得移动车身。作业中需要移动车身时，应将上段布料杆折叠固定，移动速度不得超过10 km/h。

（8）不得在地面上拖拉布料杆前端软管；严禁延长布料配管和布料杆。当风力在六级及以上时，不得使用布料杆输送混凝土。

（9）泵送前，当液压油温度低于 15℃时，应采用延长空运转时间的方法提高油温。

（10）泵送时应检查泵和搅拌装置的运转情况，监视各仪表和指示灯，发现异常，应及时停机处理。

（11）料斗中混凝土面应保持在搅拌轴中心线以上。

（12）作业中，不得取下料斗上的格网，并应及时清除不合格的集料或杂物。

（13）泵送中当发现压力表上升到最高值，运转声音发生变化时，应立即停止泵送，并应采用反向运转方法排除管道堵塞；无效时，应拆管清洗。

（14）作业后，应将管道和料斗内的混凝土全部输出，然后对料斗、管道等进行冲洗。当采用压缩空气冲洗管道时，管道出口端前方10 m内严禁站人。

（15）作业后，不得用压缩空气冲洗布料杆配管，布料杆的折叠收缩应按规定顺序进行。

（16）作业后，各部位操纵开关、调整手柄、手轮、控制杆、旋塞等均应复位，液压系统应卸荷，并应收回支腿，将车停放在安全地带，关闭门窗。冬季应放净存水。

第3单元 混凝土振动机具

第1讲 混凝土振动器的作用及分类

一、混凝土振动器的作用

用混凝土搅拌机拌和好的混凝土浇筑构件时，必须排除其中气泡后再进行捣固，使混凝土结合密实，消除混凝土的蜂窝麻面等现象，以提高其强度，保证混凝土构件的质量。混凝土振动器就是一种借助动力通过一定装置作为振源产生频繁的振动，并使这种振动传给混凝土，以振动捣实混凝土的设备。

二、混凝土振动器的分类

混凝土振动器的种类繁多，按传递振动的方式分为内部振动器、外部振动器和表面振动器三种；按振动器的动力来源分为电动式、内燃式和风动式三种，以电动式应用最广；按振动器的振动频率分为低频式、中频式和高频式三种；按振动器产生振动的原理分为偏心式和行星式两种。

第2讲 混凝土内部振动器

一、适用范围及分类

（1）适用范围。混凝土内部振动器适用于各种混凝土施工，对于塑性、平塑性、干硬性、半干硬性以及有钢筋或无钢筋的混凝土捣实均能适用。

（2）分类。混凝土内部振动器主要是用于梁、柱、钢筋加密区的混凝土振动设备，常用的内部振动器为电动软轴插入式振动器，其结构如图5—11所示。

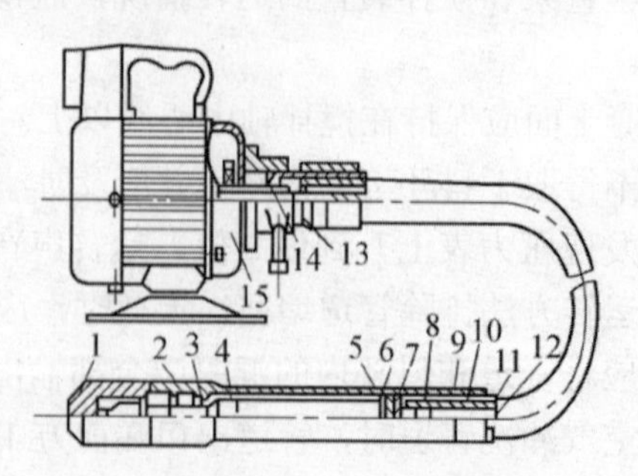

图5—11 电动软轴插入式振动器结构

1—尖头；2—滚道；3—套管；4—滚锥；5—油封座；6—油封；7—大间隙轴承；8—软轴接头；9—软管接头；10—锥套；11—软管；12—软轴；13—连接头；14—防逆装置；15—电动机

二、特点及原理

（1）电动软轴行星插入式振动器。

1)特点。行星振动子是装在振动棒体内的滚锥在滚动，滚锥与滚道直径越接近，公转次数就越高，振动频率也相应提高。其主要特点是启动容易，生产率高，性能可靠，使用寿命长。

2）原理。它是利用振动棒中一端空悬的转轴旋转时，其下垂端的圆锥部分沿棒壳内的圆锥面滚动，从而形成滚动体的行星运动，以驱动棒体产生圆周振动，其结构如图 5—12 所示。

（2）电动软轴偏心插入式振动器。

1)特点。偏心振动子是装在振动棒体内的偏心轴旋转时产生的离心力造成振动，偏心轴的转速和振动频率相等。其主要特点是体积小，质量轻，转速高，不需防逆装置，结构简单。

2）原理。它是利用振动棒中心安装的具有偏心质量的转轴在高速旋转时产生的离心力通过轴承传递给振动棒壳体，从而使振动棒产生圆周振动的，其结构如图 5—13 所示。

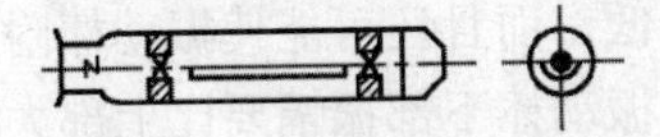

图 5—12 电动软轴行星插入式振动器

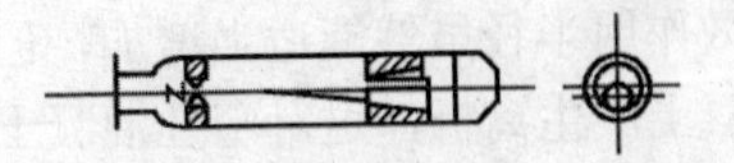

图 5—13 电动软轴偏心插入式振动器

三、技术性能

混凝土内部振动器的主要技术性能见表 5—16。

表 5—16 混凝土内部振动器的主要技术性能

项目		型号				
		ZN35	ZN50	ZN70	ZX25-Ⅰ	ZX35-Ⅱ
振动棒	直径/mm	35	50	70	25	35
	频率(≥)/Hz	200	183	183	50	50
	振幅(≥)/mm	0.8	1	1.2	0.7	0.8
	质量/kg	3	5	8	4	5.5
软轴软管	软轴直径/mm	10	13	13	8	10
	软管直径/mm	30	36	36	24	30
	长度/mm	4000	4000	4000	600	600
电动机	功率/kW	1.1	1.1	1.5	0.6	0.6
	电压/V	380	380	380	220	220
	转速/转·分钟$^{-1}$	2840	2840	2840	—	—

四、安全操作要点

（1）插入式振动器在使用前应检查各部件是否完好，各连接处是否紧固，电动机绝缘是否良好，电源电压和频率是否符合铭牌规定，检查合格后，方可接通电源，进行试运转。

（2）振动器的电动机旋转时，若软轴不转，振动棒不启振，系电动机旋转方向不对，可调换任意两相电源线即可；若软轴转动，振动棒不启振，可摇晃棒头或将棒头轻磕地面，即可启振。当试运转正常后，方可投入作业。

（3）作业时，要使振动棒自然沉入混凝土，不可用力猛往下推。一般应垂直插入，并插到下层尚未初凝层中 50～100 mm，以促使上下层相互结合。

（4）振动时，要做到"快插慢拔"。"快插"是为了防止将表层混凝土先振实，与下层混凝土发生分层、离析现象。"慢拔"是为了使混凝土能来得及填满振动棒抽出时所形成的空间。

（5）振动棒各插点间距应均匀，一般间距不应超过振动棒有效作用半径的 1.5 倍。

（6）振动棒在混凝土内振密的时间，一般每插点振密 20～30 s，见到混凝土不再显著下沉，不再出现气泡，表面泛出水泥浆和外观均匀为止。如振密时间过长，有效作用半径虽然能适当增加，但总的生产率反而降低，而且还可能使振动棒附近混凝土产生离析，这对塑性混凝土更为重要。此外，振动棒下部振幅要比上部大，故在振密时，应将振动棒上下抽动 5～10 cm，使混凝土振密均匀。

（7）作业中要避免将振动棒触及钢筋、芯管及预埋件等，更不得采取通过振动棒振动钢筋的方法来促使混凝土振密。否则就会因振动而使钢筋位置变动，还会降低钢筋与混凝土之间的黏结力，甚至会发生相互脱离，这对预应力钢筋影响更大。

（8）作业时，振动棒插入混凝土的深度不应超过棒长的 2/3～3/4。否则振动棒将不易拔出而导致软管损坏；更不得将软管插入混凝土中，以防砂浆被侵蚀及渗入软管而损坏机件。

（9）振动器在使用中如温度过高，应立即停机冷却检查，如机件故障，要及时进行修理。冬季低温下，振动器作业前，要采取缓慢加温，使棒体内的润滑油解冻后，方能作业。

第 3 讲　混凝土表面振动器

一、特点及适用范围

混凝土表面振动器有多种，其中最常用的是平板式表面振动器。平板式表面振动器（图 5—14）是将它直接放在混凝土表面上，振动器 2 产生的振动波通过与之固定的振动底板 1 传给混凝土。由于振动波是从混凝土表面传入，故称表面振动器。工作时由两人握住振动器的手柄 4，根据工作需要进行拖移。它适用于大面积、厚度小的混凝土，如混凝土预制构件板、路面、桥面等。

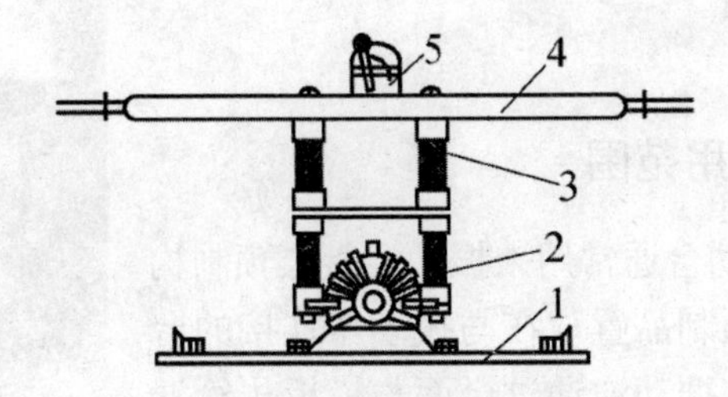

图 5—14　平板式表面振动器结构

1—振动底板；2—振动器；3—减振弹簧；4—手柄；5—控制器

二、技术性能

平板振动器主要技术性能见表 5—17。

表 5—17　平板振动器主要技术性能

项　目		型　号					
		ZF_5	ZF_{11}	ZF_{15}	ZF_{20}	ZF_{22}	$ZB_{5.5}$
振动频率/次·分钟$^{-1}$		2980	2850	2850	2850	2850	2850
振动力/kN		5	4.3	6.3	10～17.6	6.3	0～5.5
电动机	功率/kW	1.1	1.1	1.5	3	2.2	0.55
	电压/V	380	380	380	380	380	380
	转速/转·分钟$^{-1}$	2850	2850	2850	2850	2850	2850

三、操作要点

（1）使用时，应将混凝土浇灌区划分若干排。依次成排平拉慢移，顺序前进，移动间距应使振动器的平板能覆盖已振捣完混凝土的边缘 500 mm 左右，以防止漏振。

（2）振捣倾斜混凝土表面时，应由低处逐渐向高处移动，以保证混凝土振实。

（3）平板振动器在每一位置上振捣持续时间，以混凝土停止下沉并往上泛浆或表面平整并均匀出现浆液为度，一般在 25～40 秒范围内为宜。

（4）平板振动器的有效作用深度，在无筋及单层配筋平板中约为 200 mm，在双层配筋平板中约为 120 mm。

（5）大面积混凝土楼面，可将 1～2 台振动器安在两条木杠上，通过木杠的振动使混凝土密实。

第4讲 振动台

一、构造及适用范围

图5—15 混凝土振动台

（1）混凝土振动台通常用来振动混凝土预制构件。装在模板内的预制品置放在与振动器连接的台面上，振动器产生的振动波通过台面与模板传给混凝土预制品，其外形结构如图5—15所示。

（2）振动台是由上部框架、下部框架、支承弹簧、电动机、齿轮箱、振动子等组成。上部框架为振动台台面，它通过螺旋弹簧支承在下部框架上；电动机通过齿轮箱将动力等速反向地传给固定在台面下的两行对称偏心振动子，其振动力的水平分力任何时候都相平衡，而垂直分力则相叠加，因而只产生上下方向的定向振动，有效地将模板内的混凝土振动成型。

（3）混凝土外部振动器适用于大批生产空心板，壁板及厚度不大的梁柱构件等成型设备。

二、技术性能

振动台的主要技术性能见表5—18。

表5—18 振动台的主要技术性能

项目	型号						
	SZT-0.6×1	SZT-1×1	HZ9-1×2	HZ9-1×4	HZ9-1.5×4	HZ9-1.5×6	HZ9-2.4×6.2
振动频率/次·分钟$^{-1}$	2850	2850	2850	2850	2940	2940	1470～2850
激振力/kN	4.52～13.16	4.52～13.16	14.6～30.7	22.0～49.4	63.7～98.0	85～130	150～230
振幅/mm	0.3～0.7	0.3～0.7	0.3～0.9	0.3～0.7	0.3～0.8	0.3～0.8	0.3～0.7
电动机功率/kW	1.1	1.1	7.5	7.5	22	22	25

三、操作要点

（1）振动台是一种强力振动成型设备，应安装在牢固的基础上，地脚螺栓应有足够强度并拧紧。同时在基础中间必须留有地下坑道，以便调整和维修。

（2）使用前要进行检查和试运转，检查机件是否完好，所有紧回件特别是轴承座螺栓、偏心块螺栓、电动机和齿轮箱螺栓等，必须紧固牢靠。

（3）振动台不宜空载长时间运转。作业中必须安置牢固可靠的模板并锁紧夹具，以保证模板及混凝土和台面一起振动。

（4）齿轮因承受高速重负荷，故需要有良好的润滑和冷却。齿轮箱内油面应保持在规定的水平面上，工作时温升不得超过70℃。

（5）应经常检查各类轴承并定期拆洗更换润滑油。作业中要注意检查轴承温升，发现过热应停机检修。

（6）电动机接地应良好可靠，电源线与线接头应绝缘良好，不得有破损漏电现象。

（7）振动台台面应经常保持清洁平整，使其与模板接触良好。由于台面在高频重载下振动，容易产生裂纹，必须注意检查，及时修补。

四、注意事项

（1）当构件厚度小于200 mm时，可将混凝土一次装满振捣，如厚度大于200 mm时，则宜分层浇灌，每层厚度不大于200 mm，或随加料摊平随振捣。

（2）振捣时间根据混凝土构件的形状、大小及振动能力而定，一般以混凝土表面呈水平并出现均匀的水泥浆和不再冒气泡表示已振实，即可停止振捣。

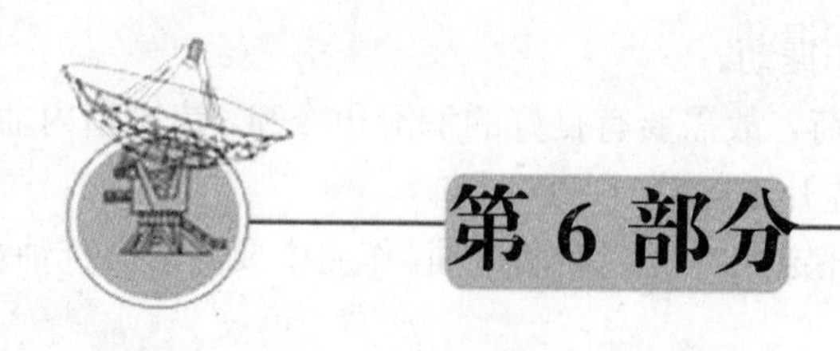

第 6 部分

装饰装修工程机械选型及使用

第 1 单元　灰浆搅拌机

灰浆搅拌机是将砂、水、胶合材料（包括水泥、白灰等）均匀地搅拌成为灰浆的一种机械，在搅拌过程中，拌筒固定不动，而由旋转的条状拌叶对物料进行搅拌。

第 1 讲　灰浆搅拌机的分类

灰浆搅拌机按卸料方式的不同分两种：一种是使拌筒倾翻、筒口倾斜出料方式的"倾翻卸料灰浆搅拌机"；另一种是拌筒不动、打开拌筒底侧出料的"活门卸料灰浆搅拌机"。

目前，常使用的有 100 L、200 L 与 325 L（均为装料容量）规格的灰浆搅拌机。100 L 与 200 L 容量多数为倾翻卸料式，325 L 容量多数为活门卸料式。根据不同的需要，灰浆搅拌机还可制成固定式与移动式两种形式。

常用的倾翻卸料灰浆搅拌机有 HJ1-200 型、HJ1-200A 型、HJ1-200B 型和活门卸料搅拌机 HJ1-325 型等［代号意义：H—灰浆；J—搅拌机；数字表示容量（L）］。

第 2 讲　灰浆搅拌机的构造与原理

图 6—1 所示为活门卸料灰浆搅拌机，由装料、水箱、搅拌和卸料等四部分组成。

（1）拌筒 1 装在机架 2 上，拌筒内沿纵向的中心线方向装一根轴，上面有若干拌叶，用以进行搅拌；机器上部装有虹吸式配水箱 9，可自动供拌和用水；装料是由进料斗 4 进行。

（2）装有拌叶的轴支承在拌筒两端的轴承中，并与减速箱输出轴相连接，由电动机10经V形带驱动搅拌轴旋转进行拌和。

（3）卸料时，拉动卸料手柄12可使出料活门11开启，灰浆由此卸出，然后推压手柄12便将活门11关闭。

（4）进料斗的升降机构由制动带抱合轴7、制动轮5、卷扬筒6、离合器8等组成，并由手柄3操纵。

（5）钢丝绳围绕在料斗边缘外侧，其两端分别卷绕在卷扬筒上。减速箱另一输出轴端安装主动链轮，传动被动链轮14而旋转，被动链轮同时又是离合器鼓（其内部为内锥面）。

（6）装料时，推压料斗升降手柄3，使常闭式制动器上的制动带松开，而制动带抱合轴7与离合器8的鼓接通使料斗上升。当放松手柄，制动轮被制动带抱合轴7抱合停止转动，进料斗4亦停住不动进行装料。料斗下降时，只需轻提料斗升降手柄3，制动带松开，料斗即下降。

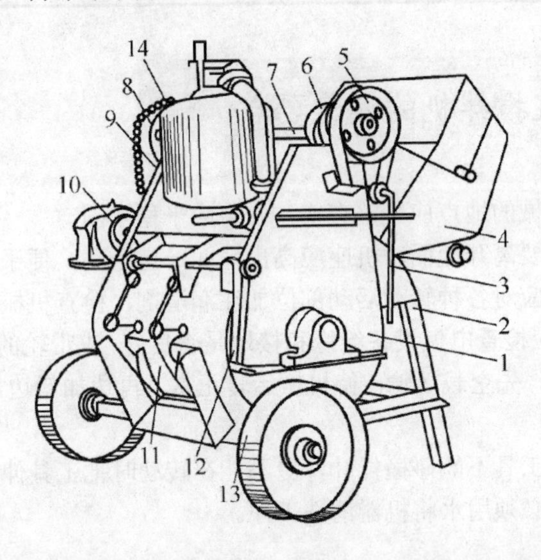

图6—1　活门卸料灰浆搅拌机示意图

1—拌筒；2—机架；3—料斗升降手柄；4—进料斗；5—制动轮；6—卷扬筒；7—制动带抱合轴；8—离合器；9—配水箱；10—电动机；11—出料活门；12—卸料手柄；13—行走轮；14—被动链轮

第3讲　灰浆搅拌机的技术性能

各种灰浆搅拌机主要技术性能见表6—1。

表 6—1 各种灰浆搅拌机主要技术性能

技术规格			类型		
			HJ1-200	HJ1-200B	HJ1-325
工作容量		L	200	200	325
拌叶转数		r/min	25～30	34	32
搅拌时间		min/次	1.5～2	2	2
电动机	型号		JO_2-32-4	JO-42-4	JO-42-4
	功率	kW	3	2.8	2.8
	转速	r/min	1430	1440	1440
外形尺寸（长×宽×高）		mm× mm× mm	2280×1100×1170	1620×850×1050	2700×1700×1350
质量		kg	600	560	760
生产率		m^2/h	—	3	6

第 4 讲　灰浆搅拌机的操作要点

（1）安装机械的地点应平整夯实，安装应平稳牢固。

（2）行走轮要离开地面，机座应高出地面一定距离，便于出料。

（3）开机前应对各种转动活动部位加注润滑剂，检查机械部件是否正常。

（4）开机前应检查电气设备绝缘和接地是否良好，皮带轮的齿轮必须有防护罩。

（5）开机后，先空载运输，待机械运转正常，再边加料边加水进行搅拌，所用砂子必须过筛。

（6）加料时工具不能碰撞拌叶，更不能在转动时把工具伸进斗里扒浆。

（7）工作后必须用水将机器清洗干净。

第 5 讲　灰浆搅拌机的故障排除

灰浆搅拌机发生故障时，必须停机检验，不准带故障工作，故障排除方法见表6—2。

表6—2　灰浆搅拌机故障排除方法

故障现象	原因	排除方法
拌叶和筒壁摩擦碰撞	(1)拌叶和筒壁间隙过小； (2)螺栓松动	(1)调整间隙； (2)紧固螺栓
刮不净灰浆	拌叶与筒壁间隙过大	调整间隙
主轴转数不够或不转	带松弛	调整电动机底座螺栓
传动不平稳	(1)涡轮涡杆或齿轮啮合间隙过大或过小； (2)传动键松动； (3)轴承磨损	(1)修换或调整中心距、垂直底与平行度； (2)修换键； (3)更换轴承
拌筒两侧轴孔漏浆	(1)密封盘根不紧； (2)密封盘根失效	(1)压紧盘根； (2)更换盘根
主轴承过热或有杂音	(1)渗入砂粒； (2)发生干磨	(1)拆卸清洗并加满新油(脂)； (2)补加润滑油(脂)
减速箱过热且有杂音	(1)齿轮(或涡轮)啮合不良； (2)齿轮损坏； (3)发生干磨	(1)拆卸调整，必要时加垫或修换； (2)修换； (3)补加润滑油

第2单元　灰浆泵

第1讲　灰浆输送泵的分类及构造

灰浆输送泵按结构划分为柱塞泵、挤压泵等。

一、柱塞式灰浆泵的主要结构

柱塞式灰浆泵分为直接作用式及隔膜式。柱塞式灰浆泵又称柱塞泵或直接作用式灰浆泵，单柱塞式灰浆泵结构如图6—2所示。柱塞式灰浆泵是由柱塞的往复运动和吸入阀、排出阀的交替启闭将灰浆吸入或排出。工作时柱塞在工作缸中与灰浆直接接触，构造简单，但柱塞与缸口磨损严重，影响泵送效率。

二、挤压式灰浆泵的主要结构

隔膜式灰浆泵是间接作用灰浆泵，其结构和工作原理如图6—3所示。柱塞的往复运动通过隔膜的弹性变形，实现吸入阀和排出阀交替工作，将灰浆吸入泵室，通过隔膜压送出来。由于柱塞不接触灰浆，能延长使用寿命。

挤压式灰浆泵无柱塞和阀门，是靠挤压滚轮连续挤压胶管，实现泵送灰浆。

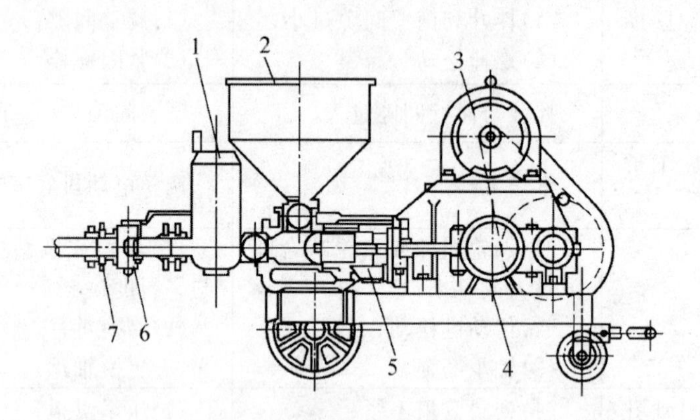

图 6—2 单柱塞式灰浆泵

1—汽缸；2—料斗；3—电动机；4—减速箱；5—曲柄连杆机构；6—柱塞缸；7—吸入阀

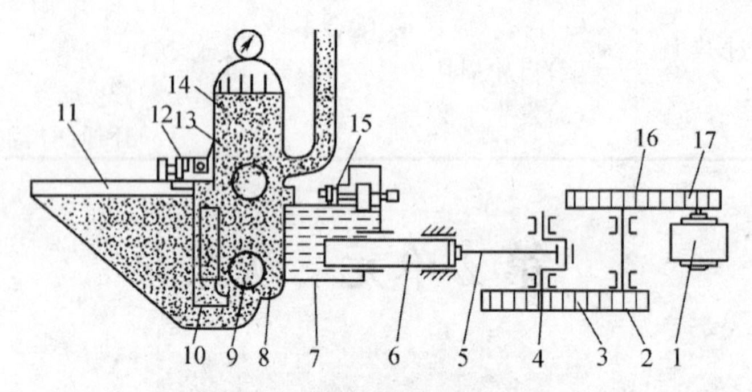

图 6—3 圆柱形隔膜泵

1—电动机；2—齿轮减速箱；3—齿轮减速箱；4—曲轴；5—连杆；6—活塞；7—泵室；8—隔膜；9—球形阀门；10—吸入支管；11—料斗；12—回浆阀；13—球形阀门；14—气罐；15—安全阀；16—齿轮减速箱；17—齿轮减速箱

在扁圆的泵壳和滚轮之间安装有挤压滚轮，当轮架以箭头方向开始回转时，进料口处被滚轮挤扁，管中空气被压，长出料口排入大气，随之转来的调整轮把橡胶管整形复原，并出现瞬时的真空；料斗的灰浆在大气的作用下，由灰浆斗流向管口，从此，滚轮开始挤压灰浆，使灰浆进入管道，流向出料口。周而复始就实现了泵送灰浆的目的。挤压式灰浆泵结构简单，维修方便，但挤压胶管因折弯而容易损坏。各型挤压泵结构相似，结构示意如图 6—4 所示。

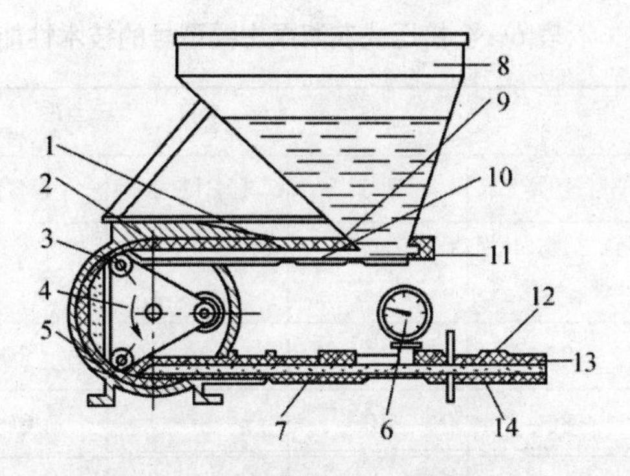

图 6—4 挤压泵结构示意图

1—胶管；2—泵体；3—滚轮；4—轮架；5—胶管；6—压力表；7—胶管；8—料斗；9—进料管；10—连接夹；11—堵塞；12—卡头；13—输浆管；14—支架

第 2 讲　灰浆泵的技术性能

一、柱塞式灰浆泵的技术性能

柱塞式灰浆泵的技术性能见表 6—3。

表 6—3 柱塞式灰浆泵主要型号的技术性能

型　式	立　式	卧　式		双　缸	
型　号	HB6-3	HP-013	HK3. 5-74	UB3	8P80
泵送排量/(m^3/h)	3	3	3. 5	3	1. 8～4. 8
垂直泵送高度/m	40	40	25	40	≥80
水平泵送距离/m	150	150	150	150	400
工作压力/MPa	1. 5	1. 5	2. 0	0. 6	5. 0
电动机功率/kW	4	7	5. 5	4	16
进料胶管内径/ mm	64		62	64	62
排料胶管内径/ mm	51	50	51	50	
质量/kg	220	260	293	250	1337
外形尺寸 /(mm× mm× mm) 长×宽×高	1033×474×890	1825×610×1075	550×720×1500	1033×474×940	2194×1600×1560

二、挤压式灰浆泵的技术性能

挤压式灰浆泵的技术性能见表 6—4。

表 6—4 挤压式灰浆泵主要型号的技术性能

技术参数		型号					
		UBJ0.8	UBJ1.2	UBJ1.8	UBJ2	SJ-1.8	JHP-2
泵送排量/(m^3/h)		0.2、0.4、0.8	0.3～1.5	0.3、0.9、1.8	2	0.8～1.8	2
泵送距离	垂直/m	25	25	30	20	30	30
	水平/m	80	80	80	80	100	100
工作压力/MPa		1.0	1.2	1.5	1.5	0.4～1.5	
挤压胶管内径/mm		32	32	38	38	38/50	
送胶管内径/mm		25	25/32	25/32			
功率/kW		0.4～1.5	0.6～2.2	1.3～2.2	2.2	2.2	3.7
外形尺寸/(mm×mm×mm)(长×宽×高)		1220×662×960	1220×662×1035	1270×896×990	1200×780×800	800×500×800	
整机自重/kg		175	185	300	270	340	500

第 3 讲　灰浆泵的操作要点

一、柱塞式灰浆泵的操作要点

（1）柱塞式灰浆泵必须安装在平稳的基础上。输送管路的布置尽可能短直，弯头愈少愈好。输送管道的接头连接必须紧密，不得渗漏。垂直管道要固定牢靠，所有管道上不得踩压，以防造成堵塞。

（2）泵送前，应检查球阀是否完好，泵内是否有干硬灰浆等物；各部件、零件是否紧固牢靠；安全阀是否调整到预定的安全压力。检查完毕应先用水进行泵送试验，以检查各部位有无渗漏。如有渗漏，应立即排除。

（3）泵送时一定要先开机后加料，先用石膏润滑输送管道，再加入 12 cm 稠度的灰浆，最后加进 8～12 cm 的灰浆。

（4）泵送过程要随时观察压力表的泵送压力是否正常，如泵送压力超过预调的 1.5 MPa 时，要反向泵送，使管道的部分灰浆返回料斗，再缓慢泵送。如无效，要停机卸压检查，不可强行泵送。

（5）泵送过程不宜停机。如必须停机时，每隔 4～5 min 要泵送一次，以防灰浆凝固。如灰浆供应不及时，应尽量让料斗装满灰浆，然后把三通阀手柄扳到回料位置，使灰浆在泵与料斗内循环，保持灰浆的流动性。如灰浆在 45 min 内仍不能连续泵送出去，必须用石灰膏把全部灰浆从泵和输送管道里排净，待送来新灰浆后再继续泵送。

（6）每天泵送结束时，一定要用石灰膏把输送管道里的灰浆全部泵送出来，然后用清水将泵和输送管道清洗干净。并及时对主轴承加注润滑油。

二、挤压式灰浆泵的操作要点

（1）挤压式灰浆泵应安装在坚实平整的地面上，输送管道应支撑牢固，并尽量减少弯头，作业前应检查各阀体磨损情况及连接件状况。

（2）使用前要作水压试验。方法是：接好输送管道，往料斗加注清水，启动挤压泵，当输送胶管出水时，把其折起来，让压力升到 2 MPa 时停泵，观察各部位有无渗漏现象。

（3）向料斗加水，启动挤压泵润滑输送管道。待水泵完时，启动振动筛和料斗搅拌器，向料斗加适量白灰膏，润滑输送管道，待白灰膏快送完时，向振动筛里加灰浆，并启动空压机开始作业。

（4）料斗加满后，停止振动。待灰浆从料斗泵送完时，再重复加新灰浆振动筛料。

（5）整个泵送过程要随时观察压力表，如出现超压迹象，说明有堵管的可能，这时要反转泵送 2～3 转，使灰浆返回料斗，经料斗搅拌后再缓慢泵送。如经过 2～3 次正反泵送还不能顺利工作，应停机检查，排除堵塞物

6）工作间歇时，应先停止送灰，后停止送气，以防气嘴被灰浆堵塞。

7）停止泵送时，对整个泵机和管路系统要进行清洗。

第 4 讲　灰浆泵的故障及排除方法

一、柱塞式灰浆泵

柱塞式灰浆泵在使用中易于发生的故障及其排除方法见表 6—5。

表 6—5 柱塞式灰浆泵常见故障及排除方法

故障现象	产生原因	排除方法
输送管道堵塞	砂浆过稠或搅拌不均	当输浆管路发生阻塞时，可用木锤敲击使其通顺，如敲击无效，须拆开弯管、直管和三通阀，并进行清洗；同时亦须清洗泵体内部，然后安装好，放入清水，用泵自行冲刷整个管路。冲刷时可先将出口阀关闭，待压力达到 0.5 MPa 时开放，使管路中的砂浆能在压力水的作用下冲刷出来
	砂浆不纯，夹有干砂、硬物	
	泵体或管路堵塞	
	胶管发生硬弯	
	停机时间过长	
	开始工作时未用稀浆循环润滑管道	

续表

故障现象	产生原因	排除方法
缸体及球阀堵塞	料斗内混入较大石子或杂物	拆开泵体取出杂物。装料时注意不要混入石子、杂物等
	砂浆沉淀并堆积在吸入阀口处	及时搅拌料斗内的砂浆不使其沉淀,并拆洗球阀
	泵体合口处或盘根漏浆	重新密封
压力表指针不动	球阀处堵塞	拆下球阀清洗
	压力表损坏	更换压力表
出浆减少或停止	输浆管道和球阀堵塞	用上述疏通方法排除
	吸入或压出球阀关闭不严	拆卸检查,清洗球阀。必要时修理或更换阀座、球等,检查时注意不能损坏或拆掉拦球钢丝网
泵缸与活塞接触间隙处漏水	密封盘根磨损	更换盘根
	密封没有压紧	旋进压盖螺栓
	活塞磨损过甚	更换活塞
压力表指针剧烈跳动	压出球堵塞或磨损过大	将压力减到零,检查和清洗球阀或更换球座和球
	压力表接头过大	旋紧接头或加一层密封材料后再旋紧接头
压力突然降低	输浆管破裂	立即停机修理或更换管道
泵缸发热	密封盘根压得太紧	酌情放松压盖,以不漏浆为准

二、挤压式灰浆泵

挤压式灰浆泵在工作中易于发生的故障及排除方法见表 6—6。

表 6—6 挤压式灰浆泵的常见故障及排除方法

故障现象	产生原因	排除方法
压力表指针不动	挤压滚轮与鼓筒壁间隙大	缩小间隙使其为 2 倍挤压胶管壁厚
	料斗灰浆缺少,泵吸入空气	泵反转排出空气,加灰浆
	料斗吸料管密封不好	将料斗吸料管重新夹紧排净空气
	压力表堵塞或隔膜破裂	排除异物或更换瓣膜

续表

故障现象	产生原因	排除方法
压力表压力值突然上升	喷枪的喷嘴被异物堵塞或管路堵塞	泵反转、卸压停机，检查并排除异物
泵机不转	电气故障或电动机损坏	及时排除；如超过 1 h，应拆去管道，排除灰浆，并用水清洗干净
压力表的压力下降或出灰量减少	挤压胶管破裂	更换新挤压胶管
	压力表已损坏	拆修更换压力表
	阀体堵塞	拆下阀体，清洗干净
	泵体内空气较多	向泵室内加水

第 3 单元　喷浆泵

第 1 讲　喷浆泵的构造和分类

喷浆泵有手动和自动两种，在压力作用下喷涂石灰或大白粉水浆液，也可喷涂其他色浆液。同时还可喷洒农药或消毒药液。

一、手动喷浆泵

这种喷浆泵体积小，可一人搬移位置，使用时一人反复推压摇杆，一人手持喷杆来喷浆，因不需动力装置，具有较大的机动性。其工作原理如图 6—5 所示。当推拉摇杆时，连杆推动框架使左、右两个柱塞交替在各自的泵缸中往复运动，连续将料筒中的浆液逐次吸入左、右泵缸和逐次压入稳定罐中。稳压罐使浆液获得 8～12 个大气压（1 MPa 左右）的压力。在压力作用下，浆液从出浆口经输浆管和喷雾头呈散状喷出。

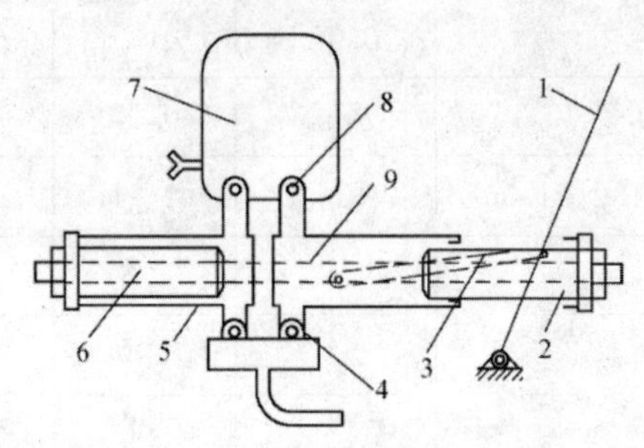

图 6—5 手动喷浆泵的工作原理

1—摇杆；2—右柱塞；3—连杆；4—进浆阀；5—泵体；6—左柱塞；7—稳压罐；8—出浆阀；9—框架

二、自动喷浆泵

喷浆原理与手动的相同，不同的是柱塞往复运动由电动机经涡轮减速器和曲柄连杆机构（或偏心轮连杆）来驱动，如图 6—6 所示。

这种喷浆机有自动停机电气控制装置，在压力表内安装电接点，当泵内压力超过最大工作压力时（通常为 1.5～1.8 MPa），表内的停机接点啮合，控制线路使电动机停止。压力恢复常压后，表内的启动接点接合，电动机又恢复运转。

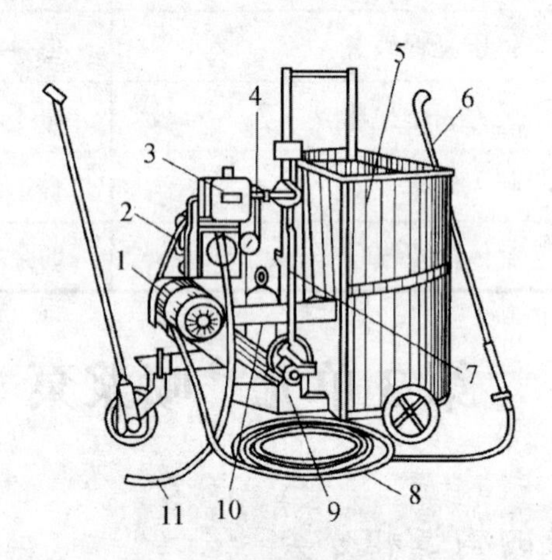

图 6—6 自动喷浆泵

1—电动机；2—V 带传动装置；3—电控箱和开关盒；4—偏心轮连杆机构；5—料筒；6—喷杆；7—摇杆；8—输浆胶管；9—泵体；10—稳压罐；11—电力导线

第 2 讲 喷浆泵的技术性能

喷浆泵的性能参数见表 6—7。

表 6—7 喷浆泵的性能参数

型式型号 / 性能	双联手动喷浆机（P_B—C 型）	自动喷浆机			内燃式喷雾机（WFB—18A 型）
		高压式（GP400 型）	PB1 型（ZP—1）	回转式（HPB 型）	
生产率/(m^3/h)	0.2～0.45	—	0.58	—	—
工作压力/MPa	1.2～1.5	—	1.2～1.5	6～8	—
最大压力/MPa	—	18	1.8	—	—
最大工作高度/m	30	—	30	20	7 左右
最大工作半径/m	200	—	200	—	10 左右
活塞直径/ mm	32	—	32	—	—

续表

性能 \ 型式型号	双联手动喷浆机（P_B—C 型）	自动喷浆机			内燃式喷雾机（WFB—18A 型）
		高压式（GP400 型）	PB1 型（ZP—1）	回转式（HPB 型）	
活塞往复次数 /(min^{-1})	30～50	—	75	—	—
动力型式功率/kW 转速/(r/min)	人力	电动 0.4	电动 1.0 2890	电动 0.55	1E40FP 型 汽油机 1.18 5000
外形尺寸 /(mm×mm×mm) 长×宽×高	1100×400 ×1080	—	816×498 ×890	530×350 ×350	360×555 ×680
重量/kg	18.6	30	67	28～29	14.5

第 3 讲　喷浆泵的操作要点

（1）石灰浆的密度应在 1.06～1.1g/cm^3 之间。小于 1.06cm^3 时，喷浆效果差；大于 1.1 g/cm^3 时，机器振动喷不成雾状。

（2）喷涂前，对石灰浆必须用 60 目筛网过滤两遍，防止喷嘴孔堵塞和叶片磨损加快。

（3）喷嘴孔径应在 2～2.8mm 之间，大于 2.8mm 时，应及时更换。

（4）严禁泵体内无液体干转，以免磨坏尼龙叶片，在检查电动机旋转方向时，一定要先打开料桶开关，让石灰浆先流入泵体内后，再让电动机带泵旋转。

（5）每班工作结束后的清洁工作：往料斗里注入清水，开泵清洗到水清洁为止；卸下输浆管，从出（进）浆口倒出泵内积水；卸下喷头座及手把中滤网，进行清洗并疏通各网孔；清洗干净喷枪及整机，并擦洗干净。

（6）长期存放前，要清洗前后轴承座内的石灰浆积料，堵塞进浆口，从出浆口注入机油约 50 mL，再堵塞出浆口，开机运转约半分钟，以防生锈。

第 4 讲　喷浆泵的故障排除

喷浆泵常见故障及排除方法见表 6—8。

表 6—8　喷浆泵常见故障及排除方法

故障现象	故障原因	排除方法
不出浆或流量小	进、回浆管路漏气	检查漏气部位，重新密封
	枪孔堵塞	卸下喷嘴螺母及滤网，排除堵塞
	密封间隙过大	松开后轴承座，调整填料盒压盖
噪声大、机体振动	叶片与槽的间隙太大	更换叶片
	泵体发生气蚀	降低泵和灰浆温度
	石灰浆密度过大	加水降低密度
填料盒发热	填料位置不正，与轴严重摩擦	重新调整
转子卡死	轴弯曲	校直轴或更换新轴
	叶片卡死	更换叶片

第 4 单元　水磨石机

第 1 讲　水磨石机的分类

根据不同的作业对象和要求，水磨石机有以下几种型式：单盘旋转式和双盘对转式，主要用于大面积水磨石地面的磨平、磨光作业；小型侧卧式，主要用于墙裙、踢脚、楼梯踏步、浴池等小面积地面的磨平、磨光作业；立面式用于各种混凝土、水磨石的墙壁、墙围的磨光作业；还有一种磨盘是在耐磨材料中加入一定量人造金刚石制成的金刚石水磨石机，由于其磨削质量好而得到普遍采用。

第 2 讲　水磨石机的构造

一、单盘水磨石机

单盘旋转式水磨石机的外形结构如图 6—7 所示。主要由传动轴、夹腔帆布垫、连接盘及砂轮座等组成。磨盘为三爪形，有三个三角形磨石均匀地装在相应槽内，用螺钉固定。橡胶垫使传动具有缓冲性。

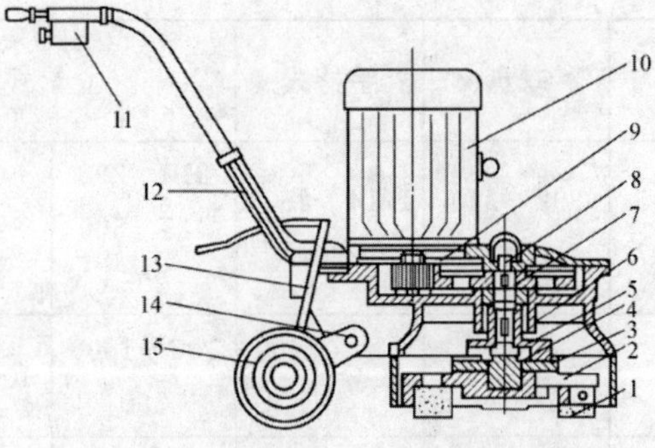

图 6—7 单盘旋转式水磨石机外形结构

1—磨石；2—砂轮座；3—夹腔帆布垫；4—弹簧；5—联结盘；6—橡胶密封；7—大齿轮；8—传泵轮；9—电动机齿轮；10—电动机；11—开关；12—扶手；13—升降齿条；14—调节架；15—走轮

二、双盘水磨石机

双盘对转式水磨石机的外形结构如图 6—8 所示。其适用于大面积磨光，具有两个转向相反的磨盘，由电动机经传动机构驱动，结构与单盘式类似。与单盘比较，其耗电量增加不到 40%，而工效可提高 80%。

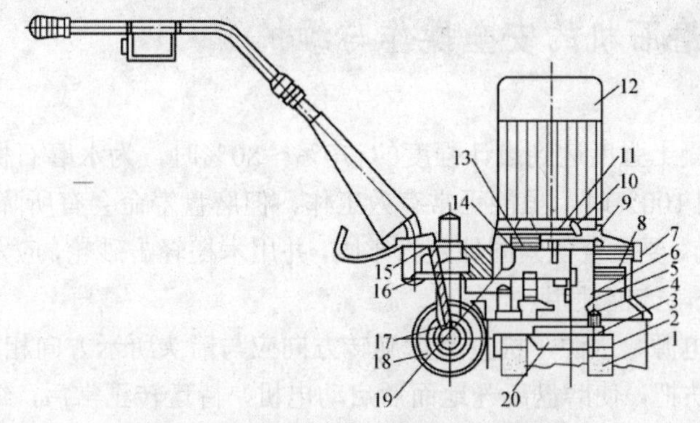

图 6—8 双盘对转式水磨石机外形结构

1—V 砂轮；2—磨石座；3—连接橡胶垫；4—联结盘；5—接合密封圈；6—油封；7—主轴；8—大齿轮；9—主轴；10—闷头盖；11—电动机齿轮；12—电动机；13—中间齿轮轴；14—中间齿轮；15—升降齿条；16—齿轮；17—调节架；18—行走轮；19—台座；20—磨体

第 3 讲　水磨石机的技术性能

主要型式水磨石机的技术性能见表 6—9。

表 6—9 主要型式水磨石机的性能参数

型式 性能	单盘	双盘	手持式	立式		侧式
转盘转速 /(r/min)	394 295 340 297	392 340 280	1714 2500 2900	210 290 415 500 205	290 210	500 415
磨削高度 /mm	—	—	—	100～1600 200	100～1600	200 1200
生产率 /(m^2/h)	3.5～4.5 6.5～7.5 6～8	10 14 15	—	1.5～2 1.2～3 7～8 4～5	3 7～8	1.5～2 2～3
转盘直径 /(mm×mm)	350 360 300	300 360	砂轮： ϕ100×42 ϕ80×40	回转直径： 180 360 306	360	回转直径： 180

第 4 讲 水磨石机的安全操作与维护

（1）当混凝土强度达到设计强度的 70%～80%时，为水磨石机最适宜的磨削时机，强度达到 100%时，虽能正常有效工作，但磨盘寿命会有所降低。

（2）使用前，要检查各紧固件是否牢固，并用木槌轻击砂轮，应发出清脆声音，表明砂轮无裂纹，方能使用。

（3）接通电源、水源，检查磨盘旋转方向应与箭头所示方向相同。

（4）手压扶把，使磨盘离开地而后启动电机，待运转正常后，缓慢地放下磨盘进行作业。

（5）作业时必须经常通水，进行助磨和冷却，用水量可调至工作面不发干为宜。

（6）根据地面的粗细情况，应更换磨石。如去掉磨块，换上蜡块用于地面打蜡。

（7）更换新磨块应先在废水磨石地坪上或废水泥制品表面先磨 1～2 h，待金刚石切削刃磨出后再投入工作面作业，否则会有打掉石子现象。

（8）每班作业后关掉电源开关，清洗各部位的泥浆，调整部位的螺栓涂上润滑脂。

（9）及时检查并调整 V 带的松紧度。

（10）使用 100 h 后，拧开主轴壳上的油杯，加注润滑油；使用 1000 h 后，拆洗轴承部位并加注新的润滑脂。

第 5 讲　水磨石机的故障排除

水磨石机常见故障及排除方法见表 6—10。

表 6—10 水磨石机常见故障及排除方法

故障现象	故障原因	排除方法
效率降低	V 带松弛，转速不够	调整 V 带松紧度
磨盘振动	磨盘底面不水平	调整后脚轮
磨块松动	磨块上端缺皮垫或紧固螺母缺弹簧垫	加上皮垫或弹簧垫后紧固螺母
磨削的地面有麻点或条痕	地面强度不够 70%	待强度达到后再作业
	磨盘高度不合适	重新调整高度

第 5 单元　地坪抹光机

第 1 讲　地坪抹光机的构造与原理

一、构造

地坪抹光机也称地面收光机，是水泥砂浆铺摊在地面上、经过大面积刮平后，进行压平与抹光用的机械，图 6—9 为该机的外形示意图。它是由传动部分、抹刀及机架所组成。

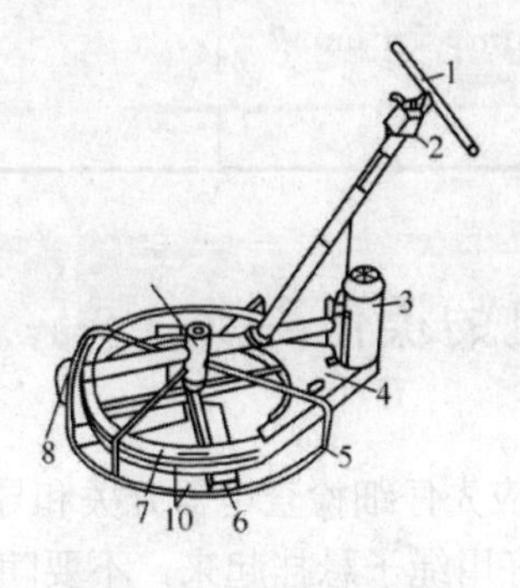

图 6—9 地坪抹光机示意图

1—操纵手柄；2—电气开关；3—电动机；4—防护罩；5—保护圈；6—抹刀；7—抹刀转子；8—配重；9—轴承架；10—V 带

二、工作原理

使用时，电动机 3 通过 V 带驱动抹刀转子 7，在转动的十字架底面上装有 2～4 片抹刀片 6，抹刀倾斜方向与转子旋转方向一致，抹刀的倾角与地面呈 10°～15°。

使用前，首先检查电动机旋转的方向是否正确。使用时，先握住操纵手柄，启动电动机，抹刀片随之旋转而进行水泥地面抹光工作。抹第一遍时，要求能起到抹平与出浆的作用，如有低凹不平处，应找补适量的砂浆，再抹第二遍、第三遍。

第 2 讲　地坪抹光机的技术性能

地坪抹光机主要技术性能，见表 6—11。

表 6—11 地坪抹光机主要技术性能

型　号	69-1 型	HM-66
传动方式	V 带	V 带
抹刀片数	4	4
抹刀倾角	10°	0°～15°可调
抹刀转速	104 r/min	50～100 r/min
质量	46 kg	80 kg
动力	电动机 550 W 1400 r/min	汽油机 H00301 型 3 马力 3000 r/min
生产率	100～300 m²/h （按抹一遍计）	320～450 m²/台班
外形尺寸/mm （长×宽×高）	105 mm×70 mm ×85 mm	220 mm×98 mm ×82 mm

第 3 讲　地坪抹光机的操作要点

（1）抹光机使用前，应先仔细检查电器开关和导线的绝缘情况。因为施工场地水多，地面潮湿，导线最好用绳子悬挂起来，不要随着机械的移动在地面上拖拉，以防止发生漏电，造成触电事故。

（2）使用前应对机械部分进行检查，检查抹刀以及工作装置是否安装牢固，螺栓、螺母等是否拧紧，传动件是否灵活有效，同时还应充分进行润滑。在工作前应先试运转，待转速达到正常时再放落到工作部位。工作中发现零件有松动或声音不正常时，必须立即停机检查，以防发生机械损坏和伤人事故。

（3）机械长时间工作后，如发生电动机或传动部位过热现象，必须停机冷却后再工作。操作抹光机时，应穿胶鞋、戴绝缘手套，以防触电。每班工作结束后，要切断电源，并将抹光机放到干燥处，防止电动机受潮。

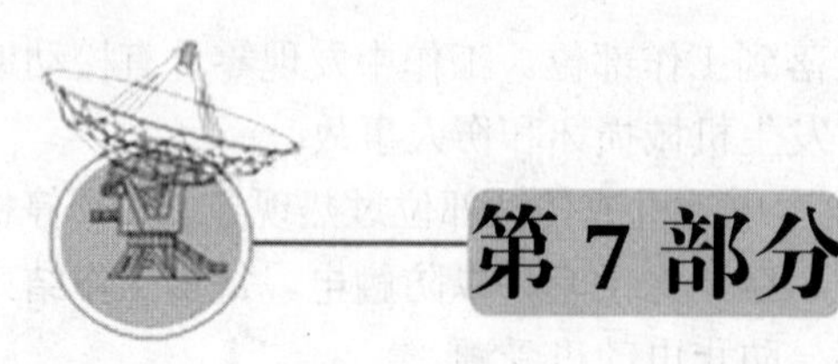

第7部分

建筑机械安全用电

第1单元　电路的基本知识

第1讲　电路的基本概念

电路是电流流通的路径，是由某些电气设备和元器件按一定方式连接组成的。电路无论怎样简单或复杂，都可看成由电源、负载和中间环节三个部分组成，如图7—1、图7—2所示。

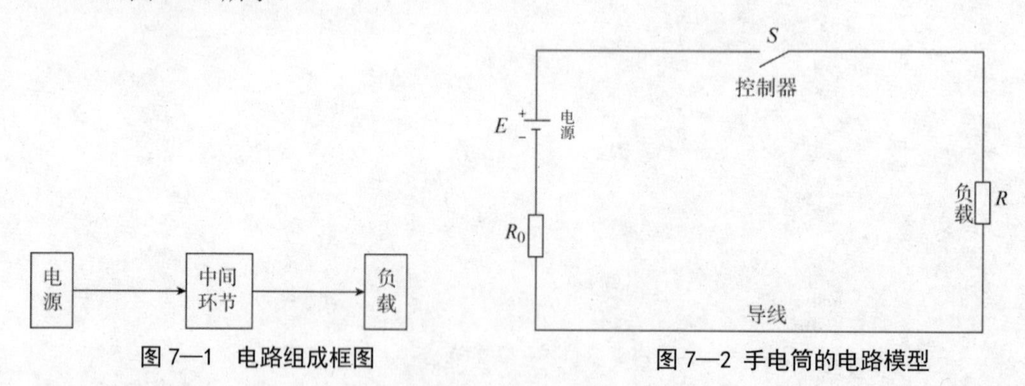

图7—1　电路组成框图　　图7—2　手电筒的电路模型

电源是提供电能的设备，是电路工作的能源。电源的作用是将非电能转换成电能，如各种发电机和电池等。

负载是用电设备，是电路中的主要耗电元器件。负载的作用是将电能转换成非电能，如机械设备的电动机，建筑工地电路中的照明灯，及民用的洗衣机、电冰箱、空调器等。

中间环节是指电源与负载之间的部分。简单照明电路的中间环节只有导线和开关；而较复杂的动力电路，其中间环节有各种电路控制设备，如变压器，电动机安全保护电路等。

对于电力电路来说，电路的作用是进行电能的传输和转换。例如：照明电路是将电能转换成光能；机械设备的电动机电路是将电能转换成机械能。

第2讲　电路的基本物理量及欧姆定律

一、电流

电荷的定向运动形成电流。如果电流的方向不随时间变化，称为直流；如果电流的方向和大小部不随时间变化，称为恒定的直流；如果电流的方向和大小都随时间变化，称为交流。习惯上规定正电荷运动的方向为电流的实际方向，而负电荷或电子运动方向为反方向。

电流的强弱用物理量电流强度来表示（直流电流用大写字母 I 表示，交流用小写字母 i 表示），电流强度的单位为安培，用字母 A 表示，常用的单位还有毫安（mA）、微安（μA）及千安（kA）. 换算关系为：

$$1A=10^3mA=10^6\mu A, 1kA=10^3A$$

二、电源、电动势和电压

电源是向外提供电能的装置，如发电机、蓄电池和干电池等。电源的两端分别聚集着正电荷和负电荷．它们具有向外提供电能的能力，这时我们说电源具有电动势，用 E 表示。规定电流流出的那一端为电动势 E 的正极,反之为负极。电动势 E 的方向规定为：在电源内部从负极指向正极，见图 7—3。

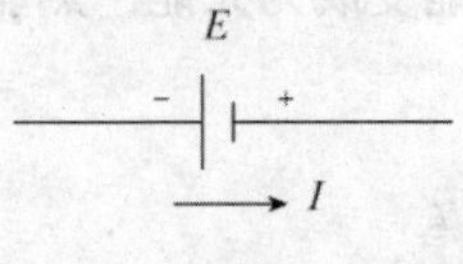

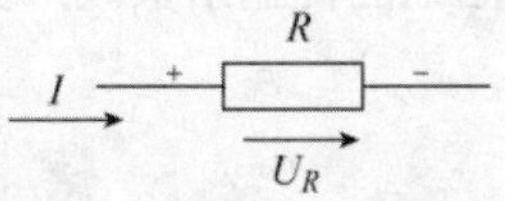

图7—3　电动势的极性和方向　　图7—4　电压的极性和方向

电流流过负载 R 时，在负载两端测得的电压称负载电压降，简称电压，用 U 表示。规定电流流入负载的一端为正极，流出负载的一端为负极。U 的方向规定为从正极指向负极，见图 7—4。

注意电动势 E 和电压降 U 的区别在于前者为电源两端的开路电压，后者为电路闭合时负载两端的电压。衡量 E 和 U 的大小的单位都是伏特（V），常用的倍数单位还有千伏（kV）、毫伏（mY）和微伏（uV），换算关系为：

$$1V=10^3mV=10^6\mu V, 1kV=10^3V$$

三、电阻

电流在物体中流动时遇到的阻力称电阻，用 R 表示。其大小的衡量单位是欧姆（Ω），常用的倍数单位有千欧（kΩ）和兆欧（MΩ），换算关系为：

1MΩ=102kΩ=106Ω

线电阻用下式（电阻定律）计算：

$$R=\rho\frac{L}{S}$$

式中 L——导线的长度，m；

S——导线的横截面积，mm^2；

ρ——电阻率，$\Omega\cdot mm^2/m$。它是指在温度为20℃时，长1m，截面为$1mm^2$的导体的电阻值。各种导体材料的电阻率ρ是不同的值，可在有关的手册中查知。

四、电功率

电源单位时间内对负载做的功称为电功率，简称功率，用P表示。功率的单位是瓦特（w）. 倍数单位有千瓦（kW）、毫瓦（mW）等，换算关系为：

$$1kW=1000W=106mW$$

电功率 P 与电流 I、电压 U 的计算关系为：

$$P=IU$$

若在元件上功率计算的结果为正值，即 $P>0$，则表示此元件在电路中吸收功率（或消耗功率），称为负载；若功率计算结果为负值，即 $P<0$，则表示元件在电路中是发出功率（或产生功率），称为电源。

五、电能

电流流过负载时电源对负载做了功（电流在单位时间所做的功又称为电功率）。即电源通过电流把电能传输给负载，负载把电能变成为光能、热能和机械能等。电能的计算公式为：

$$A=IUt$$

式中　U——负载电压，V；

I——负载电流，A；

F——电流流过负载做功的时间，s；

A——电能，J（焦耳）。

电能的常用单位还有千瓦小时（kW·h），俗称“度”，它表示功率为1kW的负载工作1小时所消耗的电能。1kW·h=3.6MJ（兆焦）。

六、导体、半导体和绝缘体

能很好传导电流的物体叫导体；基本上不能传导电流的物体叫绝缘体；介于二者之间的物体称为半导体。三者之间没有绝对界限。外界条件（如湿度大、灰尘大、温度高等）和自然老化会使绝缘体的绝缘性能大大降低，我们称之为绝缘劣化。

七、欧姆定律

欧姆定律反映了电路中电流 J、电压 U 和电阻 R 之间的关系，是电路最基本的定律，关系为：

$$I=\frac{U}{R} \text{ 或 } U=I\cdot R$$

从上式可见，如果电阻一定时，加在电阻两端的电压愈高，流过电阻的电流愈大，电流与电压成正比；如果电压一定，电阻愈大，流过电阻的电流就愈小，电流与电阻成反比。在工程应用中，上述结论是非常重要的。

根据欧姆定律可以推导出功率与电阻的关系式为：

$$P=UI=I^2R=\frac{U^2}{R}$$

第 3 讲　电路的三种状态

电路有开路、通路和短路三种状态。

一、开路状态

电源与负载断开时的状态，称为开路状态。如图 7—5 所示电路中，开关 S 断开时，为开路状态，又称为空载状态。

开路状态，电路不能构成回路，电流为零，负载不工作，负载两端的电压等于零，即 $U=IR=0$，而开路处的端电压 U_0 等于电源电动势 E，即 $U_0=E$。所以在供电电路中，在开关断开时，用验电笔测试开关前的相线各点仍然带电。因此，电路开关一定要接在相线上或电源的正端，否则，开关断开时，负载仍然带电。

二、通路状态

电源与负载接通而构成的回路，称为通路状态，如图 7—6 所示。

通路状态，负载有电流流过，负载中流过的电流和负载两端的电压可通过欧姆定律计算得出，即

$$I=\frac{E}{R_0+R}$$
$$U=IR=E-IR_0$$

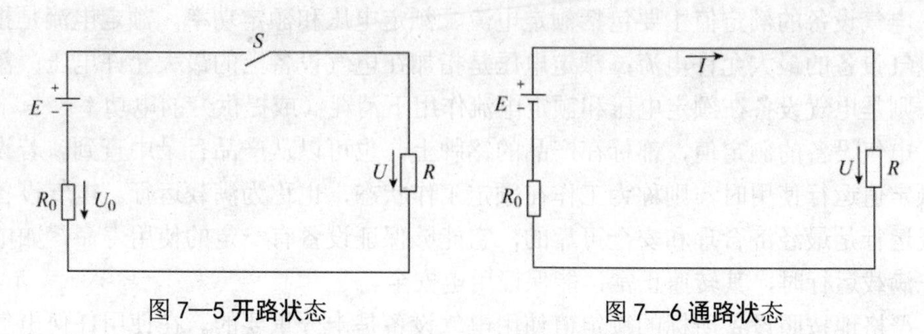

图 7—5 开路状态　　　　图 7—6 通路状态

从上式可见，**电源的内阻愈小，输出的电压就愈高**。若 $R_0<<R$，则 R_0 可忽略不

计，$U \approx E$。

三、短路状态

电源通向负载的两根导线不经负载而直接连在一起时状态，称为短路状态，如图 7—7 所示。短路时电流经短路线与电源构成回路，导线的电阻很小，如忽略不计，电源两端输出电压 $U=0$，短路电流 $I_s=E / R_0$ 很大，如果没有短路保护，会使电源或导线严重过热而烧毁，甚至发生火灾、人员触电等次生灾害。短路是电路最严重、最危险的事故，是禁止发生的状态。

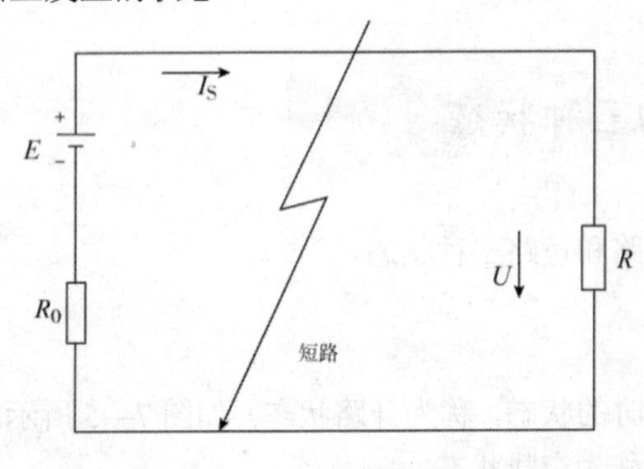

图 7—7 短路状态

产生短路的原因主要是接线不当、线路绝缘老化损坏等。为了防止短路事故的发生，应确保正确连线，不要过载工作，避免损坏绝缘。更重要的是，应在电路中接人过载和短路保护的熔断器和断路器，在严重过载或短路时，保护装置能迅速自动切断故障电路。

第 4 讲　电气设备的额定值

任何一个电气设备，包括电源、用电器件甚至导线，其工作能力、运用性能、使用条件等都有一定的范围，生产厂对自己制造的产品一般都给出一组技术数据加以限制和规定，这组技术数据就称为电气设备的额定值（或使用规格）。

电气设备的额定值主要包括额定电流、额定电压和额定功率。额定电流是指通过电气设备的最大允许电流；额定电压是指加在电气设备上的最大允许电压；额定功率则是电气设备在额定电压和额定电流作用下消耗（或提供）的电功率。

电气设备的额定值，都标在产品的铭牌上，也可以从产品目录中查到。若设备按额定值运行使用时，则称为工作在额定工作状态，也称为满载运行。电气设备的满载运行是最经济合理和安全可靠的，它能够保证设备有一定的使用寿命，如电动机在满载运行时，其转速正常，能保证用电安全。

严格地按照设备所标的额定值使用电气设备是十分重要的。在使用任何电气设备时，首先应注意看清设备的额定值，不允许随意乱用，尤其是超值运行。若设备在低于额定值的情况下运行，则效率不高，不能充分发挥设备应有的效能，不经济；若设备超值运行，就可能引起设备的损坏；短时间的超值运行不会立即导致温度很快升高而引起设备烧毁，但过载超值运行时间较长，就会使设备损坏，这是绝不允许的。

第 5 讲　三相交流电路

一、正弦交流电

建筑机械主要使用交流电。我们把大小和方向随时间按正弦规律变化的电流、电压和电动势统称为正弦交流电，它们的瞬时值用小写字母 i、u 和 e 表示。在正弦交流电作用下的电路称为正弦交流电路。

正弦交流电具有电路计算简便，便于远距离输电，发电设备和用电设备构造简单、性能良好等优点，得到世界的广泛应用。

正弦交流电有以下主要参数：

（1）周期、频率和角频率；

（2）初相位、相位和相位差；

（3）瞬时值、最大值和有效值。我国交流电所采用的频率 f=50Hz，习惯上称为工频。

二、三相交流电源

所谓三相制电源是指南三个频率相同、幅值相等、相位互差 120° 的正弦交流电动势组成的供电系统，也称为动力电。目前，电能的产生、输送和分配几乎都采用对称三相制电源。

采用三相制电源主要有以下两个好处：一是三相发电、配电和用电设备比单相设备的性能价格比高，二是三相交流电能用三根或四根（不必用六根）导线输送，从而能节约材料、减少输电损耗。三相交流电由三相交流发电机发出，其波形图和矢量图见图 7—8。

三个电动势到达正的或负的最大值的先后顺序称三相交流电的相序。顺相序为 A-B-C，常用黄、绿、红三色分别标注 A、B、C 相。

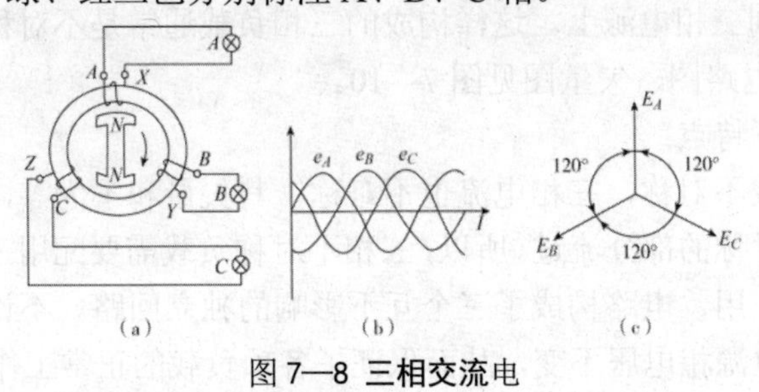

图 7—8 三相交流电

（a）发电机结构示意图；（b）波形图；（c）矢量图

三、三相负载的联接方法

负载和电源一样也有单相和三相之分。白炽灯、电扇、电烙铁和单相交流电动机等都是单相负载。而三相用电器（三相交流电动机、三相电炉等）和分别接在各相电路上的三组单相用电器统称三相负载。若三相负载的阻抗相同（数值相等，性质一样）则称之为三相对称负载；反之称为不对称负载。三相负载有Y形和△形两种联接方法。

（1）三相负载的Y形联接

1）三相对称负载的Y形联接电路图如图7—9所示。

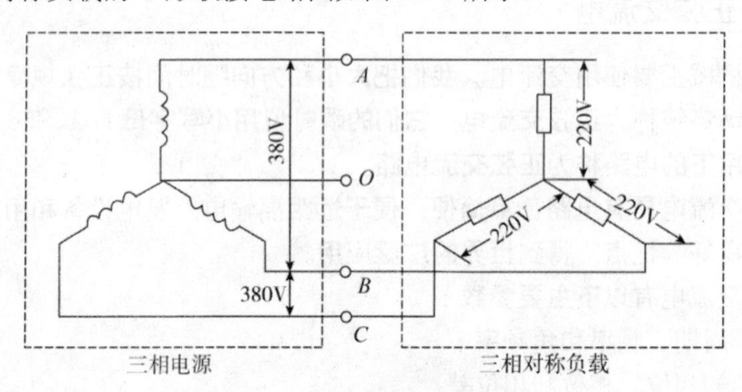

图7—9 三相对称负载的星形连接

该电路的特点如下：

①由于三相负载对称，在三相对称电压的作用下负载中的三相电流也是对称的，而三相对称电流的和为零，所以此时不需要接中线，三相电流依靠端线和负载互成回路。南于电路是对称的，故电路的计算可以简化为单相电路的计算。

②各相负载承受的电压为电源的相电压。

③各相负载的线电流，I_L与相电流I_P相等，即

$$I_L=I_P=U_P / Z_P$$

式中Z_P是每相负载的阻抗。

④各相负载取用的功率P_P相等，电路的总功率P为

$$P=3P_P=3U_PI_{PCOS}\ \phi_P$$

2）三相不对称负载的Y形联接

为了不使三相电源某一相的负载过重，通常将许多单相负载分成容量大致相等的三组，分别接到三相电源上。这样构成的三相负载通常是不对称的。三相不对称负载Y形联接的电路图、矢量图见图7—10。

该电路有如下特点：

由于三相负载不对称，三相电流也不对称，其矢量和不为零，这时需要引出一根中线供电流不对称的部分流过。所以，三相不对称负载需要配用三相四线制电源。

由于中线的作用，电路构成了三个互不影响的独立回路。不论负载有无变动，每相负载承受的电源相电压不变，从而保证了各项负载的正常工作。

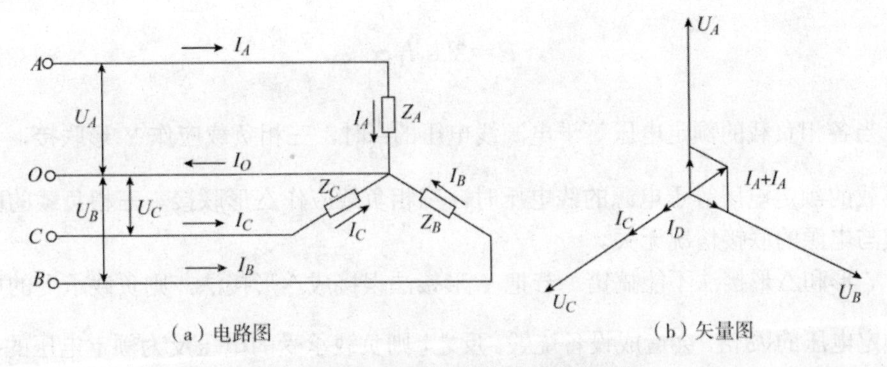

（a）电路图　　　　（b）矢量图

图 7—10　三相不对称负载的星形连接

如果没有中线，或者中线断开，虽然电源的线电压仍对称，但各相负载承受的电压不再对称。有的负载电压增高了，有的降低了。这样不但使负载不能正常丁作，有时还会造成事故。

一般情况下，中线电流小于端线电流。但在负载不对称的情况下．中线电流也可能大于端线电流，通常取中线的横截面积小于端线的横截面积。

3）三相负载的三角形联接

三相负载也可以接成三角形（△形）。这里只讨论对称负载的情况。△形联接的电路如图 7—11 所示。

该电路的性能如下。

①△形联接没有巾线，只能配接三相三线制电源，各相负载承受的电压均为线电压。

②各相负载的相电流为

$$I_P = U_P / Z_P = U_X / Z_P$$

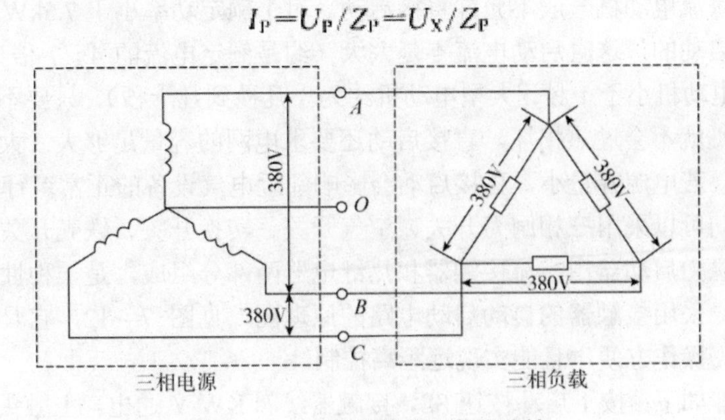

三相电源　　　　三相负载

图 7—11　三相负载的三角形连接

③在△形联接的各端点上均有三条支路，所以线电流 I_X 不等于相电流 I_P。应用矢量计算可求得

$$I_X = \sqrt{3} I_P$$

④设每相负载电压与电流的相位差为 ϕ，则电路取用的总功率为

$$P=3U_{\mathrm{P}}I_{\mathrm{P}}\cos\varphi_{\mathrm{P}}$$

当各相负载的额定电压等于电源线电压的$\frac{1}{\sqrt{3}}$时，三相负载应作 Y 形联接，当各相负载的额定电压等于电源的线电压时，三相负载应作△形联接。三相负载的联接方式与电源的联接情况无关。

Y 形和△形接法不能搞错。若把 Y 形接法误接成△形接法，则负载承受的电压为额定电压的$\sqrt{3}$倍，会造成设备烧毁。反之，则负载承受的电压反为额定电压的$\frac{1}{\sqrt{3}}$，会造成电动机的转矩不足等现象，有时也会酿成事故。

第 6 讲 交流电动机控制电路简介

起重机、混凝土搅拌机等建筑机械大都是采用交流电动机驱动的。控制电路的首要功能是控制电动机的动作（启动、制动、反转、调速等），另一种功能是保障安全运行，第三种功能是实现自动、远距离和多点控制。内容包括启动电路、制动电路、正反转电路、调速电路、安全保护电路和整机控制电路。

一、交流电动机的启动电路

（1）鼠笼式电动机的启动电路

1）直接启动。直接启动的优点是设备简单、操作便利、启动过程短。由于启动电流过大，直流电动机一般不允许直接启动。对于额定功率小于 7.5kW 异步电动机是允许直接启动的，这时启动电流不是太大（约是额定电流的 4～7 倍），启动时间很短（小型电动机小于 1 秒，大型电动机约为十几秒到几十秒），只要不是很频繁的启动，电动机就不会过热损坏。直接启动还要求电网的容量足够大（大于电动机容量的 25 倍）。若电源容量小，直接启动会影响邻近电气设备的正常运行。

直接启动可以采用三相闸刀开关、空气开关、转换开关、铁壳开关和磁力启动器来实现。磁力启动器由交流接触器和热继电器两部分组成，是一种性能较好的全压启动装置。采用接触器的自动启动电路的原理图，见图 7—12，它具有欠压、失压保护作用，操作方便，且能实现远距离控制。

工作原理如下：按下启动按钮 SS，接触器线圈 KW-Y 通电，主触头闭合，电动机运转。主触头闭合的同时和 SS 并联的常开辅助触头 KW-S 也闭合，故松开 SS 后（指令信号消失）电机仍能保持运行，辅助触头起到了记忆启动指令的作用。

按下停车按钮 ST，线圈 KW-Y 断电，主触头释放，电机停转，主触头释放的同时辅助触头 KW-S 也释放，故松开 ST 以后，电机保持停转，辅助触头起到了记忆停车指令的作用。

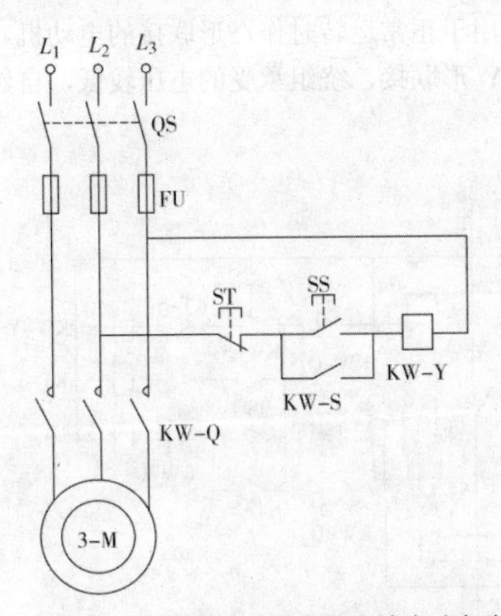

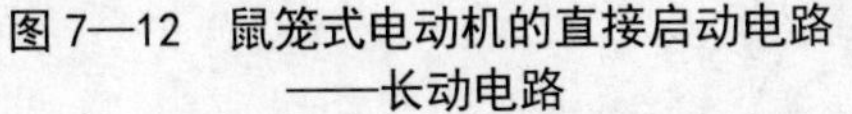
图7—12　鼠笼式电动机的直接启动电路
——长动电路

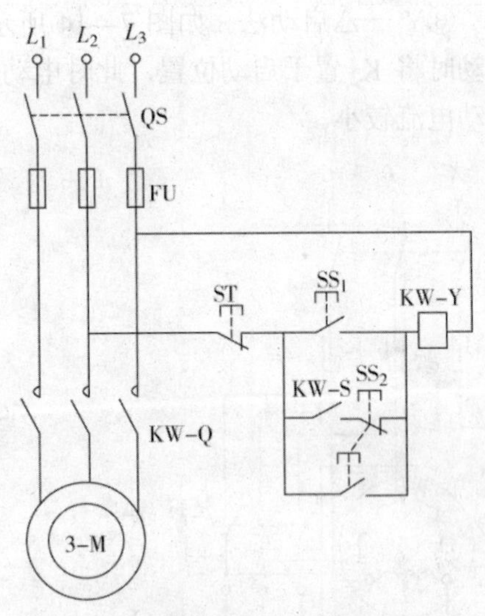

图7—13　鼠笼式电动机直接启动电路
——长动、点动联合电路

上述电路当指令信号消失以后，仍能按指令的要求工作，这种特性称自锁作用。起记忆作用的辅助触头使电路实现了自锁，故它又叫自锁触头。

当电源突然中断（失压）时，接触器释放；自锁触头断开。当电源恢复时，电动机不能自行恢复运转，需要重新启动，这就是失压保护作用。在这种失压的情况下．如采用闸刀开关、转换开关，电动机就会自行恢复运转，而可能引起事故。因此，目前建筑施工现场已禁止使用刀闸开关和转换开关。

当电源电压过低（欠压）时，接触器会因线圈的吸力不足而释放，从而可以避免因负载电流过大，使电动机损坏，这就是欠压保护作用。

有些情况（如起重机开始提起工件和使工件准确就位时）需要电动机短时间运行，称点动。点动启动电路要达到按下SS电动机转动．松开ST电动机就停转的要求。点动启动电路很简单，只要把图7—12电路（可称为长动启动电路）中的ST短路、自锁触头开路，只用一个SS就可以了。

实际工作中，有时既需要电机点动义需要电机长时间运行（长动）。图7—13所示的电路能满足点动和长动两种需要。

显然，当点动按钮SS_2未按下时，该电路和图7—12是一样的。把SS_2按下时（上连断开，下连接通），电机运转。但由于自锁触头被SS_2的上连断开，失去了自锁作用，所以松开SS_2时，电机停止运转。

2）降压启动电路

常用的降压启动方法有下面几种。

①电阻启动法。是在定子电路中串接电阻的启动方法。启动时串入电阻R限制启动电流，电动机转速升高后将R短路。采用这种方法R要消耗大量电能。

②电抗器启动法。在定子电路中串联电抗器的启动方法。同上述方法类似，把R换成电抗器即可，这种方法的缺点是电抗器比较笨重。

③Y 一△启动法。如图 7—14 所示，适用于正常运转时作△形联接的电动机。启动时将 K_2 置于启动位置，此时电动机作 Y 形联接，绕组承受的电压较低，自然启动电流较小。

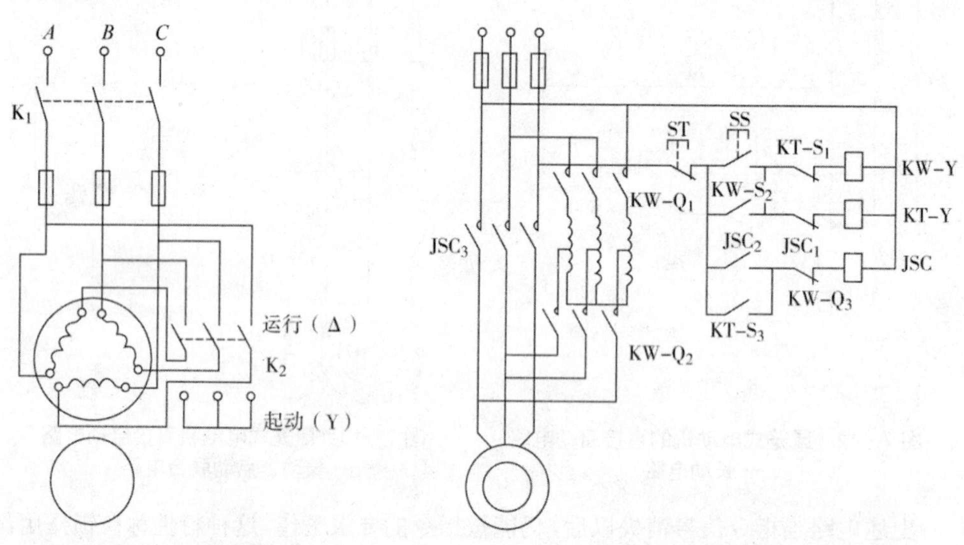

图 7—14 鼠笼式电动机的 Y—A 降压启动法电路图

图 7—15 鼠笼电动机的自耦变压器降压启动法电路图

电动机转速升高后将 K2 倒向运行位置，使电动机作△形联接。该方法的优点是启动设备的费用小，启动过程中没有电能损失。但启动转矩只有直接启动的 1 / 3。

④自耦变压器启动法。如图 7—15 所示，按下启动按钮 SS，接触器线圈 KW—Y 通电，常开主触头 $KW-Q_1$、$KW-Q_2$ 闭合（辅助触头 $KW-Q_3$ 打开），自耦变压器被接入电路，电动机开始启动。KW-Y 线圈通电的同时延时继电器的线圈 KT-Y 也通电，但触头 $KT-S_1$ 要延时一段时间才断开，故不影响 KW 的吸合。此时虽然 $KT-S_3$ 是闭合的，但是 $KW-Q_3$ 打开了，故接触器 JSC 的线圈不通电。

当启动完毕（延迟时间终了）时，$KT-S_1$ 打开（$KT-S_2$、S_3 仍然闭合）KW 释放，自耦变压器被切除。KW 释放的同时，接触器 JSC 的线圈通电（因为 $KT-S_3$ 保持闭合，$KW-Q_3$ 恢复闭合），JSC 的主触头 JSC_3 闭合，电动机进入正常运转状态。触头 JSC2 闭合形成自锁。互锁触头 JSC_1 打开，线圈 KT-Y 断电，$KT-S_1$ 恢复常闭，$KT-S_2$、$KT-S_3$ 恢复常开，为下一次启动做好了准备。

自耦变压器启动法适用于容量较大的鼠笼式电动机。

（2）线绕式电动机的启动电路

1）电阻器启动法这种方法采用在电动机的转子回路中串入电阻来限制启动电流和增大启动转矩，如图 7—16 所示。

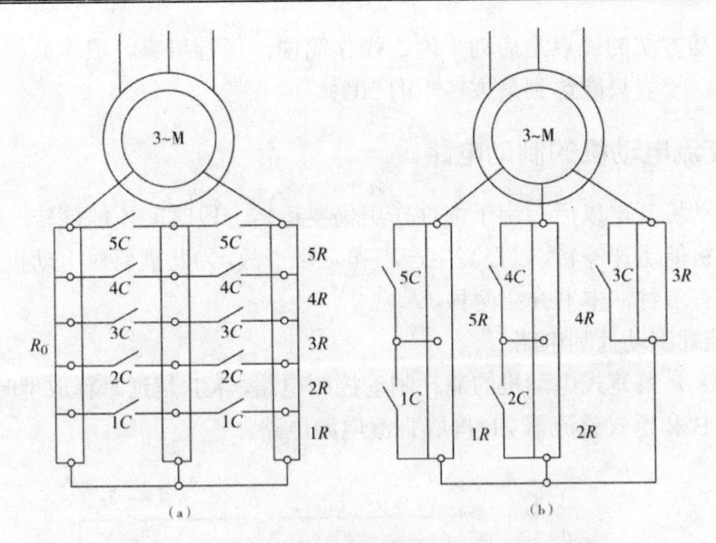

图 7—16 线绕式电动机电阻器启动法的电路图

（a）三相对称式；（b）三相不对称式

图（a）是三相对称式，图（b）为三相不对称式，后者没有前者的性能好，但电路简单。该电路常采用控制器逐段切除和接入电阻。电阻启动电路还能用来调速，但要采用调速变阻器。启动变阻器是按短时间运用设计的，长期通过电流会因过热而损坏。

2）频敏变阻器启动法频敏变阻器实际上就是一个三相铁芯线圈，它的铁芯南几块 30～50mm 的方钢叠装而成，阻抗随其线圈中通过的电流的频率而变。当线圈中电流的频率较高时，一方面铁芯的涡流损耗增大，使线圈的等效电阻增大，另一方面线圈的感抗增大，结果频敏变阻器的阻抗随电流频率的升高而显著加大。频敏变阻器启动法的电路图见图 7—17。

开始启动时，转子电流（即频敏变阻器线圈中通过的电流）频率最高，等于电源频率，频敏变阻器的阻抗最大，从而限制了启动电流。随着电动机转速的升高，转子电流频率逐渐降低，频敏变阻器的阻抗也逐渐降低，这好像在电阻启动法中逐段把启动电阻切除一样。启动完毕时应把频敏变阻器从转子电路中切除，使转子绕组短接。

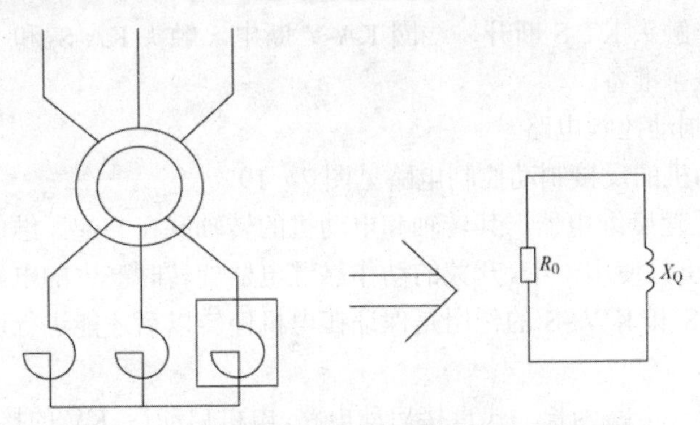

图 7—17 线绕式电动机频敏变阻器启动法的电路图

这种启动方法的优点是启动平滑，操作简便，运行可靠，成本低廉；缺点是启动转矩不高，一般只能达到最大转矩的50%。

二、交流电动机的制动电路

交流电动机断电以后，南于惯性作用仍要运转一段时间才能停转。某些生产机械要求电动机能迅速停转，以提高生产率和防止事故，为此需要对电动机进行制动。制动的方法有多种，本书介绍两种。

（1）能耗制动控制电路

图7—18是鼠笼式电动机的能耗制动控制电路，KT是延时释放型时间继电器，降压变压器B和桥式整流器ZL构成直流电源电路。

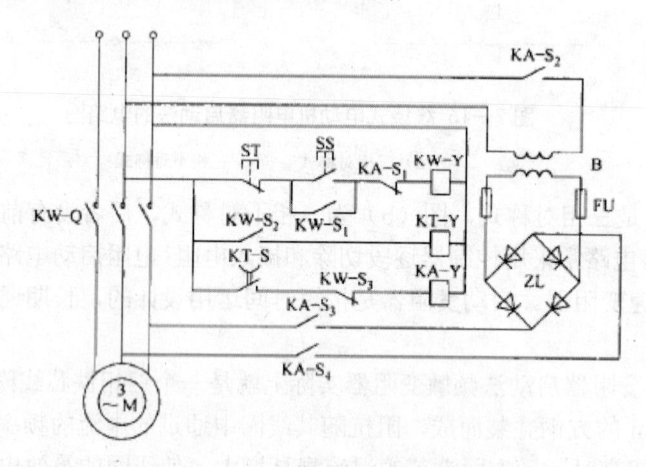

图7—18 鼠笼式电动机的能耗制动电路图

电动机启动后，触头KW-S_2闭合，时间继电器线圈KT-Y通电，KT-S闭合，但KW-S_3是断开的，故继电器线圈KA-Y不通电，KA-S_2和KA-S_4断开，直流电源电路不工作，和主电路相隔离。

当按下停车钮ST时，KW-S_2断开，KT-Y断电，但触头KT-S要延迟一段时间才断开，而此时KW-S_3恢复闭合，故KA-Y通电，触头KA-S_3和KA-S_4闭合，直流电源电路工作，给电机的定子绕组提供了制动电流。电动机开始制动。制动完毕（延迟时间到）时，触头KT-S断开，线圈KA-Y断电，触头KA-S_2和KA-S_4断开，为下一次制动做好了准备。

（2）反接制动控制电路

鼠笼式电动机的反接制动控制电路见图7—19。

图中KV是速度继电器，其转轴和电动机的转轴联在一起。继电器内有两个单刀双掷开关，这里只使用一个。开关的动作靠继电器旋转时产生的电磁力矩来控制。常闭触头KW1-S和KW$_2$-S的作用是保证在电机停转以后才能进行反接，以免造成事故。

电动机的启动电路为长动式直接启动电路，电机启动后，KV的接头2—1闭合，

KV-S 闭合。停机时，按下双联钮 ST，电机停转，接着线圈 KW_2-I 通电，辅助触头 KW_2-S 闭合自锁，主触头 KWz-Q 闭合，电机被反接，电机开始制动。当电机的转速很低时，KV 的触头 2—1 断开，KV-S 断开，接触器 KW_2 释放，制动完毕。KV 的作用一是控制制动过程自动结束，二是防止电机反向启动。当电机的速度为零时如还不切断电源，电机就会反向启动，这在某些场合是不允许的。为保险起见，一般把 KV 设计成当电机转速为 100 转 / 分左右时原闭合的触点打开，使反接制动结束。

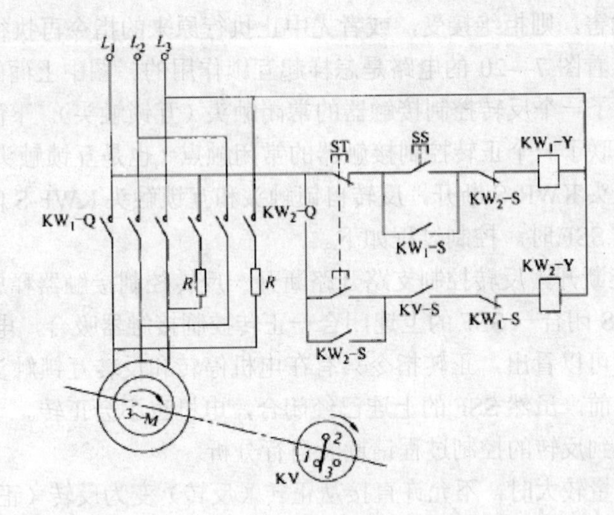

图 7—19　鼠笼式电动机的反接制动电路图

三、交流电动机的正反转和调速电路

（1）正反转电路

众所周知，为了使三相交流电动机反转，只要互换任意两根电源线即可。采用倒顺开关的电动机反转电路比较简单，这里就不讲了。用接触器控制电动机正反转的电路见图 7—20。

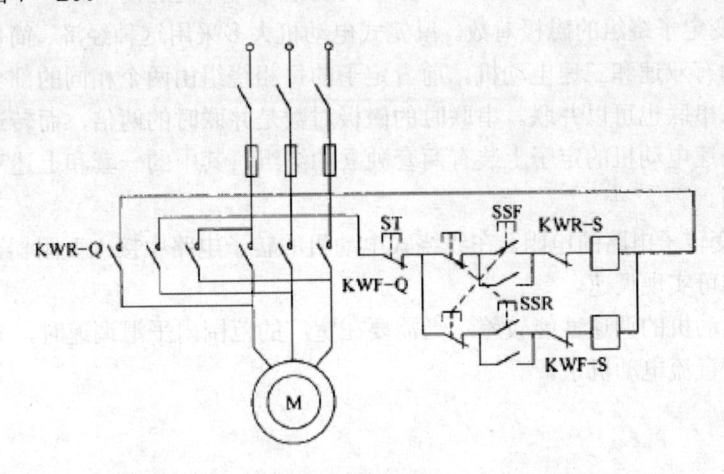

图 7—20　用接触器控制电动机正反转的电路图

下面分析该电路的原理。

我们先把电路简化，设反向按钮 SSR 上连、正向启动按钮 SSF 的下连和正反转辅助触头短路，剩下的电路就是共用一个停车按钮 ST 的两套直接启动电路。这种电路也可以控制电机的正反转，但是当操作者不慎把正反转启动按钮同时都按下时会造成相间短路。为了防止这种情况，要求控制电路有互锁保护功能。所谓互锁，是说当电机正转（反转）时，电路不接受反转（正转）指令，或者先让电机停转，再让电机反转（正转）。抽象一点讲：当电路正在执行某一指令时，对于新的指令如果同时执行它有危害，则拒绝接受，或者先中止执行原来的指令再执行新的指令。

下面我们再看图 7—20 的电路是怎样起互锁作用的。图中上面的支路是正转控制电路，它串联了一个反转控制接触器的常闭触头（互锁触头）。下面的支路是反转控制电路，它串联了一个正转控制接触器的常闭触点（也是互锁触头）。先设电机正在反转，互锁触头 KWR-S 断开，反转自锁触头和互锁触头 KWF-S 闭合。当按下双连正转启动按钮 SSF 时。控制过程如下。

SSF 的下连断开，反转控制支路开路断开一反转控制接触器释放、电机停转一互锁触头 KWR-S 闭合一 SSF 的上连闭合一正转控制接触器吸合，电机正转。

从以上分析可以看出，正转指令只有在电机停转和反转互锁触头闭合以后才能被执行，在此之前，虽然 SSF 的上连已经闭合，电机也不会正转。

电机从正转到反转的控制过程请读者自行分析。

电动机的容量较大时，不允许直接从正转（反转）变为反转（正转），必须先停车，再反转（正转）。这种情况下的控制电路比图 7—20 还要简单，把 SSF 的下连、SSR 的上连短路即可（自然此时 SSF 和 SSR 可以改用单连按钮）。请读者自己画出电路图，并分析它的互锁保护作用。

（2）调速方法

异步电动机的主要调速方法有以下三种：

1）改变电源频率。即变频调速，这种方法必须有专门的变频设备。而变频设备技术复杂，成本较高。该方法已在部分塔机及施工升降机上使用。

2）改变定子绕组的磁极对数。鼠笼式电动机大多采用这种经济、简便的方法调速。常见的有双速和三速电动机。前者定子的每相绕组由两个相同的部分组成，这两部分可以串联也可以并联。串联时的磁极对数是并联时的两倍，而转速为并联时的一半。三速电动机的定子上装有两套独立的绕组，其中的一套和上述双速电动机的绕组相同。

3）改变转子电路的电阻。在线绕式电动机的转子电路中接入变阻器，改变变阻器的阻值即可实现调速。

异步电动机的调速性能较差。当需要在宽广的范围内平滑调速时，异步电动机只有让位给直流电动机了。

第2单元　供电线路与安全供电

建筑机械安全用电包括两方面，一方面是确保供电安全，其次要确保机械使用过程中的安全。要做到供电安全，先要了解有关供电线路的知识。

第1讲　供电线路安全

供电线路由变压器线路和低压配电线路两部分组成。从高压架空引入线到低压引出线间的线路称变压器线路，从低压引出线到用电设备间的线路叫低压配电线路。

一、变压器线路

大型建筑工地设有室内变电所，较小的工地常用柱上变压器作为简单的露天变电所（称柱上变电所）。常用的变压器主接线路图如图7—21所示。

图7—21中的1为高压架空引入线。为防止雷电过电压的危害，在引入线的人口处安装了避雷器3；2为高压开关；图中画的是跌落式熔断器；要根据变压器容量的大小和安装环境选用合适的高压开关。如容量大于1000kVA．要同时采用隔离开关和断路器，隔离开关应安装在断路器之前；如容量小于1000kVA，要采用负荷开关和熔断器。其中630kVA以下的户外变压器可只采用跌落式熔断器（兼作隔离开关），30kVA以下的室内变压器可采用隔离开关和户内式高压熔断器。7是总配电箱。

为了测量和继电保护的需要安装了电流互感器6。根据需要还可以安装电压互感器、测量仪表和移相电容网络，以满足测量和功率因数补偿的需要。

低压三相供电系统有三相三线制和三相四线制两种，即中性点不接地工作制和中性点直接接地工作制。图7—21画出的是三相四线制，5是变压器中性线。两种工作制相比较，三相四线制有较明显的优点，如能降低系统内部的过电压倍数，动力和照明能共用一条线路等。建筑工地一般采用三相四线制供电系统。

二、低压配电线路

低压配电线路有放射式和树干式，如图7—22所示。从总配电箱Z中引出了3条支路，构成了放射式，支路的具体配电形式为树干式。放射式适用于有集中负荷的地方。供电的可靠性较大，但导线和低压电器也用得较多。树干式适用于负荷比较均匀分布的场所，其优点是导线和低压电器用得少，但供电可靠性较差。建筑工地大都以树干式为主，兼用两种形式配电。

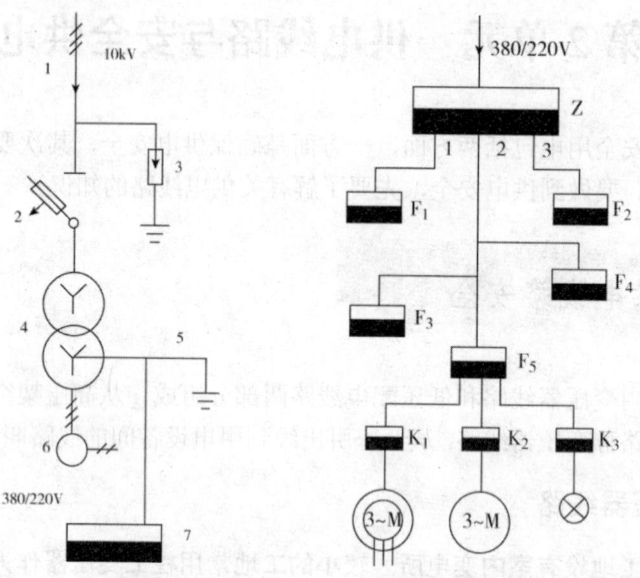

图 7—21 变压器的主接线路图

1-架空引入线；2-跌落式熔断器；

3-避雷器；4 一变压器（Y / Y_0接法）；

5-变压器中性线；6-电流互感器；7 总配电箱

图 7—22 低压配电线路图

Z-总配电箱；F_1～F_5一分配电箱；

K_1～K_3-开关箱

施工现场低压电力系统配电原则：

建筑施工现场临时用电工程专用的电源中性点直接接地的 220V / 380V 三相四线制低压电力系统，必须符合下列规定：

1）采用三级配电系统。即：总配箱→分配电箱→开关箱。

2）采用二级漏电保护系统。即：总配电箱和开关箱内均要安装漏电保护器。

3）采用 TN—S 接零保护系统。即：“三相五线制”接线系统。

总配电箱应设在靠近电源的地方。总配电箱应装设总隔离开关、分路隔离开关和总熔断器、分路熔断器，或总自动开关和分路自动开关，以及漏电保护器。总配电箱应装设电压表、总电流表、总电度表及其他仪表。

分配电箱应装设在用电设备相对集中的地方。分配电箱应装设总隔离开关、分路隔离开关和总熔断器、分路熔断器，或总自动开关和分路自动开关。动力分配电箱和照明分配电箱宜分别设置，如图 7—22 中的 F_1 和 F_2。如合置在同一配电箱内，动力和照明线路应分路设置，如图 7—22 中的 K_1 和 K_2。

开关箱供控制单台用电设备使用，开关箱内应装漏电保护器。

实际的低压配电线路有架空线路和电缆线路两种。电缆线路（多数埋设在地下）运行可靠，能使环境美观，但投资大，检修困难。架空线路施工容易，取材方便、投资少，但运行可靠性差，受风雨、冰雪、雷电等自然条件的影响大。

架空线路由导线、电杆、横担、绝缘子等组成。

常用的导线有铝绞线、钢芯铝绞线、铜绞线等。铝绞线质量轻，但机械强度较小（拉断应力约 157～167MPa），对化学腐蚀的抵抗力较差；比铜线的导电率小（约是铜的 60%）。钢芯铝绞线是加了钢线的铝绞线，机械强度提高了。铜绞线的导电率、机械强度和抗化学腐蚀的能力都优于铝绞线。施工现场的架空线路一般采用铜绞线。

导线还可分为裸线和绝缘线。裸线外面没有绝缘护层，绝缘线的外面有橡胶或塑料护层。配电线路常采用后者。

常用的电杆有木杆和钢筋混凝土杆，木杆的绝缘性能好，重量轻，容易架设，但易腐蚀。钢筋混凝土杆虽较笨重，但使用年限长、机械强度大。为节约紧缺的木材，提倡多采用钢筋混凝土杆。其长度有 6、7、8、9、10、12、15m 等多种。

电缆由缆芯、绝缘层和保护层组成。缆芯由多股铜或铝线绞合而成，用多股线的目的是使电缆容易弯曲。电缆的截面有圆形和扇形，绝缘层分油浸纸绝缘、橡胶绝缘、塑料绝缘等。作用是使缆芯之间、缆芯与保护层之间互相绝缘。保护层分内、外保护层。内保护层有铅包、铝包、聚氯乙烯包等，用以保护绝缘层。外保护层有麻被护层、钢铠护层等，

图 7—23 某建筑工地的供电平面图用以保护电缆在运输、敷设过程中免受机械损伤。有的电缆在内、外保护层之间还有防腐层。

电缆可以暗设也可以明设，暗设可以沿电缆隧道或电缆沟敷设。也可以直接埋在地下。埋设深度要在 0.7m 以下。

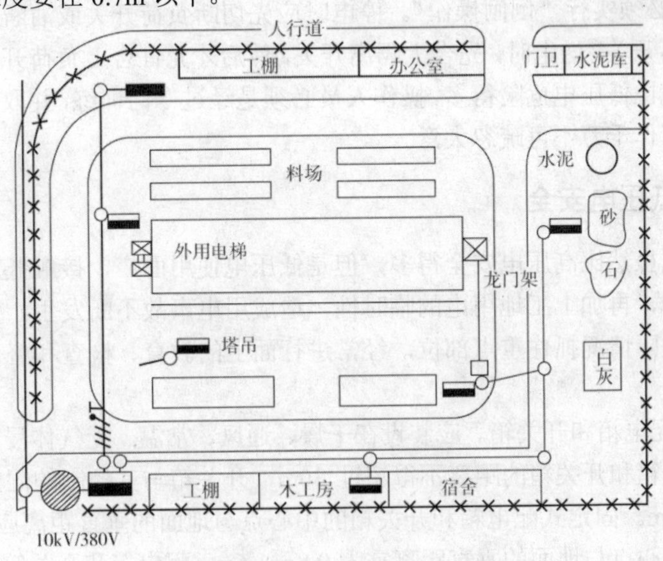

图 7—23 是某建筑工地的供电平面图

第 2 讲　高、低压的安全供电

供电安全分高压电安全和低压电安全（包含照明安全）两部分。为了供电安全。要严格遵守下述规定：

一、高压电安全

（1）变电所位置的选择。选择变电所位置时要综合考虑以下因素：靠近高压线，接近用电负荷中心，便于大型设备（如变压器、配电屏）的运输，附近没有易燃、易爆物质，避开地势低洼、有腐蚀性气体、容易沉积可燃物和导电尘埃的场所等。

（2）三点共同接地。对于架空配电网，为防止雷电过电压的危害，将变压器的中性点、变压器外壳和避雷器的接地引下线共同接在一个接地装置上，称三点共同接地。三点共同接地的好处是当避雷器动作时，加在变压器线圈及外壳上的电压仅为避雷器上的残压。而分别接地时为避雷器上的残压再加上雷电流在接地装置上产生的电压降，容易导致变压器绝缘的损坏。

（3）安全操作制度。要实行工作票制度；要有安全监护人；要悬挂警告牌：如“不许合闸，有人工作”、“高压危险”等；要使用安全工具。高压安全工具有：绝缘棒、验电器、绝缘夹、绝缘手套、绝缘橡皮靴、绝缘台、绝缘垫等。安全工具使用前要认真检查，完好无损方可使用。使用安全工具时还要注意：无特殊防护装置的绝缘棒，不允许在下雨或下雪时进行室外操作，潮湿天气的室外操作不允许用无特殊防护的绝缘夹，等等。操作时，人体与带电体的距离要大于最小安全距离，如对于 10kV 的带电体，最小安全距离为 0.7m。

（4）必须实行“倒闸操作”。停电时应先切断负荷开关或油断路器，然后才允许切断隔离开关；送电时，先合上隔离开关，然后才允许合上负荷开关或油断路器。

高压电比低压电危险得多，操作人员必须是经过专门训练，并取得相应证书者，安全管理工作千万不可疏忽大意。

二、低压电安全

低压电虽然比高压电安全得多，但是低压电使用面广，接触低压电的人数多、安全知识少，再加上工地用电的临时性，造成用电事故不断发生。安全管理人员要善于根据实际情况抓住重点部位，经常进行面上的教育、检查和督促，方能有效地减少事故。

（1）配电箱和开关箱。应装设在干燥、通风、常温、无气体侵害、无振动的场所。分配电箱和开关箱的距离不得超过 30m，开关箱与其控制的固定式用电、设备不宜超过 3m。固定式配电箱和开关箱的中心点与地面的垂直距离应为 1.4～1.6m，移动式的中心点与地面的垂直距离宜为 0.8～1.6m。配电箱和开关箱的金属箱体、金属电器安装板和箱内电器不应带电的金属底座、外壳等必须作保护接零。必须实行“一机一闸”制，严禁用同一个开关电器直接控制两台（含两台）以上的用电设备（含插座）。要正确选用开关电器，手动开关电器只许用于直接控制照明电路和容量不大于 5.5kW 的动力电路；容量大于 5.5kW 的动力电路采用自动开关电器或降压启动装置来控制。低压配电的操作顺序如下。送电顺序：总配电箱一分配电箱一开关箱；停电顺序相反。紧急故障情况除外。检查、维修人员必须是专业电工，检查、维修时要使用安全工具，悬挂警告牌，严禁带电作业。

（2）配电线路。架空线必须采用绝缘线，架设在专用的电杆上，严禁架设在树木、脚手架上。导线的截面面积除了满足载流量的需要外，还要满足机械强度的需要。要架设专用的保护零线（PE 线），架空线路的导线相序排列是：面向负荷从左侧起为 L1、N、L2、L3、PE。架空线路的挡距不得大于 35m，线间距离不得小于 0.3m。架空线路与邻近线路或设施的距离应符合有关规范。架空线路的机械强度要能经受得住恶劣自然环境（狂风、暴雨等）的考验。

电缆干线应采用埋地或架空敷设，严禁沿地面明设。电缆在室外直接埋地敷设的深度应不小于 0.7m，橡皮电缆架空敷设时，应沿墙或电杆设置，并用绝缘子固定，严禁使用金属裸线作绑线，最大弧垂距地不得小于 2.0m，进入在建高层建筑的电缆必须埋地引入，同定点每层不得少于一处，水平敷设时的最大弧垂不得小于 2.0m。

（3）照明线路。照明线路需要单独配电时，配电线路形式和低压电器的配备可以参照前面讲到的一般低压配电的线路的相应内容。必要时设置事故照明线和应急照明装置。注意要维持三相电路的平衡。选择熔丝时，其额定电流应不大于 1．5 倍的负荷电流。每条单相照明支线的电流不宜超过 15A，照明器和插座不宜超过 25 个。这一方面是为了提高供电的可靠性，防止一处短路造成的停电面积过大。另一方面是出于安全上的考虑，防止在只有个别照明器工作的情况下，熔丝的额定电流相对来说过大，保险作用很差。照明器、开关的安装应牢同可靠。室内 220V 灯具距地面不得低于 2.5m，拉线开关距地面高度为 2～3m，其他开关不应低于 1.3m。明装插座不应低于 1.3m。

严禁将插座和扳把开关靠近装设，严禁在床上装设开关。单相开关应装在火线上。对于螺口灯头，火线应接在和中心触头相连的一端，零线接在与螺纹口相连的一端。不准非电工人员乱拉线、乱接灯。

应根据不同的环境选用不同的照明器。正常湿度时选用开启式照明器；比较潮湿时选用密封型、防水、防尘照明器，或配有防水灯头的开启式照明器；有大量灰尘但无爆炸和火灾危险的场所，选用防尘照明器；有爆炸和火灾危险的场所，选用防爆型照明器；振动较大的场所，选用防振型照明器；有酸碱强腐蚀性的场所，选用耐酸碱型照明器。

还应根据不同的环境选用不同的照明电源电压。一般场所选用 220V 电源供电。隧道、人防工程。有高温、导电灰尘或灯具离地面高度低于 2.5m 等场所的照明，电源电压应不大于 36V；潮湿和易触及带电体场所的照明，电源电压应不大于 24V；特别潮湿的场所、导电良好的地面、锅炉或金属容器内的照明电源电压应不大于 12V。行灯的电源电压应不超过 36V。照明变压器必须是双绕组型，严禁使用自耦变压器。

第 3 单元　建筑机械的安全保护电路

安全保护电路多种多样，是电气控制电路的重要组成部分。用来保护电动机的有短路保护、过载保护、缺相保护、失压保护、欠压保护等。用来保护建筑机械的有限位保护、超重保护和操作手柄零位保护等，这部分内容由于篇幅所限，请读者参考相关书籍。根据原理的不同．保护电路可分为自锁电路、互锁电路和联锁电路等，前面已讲过自锁、互锁电路，本节最后介绍联锁电路。

第1讲 短路保护

一般在主电路和控制电路中均应设置短路保护装置。当有多台电动机的分支电路时，还应设置各支路的短路保护装置，但对于容量较小的支路可以2～3条支路共用一组保护装置。

对于 500V 以下的低压电动机一般采用熔丝和自动开关进行短路保护。采用熔丝时，如果只有一相电路的熔丝熔断则会造成电动机缺相运行。采用自动开关实行无熔丝保护能避免这个缺点，但是费用稍高。

第2讲 过载保护

长期工作的电动机都应安装过载保护装置，短时工作的电动机可不安装。

需要注意的是，熔断器可以用作照明线路或其他没有冲击负荷设备的过载保护，但对于有冲击负荷的设备（如电动机，其启动电流很大）只能用作短路而不能用作过载保护。这是因为电动机的启动电流 I_q 比额定电流 I_e 大许多倍[对于鼠笼式电机 I_q=（4～7）I_e]，为防止电动机启动时熔丝熔断，熔丝的额定电流要选得较大，这样当电动机过载时熔丝要很长时间才能熔断，达不到过载保护的目的。

第3讲 缺相保护

缺相运行保护属于过载保护的范围，但现行的过载保护装置不能完全满足缺相保护的要求。据统计，因缺相运行烧坏的电动机占电机绕组修理量的 50%。所以这里单独研究一下缺相保护。

电动机的缺相运行分为启动前缺相和启动后缺相。缺相的原因有：接头脱离，插头插座接触不良，熔丝熔断，继电器、接触器的触头失灵，电源变压器缺相，绕组内部断线等。

如在启动前缺相，电动机会因没有启动转矩而不能启动，虽然两相启动电流为正常启动电流的 87%，但仍为额定电流的 5～6 倍，时间稍长就会烧毁通电的两组绕组。

如在启动后缺相，对于Y形接法的电动机。通过两绕组的电流为额定电流的 1.9 倍，中性点偏移，相电压升高，因此会烧毁绕组或破坏电机绝缘；对于△形接法的电动机，其巾一相的电流是其他两相的 2 倍，为额定电流的 2. 2 倍，也会烧毁电机。

常采用的缺相运行保护的措施有下面几种：

一、采用热继电器进行缺相保护

具有两组发热元件的热继电器不但能满足过载保护的需要，也能满足 Y 形接法电动机的缺相保护需要。但对于△形接法的电动机可能不起缺相保护作用。这是因为△形接法的电动机缺相运行时只有一相电流增大，如果电流增大的那一相正好没有接发热元件，则热继电器就不能起到缺相保护的作用。所以，对于△形接法的电机要采用有三组发热元件的热继电器进行缺相运行保护。

二、采用欠电流继电器进行缺相保护

其电路见图 7—24，若一相中的电流大幅度减小或消失时，继电器就会动作，切断控制回路。该方法比较可靠，但价格较高。

三、采用零序电压继电器进行缺相保护

参看图 7—25（a），在中性点接地的三相平衡供电系统中 Y 形接法的电动机中点对地电压（零序电压）在理论上为零。当一相断开时，中性点偏移，零序电压不再为零，而升高到 25～45V，结果零序电压继电器动作，将电源切断。该方法如用在三相不平衡系统中会有误动作，故农村供电系统，照明、动力共线系统不宜采用。对于△形接法的电机可以制造人为中性点，见图 7—25（b）。

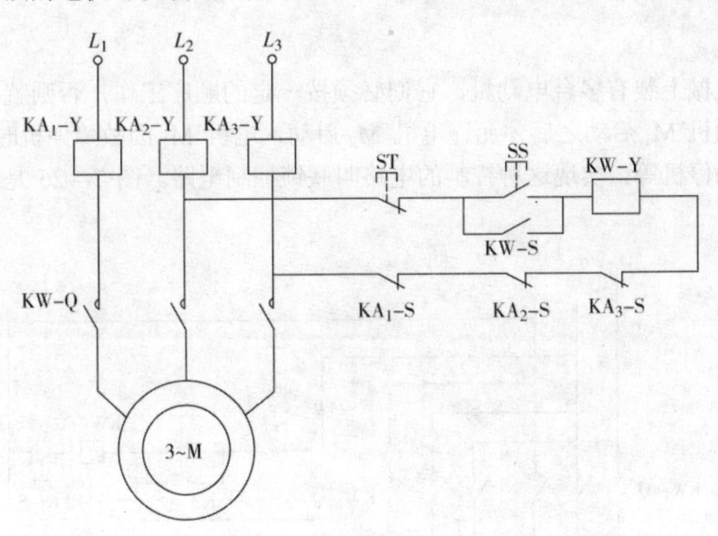

图 7—24　采用欠电流继电器进行缺相保护的电路图

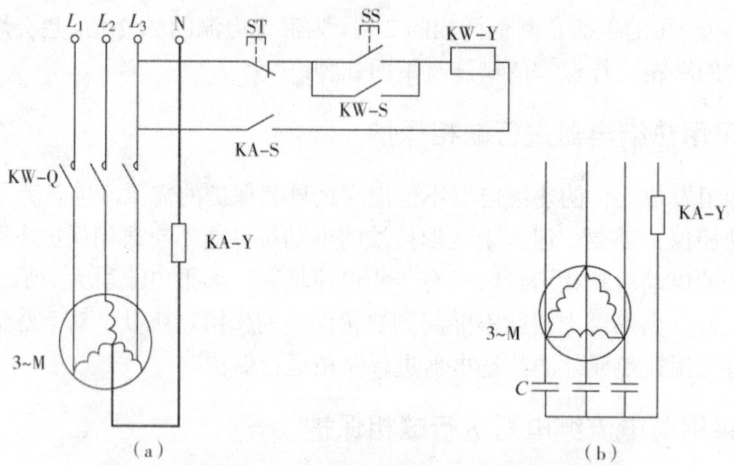

图 7—25 采用零序电压继电器进行缺相保护的原理图

(a) Y 形接法；(b) △形接法

第 4 讲　失压保护和欠压保护

已在第一节图 7—12 中讲过。目前市场上已有多功能的电机保护装置出售。

第 5 讲　联锁保护电路

有些机械上装有多台电动机，它们必须按一定的顺序工作，否则就要出事故。如要求电动机 M_1 启动之后才允许电机 M_2 启动，电机 M_1 因故障停机时电动机 M_2 也必须自动停机等，实现这种控制的电路叫联锁控制电路。图 7—26 是一种联锁控制电路。

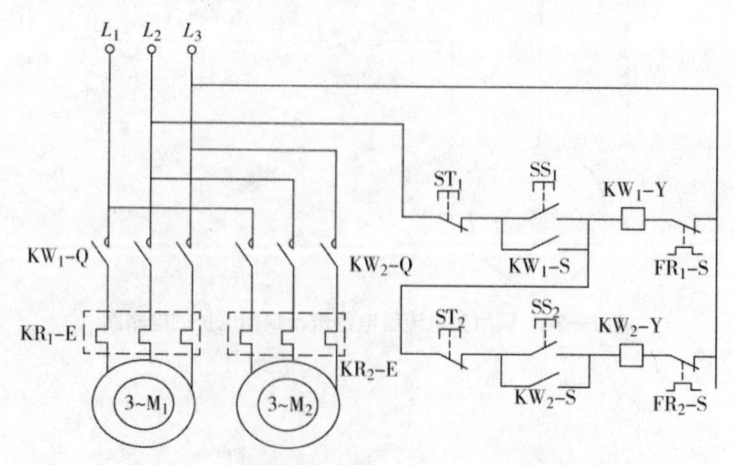

图 7—26　电动机联锁控制的电路图（带热继电器过载保护）

如果先启动电机 ME（按下 SS_2），南于触头 KW_1-S 是断开的，线圈 KW_2-Y 不通电。M_2 无法启动。只有 M_1 被启动后。KW_1-S 闭合自锁。才能启动 M_2。M_1 如因过流等原因停机，KW_1-S 断开，M_2 必然跟着停机。另外，M_1 和 M_2 共用一套熔断器图中未画出也具有联锁作用。熔丝熔断后两台电动机会同时停机。如各用一套熔断器。就可能造成 M_1 因熔丝熔断停机而 M_2 仍在运行的情况。

第 4 单元　建筑施工现场的安全供电

第 1 讲　施工现场临时用电的管理与要求

一、临时用电的管理规定

施工现场临时用电设备在 5 台及以上或设备总容量在 50kW 及以上者，应编制用电组织设计。临时用电组织设计及变更用电时，必须履行“编制、审核、批准”程序。由电气工程技术人员组织编制。经相关部门审核及具有法人资格企业的技术负责人批准后实施。

临时用电工程必须经编制、审核、批准部门和使用单位共同验收，合格后方可投入使用。

施工现场临时用电设备在 5 台以下和设备总容量在 50kW 以下者，应编制安全用电和电气防火措施。

临时用电工程应定期按分部、分项工程进行检查，对安全隐患必须及时处理，并应履行复查验收手续。

二、临时用电组织设计

施工现场临时用电组织设计应包括下列内容：

（1）现场勘测；

（2）确定电源进线、变电所或配电室、配电装置、用电装置位置及线路走向；

（3）负荷计算；

（4）选择变压器；

（5）设计配电系统：

1）设计配电线路，选择导线或电缆；

2）设计配电装置．选择电器；

3）设计接地装置；

4）绘制临时用电工程图纸，主要包括用电工程总平面图、配电装置布置图、配电系统接线图、接地装置设计图。

（6）设计防雷装置；

（7）确定防护措施；

（8）制定安全用电措施和电气防火措施。

三、供电线路的要求与防护要求

施工现场临时用电工程采用中性点直接接地的220／380V三相四线低压电力系统，必须符合下列规定：

（1）采用三级配电系统：总配电、分配电和开关箱；

（2）采用TN-S接零保护系统：机械设备的中心线和其金属外壳保护线分别接地；

（3）采用二级漏电保护系统：总配电和开关箱内装漏电保护器。

四、外电线路防护

（1）在建工程不得在外电架空线路正下方施工、搭设作业棚、建造生活设施或堆放构件、架具、材料及其他杂物等。

（2）在建工程（含脚手架）的周边与外电架空线路的边线之间的最小安全操作距离应符合表7—1规定。

表7—1 在建工程（含脚手架）的周边与架空线路的边线之间的最小安全操作距离

外电线路电压等级（kV）	＜1	1～10	35～110	220	330～500
最小安全操作距离（m）	4.0	6.0	8.0	10	15

（3）施工现场的机动车道与外电架空线路交叉时，架空线路的最低点与路面的最小垂—直距离应符合表7—2规定。

表7—2 施工现场的机动车道与架空线路交叉时的最小垂直距离

外电线路电压等级（kV）	＜1	1～10	35
最小垂直距离（m）	6.0	7.0	7.0

（4）起重机严禁越过无防护设施的外电架空线路作业。在外电架空线路附近吊装时，起重机的任何部位或被吊物边缘在最大偏斜时与架空线路边线的最小安全距离应符合表7—3规定。

表7—3 起重机与架空线路边线的最小安全距离（m）

电压kV	＜1	10	35	110	220	330	500
沿垂直方向安全距离	1.5	3.0	4.0	5.0	6.0	7.0	8.5
沿水平方向安全距离	1.5	2.0	3.5	4.0	6.0	7.0	8.5

第2讲 施工现场电工及用电人员要求

电工必须经过按国家现行标准考核合格后，持证上岗工作；其他用电人员必须通过相关安全教育培训和技术交底，考核合格后方可上岗工作。

安装、巡检、维修或拆除临时用电设备和线路，必须由电工完成，并应有人监护。电工等级应同工程的难易程度和技术复杂性相适应。

各类用电人员应掌握安全用电基本知识和所用设备的性能，并应符合下列规定：

（1）使用电气设备前必须按规定穿戴和配备好相应的劳动防护用品，并应检查电气装置和保护设施，严禁设备带“缺陷”运转；

（2）保管和维护所用设备。发现问题及时报告解决；

（3）暂时停用设备的开关箱必须分断电源隔离开关，并应关门上锁；

（4）移动电气设备时，必须经电工切断电源并做妥善处理后进行。

第3讲 配电箱、开关箱及其电器保护装置的设置要求

一、配电箱、开关箱的设置要求

配电系统应设置配电柜或总配电箱、分配电箱、开关箱，实行三级配电。

总配电箱以下可设若干分配电箱，分配电箱以下可设若干开关箱。分配电箱与开关箱的距离不得超过30m，开关箱与控制的同定用电设备的水平距离不宜超过3m。

每台用电设备必须有各自专用的开关箱，严禁用同一个开关箱直接控制2台及2台以上用电设备（含插座）。

动力配电箱与照明配电箱宜分别设置。当合并设置为同一配电箱时，动力与照明应分路配电；动力开关箱与照明开关箱必须分设。

配电箱、开关箱应装设端正、牢同。同定式配电箱、开关箱的中心点与地面的垂直距离应为1.4～1.6m。移动式配电箱、开关箱其中心点与地面的垂直距离宜为0.8～1.6m。

配电箱的安装板上必须分设N线端子和PE线端子板。N线端子板必须与金属电器安装板绝缘；PE线端子板必须与金属电器安装板做成电器连接。

进出线中的N线必须通过N线端子板连接；PE线必须通过PE线端子连接。

二、配电箱的电器保护装置设置要求

配电柜（总配电箱）应装设电源隔离开关及短路、过载、漏电保护电器装置。电源隔离开关分断时应有明显可见分断点。

开关箱必须装设隔离开关、断路器或熔断器，以及漏电保护器。当漏电保护器是具有短路、过载、漏电保护功能时，可不装设断路器或熔断器。

开关箱中的隔离开关只可直接控制照明电路和容量小于 3.0kW 的动力电路。容量>3．0kW 的动力电路应采用断路器控制，操作频繁时还应附设接触器或其他启动控制装置。

总配电箱中漏电保护器的额定漏电动作电流不应大于 30mA，额定漏电动作时间不应大于 0.1s．但其额定漏电动作电流与额定漏电动作时间的乘积不应大于 30mAs。

开关箱中漏电保护器的额定漏电动作电流不应大于 30mA，地下室、潮湿或有腐蚀介质的场所，其漏电保护器的额定漏电动作电流不应大于 15mA，其额定漏电动作时间均不应大干 0.1s。

配电箱与开关箱内的漏电保护器极数和线数必须与其负荷侧负荷的相数和线数一致。

配电箱与开关箱内电源进线端严禁采用插头和插座做活动连接。

漏电保护器每天使用前应启动漏电试验按钮试跳一次，试跳不正常时严禁继续使用。

第 4 讲 第电气设备的保护接地和保护接零

电气设备的保护接地和保护接零是保障用电安全的重要措施。

一、接地的有关概念

电气设备的某部分与大地之间做良好的电气连接，称为接地。接地体，或称接地极是指埋入地巿并直接与大地接触的金属导体；接地体又分人工接地体和自然接地体两种。前者是专门为接地而人为装设的接地体；后者是兼作接地体用的直接与大地接触的各种金属构件、金属管道及建筑物的钢筋混凝土基础等；连接接地体与设备、装置接地部分的金属导体，称为接地线。接地线在设备、装置正常运行情况下是不载流的，但在故障情况下要通过接地故障电流；接地线与接地体合称为接地装置；由若干接地体在大地中相互用接地线连接起来的一个整体，称为接地网。

二、接地的形式

电力系统和电气设备的接地，按其作用不同分为：工作接地，保护接地和重复接地等。

（1）工作接地

工作接地是为保证电力系统和设备达到正常工作要求而进行的一种接地，例如在电源中性点直接接地的电力系统中，变压器、发电机的中性点接地等。

电力系统的工作接地又有两种方式，一种是电源的中性点直接接地称大电流接地系统，一种是电源的中性点不接地或经消弧线圈接地，称小电流接地系统。建筑 6～10kV 供电系统均为中性点不接地或经消弧线圈接地的小电流接地系统。在 110V

以上的超高压和380 / 220V的低压系统巾多采用中性点接地的大电流接地系统。低压配电系统中工作接地的接地电阻一般不大于4Ω。

各种工作接地有各自的功能。例如电源中性点直接接地，能在运行中维持三相系统中相线对地电压不变；而电源中性点经消弧线圈接地，能在单相接地时消除接地点的断续电弧，防止系统出现过电压；电源的中性点不接地，能在单相接地时维持线电压不变，使三相设备仍能照常运行；至于防雷装置的接地，其功能更是显而易见的，不进行接地就无法对地泄放雷电流，从而无法实现防雷的要求。

（2）保护接地

电气设备的金属外壳可能因绝缘损坏而带电，为防止这种电压危及人身安全而人为地将电气设备的外露可导电部分与大地作良好的联接称为保护接地。保护接地的接地电阻不大于4Ω。保护接地的型式有两种：一种是电气设备的外露可导电部分经各自的PE线（保护线）分别直接接地（如在TT、IT系统中），我国电工技术界习惯称为保护接地；另一种是电气设备的外露可导电部分经公共的PE线（如在TN-S系统中）或PEN线（如在TN-C和在TN-C-S系统中）接地，我国电工技术界习惯称为保护接零。

IEC标准中，根据系统接地型式，将低压配电系统分为三种：IT系统、TT系统和TN系统。

1）TN系统。TN系统的电源中性点直接接地，并引出有N线，属三相四线制大电流接地系统。系统上各种电气设备的所有外露可导电部分（正常运行时不带电），必须通过保护线与低压配电系统的中性点相连（属于保护接零）。接零保护的作用是：当设备的绝缘损坏时，相线碰及设备外壳，使相线与零线发生短路，由于短路电流很大，迅速使该相熔丝熔断或使电源的自动开关跳脱，切断了电源，从而避免了人身触电的可能性。因此，接零保护是防止中性点直接接地系统电气设备外壳带电的有效措施。

按N线与保护线PE的组合情况，TN系统分以下三种形式：

①TN—C系统：简称三相四线制系统，这种系统的N线和PE线合为一根PEN（保护中性线）线，所有设备的外露可导电部分均与PEN线相连。当三相负荷不平衡或只有单相用电设备时，PEN线上有电流通过，其系统如图7—27所示，因而TN-C系统通常用于三相负荷比较平衡工业企业建筑，在一般住宅和其他民用建筑内，不应采用TN-C系统。

②TN-S系统：简称三相五线制系统，这种系统将N线和PE线分开设置，所有设备的外露可导电部分均与公共PE线相连。其系统图如图7—28所示。这种系统的优点在于公共PE线在正常情况下没有电流通过，因而，保护线和用电设备金属外壳对地没有电压。可较安全地用于一般民用建筑以及施工现场的供电，应用较广泛。

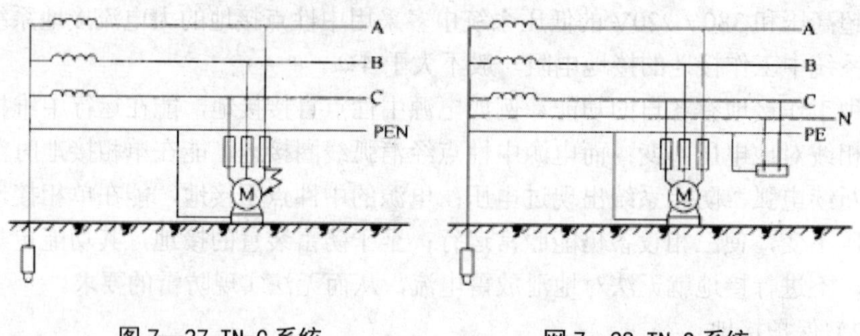

图 7—27 TN-C 系统　　　网 7—28 TN-S 系统

③TN-C-S 系统：在这种保护系统中，中性线与保护线有一部分是共同的，有一部分是分歼的，其系统图如图 7—29 所示。这种系统兼有 TN-C 和 TN-S 系统的特点。

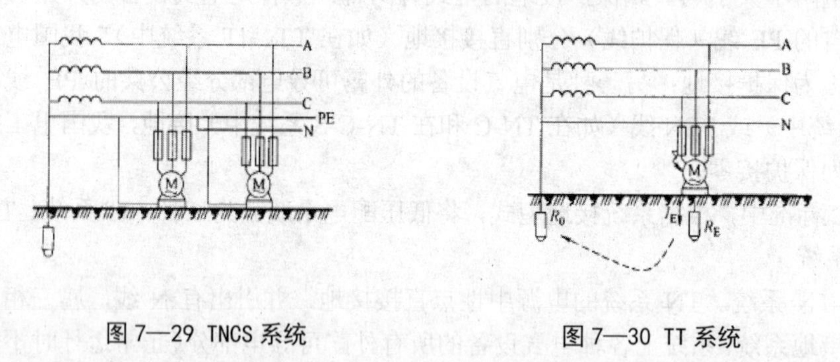

图 7—29 TNCS 系统　　　图 7—30 TT 系统

2）TT 系统。TT 系统的中性点直接接地，并引出有 N 线，而电气设备经各自的 PE 线接地与系统接地相互独立。TT 系统一般作为城市公共低压电网向用户供电的接地系统，即通常所说的三相四线供电系统。其系统图如图 7—30 所示。采用 TT 系统，应注意下列问题：

①在 TT 系统中，当用电设备某一相绝缘损坏而碰壳（图 7—31）时，若系统的工作接地电阻和用电设备接地电阻均按 4Ω 计算，不计线路阻抗则短路故障电流为 IE=220／（4+4）=27．5A。一般情况下，27．5A 的电流不足以使电路中的过电流保护装置动作，用电设备外壳上的电压为 27．5×4=110V，这一电压将长时间存在，对人身安全构成威胁。解决这一问题最实际有效的方法是装设灵敏度较高的漏电保护装置，使 IT 系统变得更加安全。漏电保护器 RCD 的动作电流一般很小（通常几十毫安），即很小的故障短路电流就可使 RCD 动作。切断电源，从而安全人身安全。需要注意的是安装 RCD 后，用电设备的保护接地不可省略，否则 RCD 不能及时动作。

②对 TT 系统或 TN 系统而言，同一系统中不允许有的设备采用接地保护，同时有的设备采用接零保护，否则当采用接地保护的设备发生单相接地故障时，采用接零保护的设备的外露可导电部分将带上危险的电压。例如图 7—31 中，用电设备 2 采用接零保护，用电设备 1 采用接地保护。当设备 2 发生相线碰壳故障时，由以上分析，零线 N 上带有 110V 的危险电压，将使用电设备 1 上也带上 110V 的电压。将

使故障设备上的危险电压“传递”到正常工作的用电设备 1 上，从而将事故隐患加以扩大，所以，在 TT、TN 系统中应卡十绝此类接线方式。

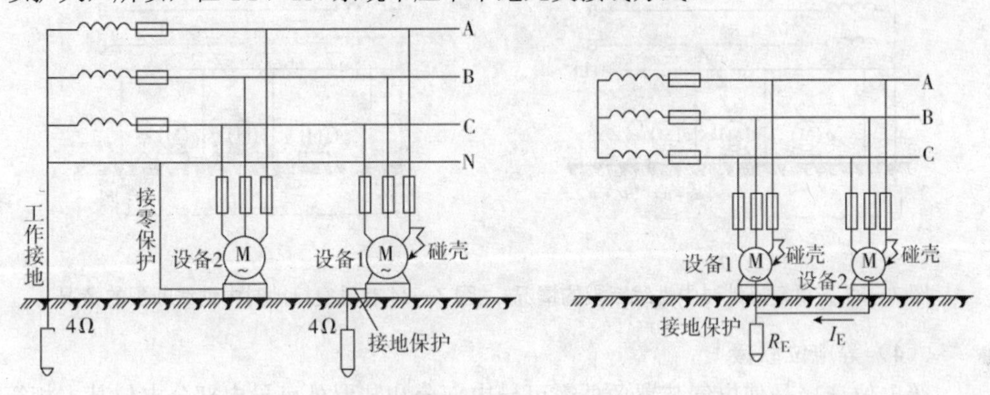

图 7—31 TT 系统巾的错误接线　　　　图 7—32 IT 系统

③在 TT 统中，能够被人体同时触及的不同用电设备，其金属外壳应采用同一个接地装置进行接地保护，以保证各用电设备外壳上的等电位。

3）IT 系统。在 IT 系统中，系统的中性点不接地或经阻抗接地，不引出 N 线，属三相三线制小电流接地系统。正常运行时不带电的外露可导电部分如电气设备的金属外壳必须单独接地、成组接地或集巾接地，传统称为保护接地。其系统如图 7—32 所示。该系统的一个突出优点就在于当发生单相接地故障时，其三相线电压仍维持不变，三卡日用电设备仍可暂时继续运行，但同时另两相的对地电压将由相电压升高到线电压，并当另一相再发生单相接地故障时，将发展为两相接地短路，导致供电中断，因而该系统要装设绝缘监测装置或单相接地保护装置。IT 系统的另一个优点与 TT 系统一样，是其所有设备的外露可导电部分，都是经各自的 PE 线分别直接接地，各台设备的 PE 线问无电磁联系，因此也适用于对数据处理、精密检测装置等供电。IT 系统在我国矿山、冶金等行业应用相对较多，在建筑供电中应用较少。

（3）重复接地

在 TN 系统中，为提高安全程度应当采用重复接地：在架空线的干线和分支线的终端及沿线每一公里处；电缆或架空线在引入车间或大型建筑物处。以 TN-C 系统为例，如图 7—33 所示。在没有重复接地的情况下，在 PE 或 PEN 线发生断线并有设备发生一相接地故障时，接在断线后面的所有设备的外露可导电部分都将呈现接近于相电压的对地电压，即 UE=UΦ，这是很危险的。如果进行了重复接地，如图 7—34 所示，则在发生同样故障时，断线后面的 PE 线或 PEN 线的对地电压 U′E=IER′E。假设电源中性点接地电阻 RE 与重复接地电阻 RE′相等。则断线后面一段 PE 线或 PEN 线的对地电压 UE=UΦ / 2，其危险程度大大降低。当然实际上由于 RE′>RE，故 U′E>UΦ / 2，对人还是有危险的，因此，PE 线或 PEN 线的断线故障应尽量避免。施工时，一定要保证 PE 线和 PEN 线的安装质量。运行中也要特别注意对 PE 线和 PEN 线状况的检视，根据同样的理由，PE 线和 PEN 线上是不允许装设开关或熔断器。

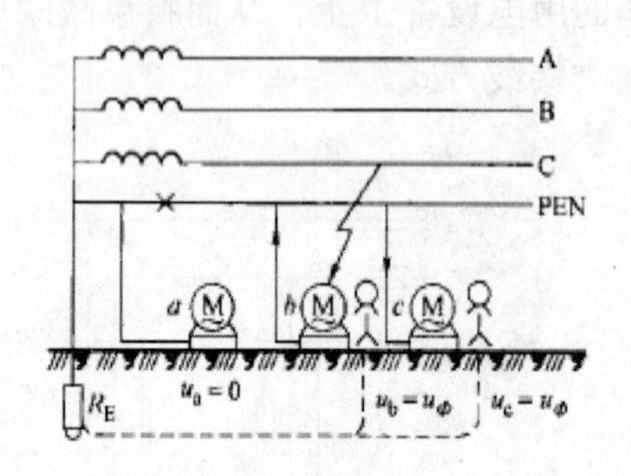

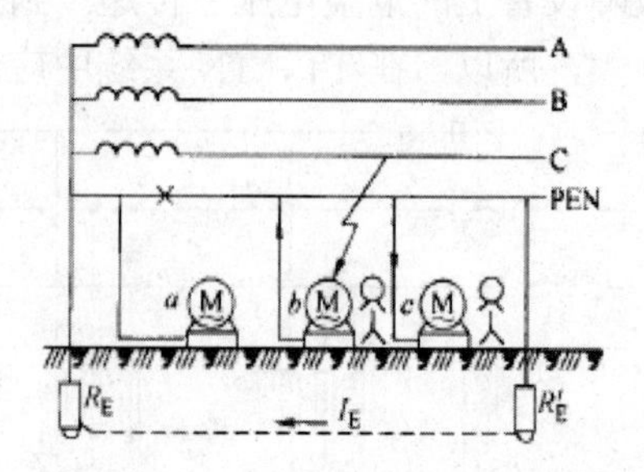

图 7—33 无重复接地时中性线断裂的情况　　图 7—34 有重复接地时中性线断裂的情况

（4）等电位联接

等电位连接是使电气装置各外露可导电部分和装置外可导电部分电位基本相等的一种电气联结措施。采用接地故障保护时，在建筑物内应作总等电位联结，当电气装置或其某一部分的接地故障保护不能满足规定要求时，尚应在局部范围内做局部等电位联结。

总等电位联结是在建筑物进线处，将 PE 线或 PEN 线与电气装置接地干线、建筑物内的各种金属管道（如水管、煤气管、采暖空调管道等）以及建筑物金属构件等部接向总等电位联结端子，使它们都具有基本相等的电位，见图 7—35 中 MEB。

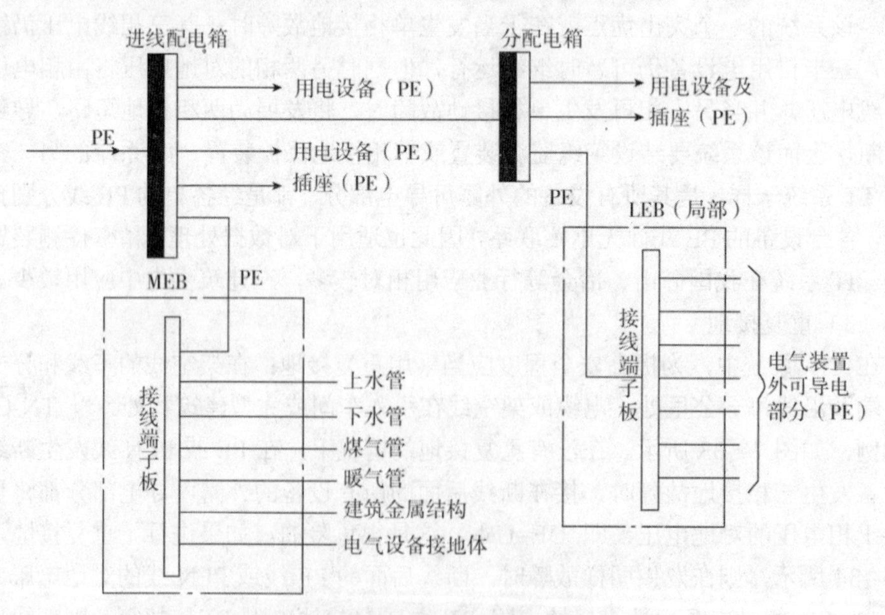

图 7—35 总等电位联结和局部等电位联结

MEB-总等电位联结；LEB-局部等电位联结

局部等电位联结义称辅助等电位联结。是在远离总等电位联结处、非常潮湿、触电危险性大的局部地域内进行的等电位联结．作为总等电位联结的一种补充，见图 7—35 中 LEB。通常在容易触电的浴室及安全要求极高的胸腔手术室等地，宜作局部等电位联结。

等电位联结是接地故障保护的一项重要安全措施。实施等电位联结能大大降低接触电压（是指电气设备的绝缘损坏时，人的身体可同时触及的两部分之间的电位差），在保证人身安全和防止电气火灾方面有十分重要的意义。

第5讲　人体触电的防护知识

一、触电的危害及类型

人身一旦接触带电导体或电气设备的金属外壳（冈绝缘损坏而带电的）时，将会有电流通过人体，从而造成触电事故，严重时（当通过人体的电流值达到危险值时）甚至导致人身伤亡。

人体触电通常分为两种；一种是人体触及带电体。使电流通过身体发生触电。称为电击，又称为内伤；另一种是操作人员带重负荷拉闸时，在开关处产生强烈的电弧，使电弧烧伤人体皮肤，称为电伤，义叫外伤。当烧伤面积不大时，电伤通常不至于生命危险。而电击则是最危险的一种。在高压电的触电事故中。上述两种情况都存在，而对于低压来讲，主要是指电击。

二、安全电流、安全电压

安全电流是指人体触电后最大的摆脱电流。电击触电的危害程度决定于通过人体电流的大小及通电时间的长短。我国一般取30mA（50Hz交流）为安全电流值，也就是人体触电后最大的摆脱电流30mA（50Hz），但通电时间不超过1s，所以这安全电流也称30mA·s。如果通过人体电流不超过30mA·s时，不致引起心室纤维性颤动和器质性损伤，所以对人身机体不会有损伤；但如果通过人体电流达到50mA·s时，对人就有致命危险；而达到100mA·s“致命电流”时，一般要致人死命。

安全电压，是指不致使人直接致死或致残的电压。我国根据具体环境条件的不同，常用的安全电压有三个电压等级。12V、24V、36V，一般情况下空气干燥、工作条件好时为36V；较潮湿的环境下为24V；潮湿环境下为12V或更低。所以应该注意，安全电压是一个相对的概念，某一种工作环境中的安全电压，在另一种工作环境中可能不冉是安全的。

实际上，从电气安全的角度来说。安全电压与人体电阻是有关系的，而人体电阻的大小又与皮肤表面的干、湿程度、接触电压有关，从人身安全的角度考虑，取人体电阻的下限1700[2，根据人体可以承受的电流值30mA，可以用欧姆定律求出安全电压值。即

$$U_{saf}=30\text{mA}\times1700\,\Omega\approx50\text{V}$$

这50V（50Hz）称为一般正常环境下允许持续接触的“安全特低电压”。

三、防止触电、保证电气安全的措施

为确保用电安全，防止触电事故的发生，除了必须加强电气安全教育和建立完善的安全管理体制外，还需要在电气装置中采取相应有效的防护措施，这些措施包括：直接触电防护和间接触电防护两类。

（1）直接触电防护。这是指对直接接触正常带电部分的防护。直接触电防护可根据工作环境的不同，采取超低压供电。根据安全电压等级，一般要求相间电压小于或等于 50V，如在有触电危险的场所使用的手持式电动工具，采用 50V 以下的电源供电；在矿井或多粉尘场所使用的行灯，采用 36V 电源；对使用中有可能偶然接触裸露带电体的设备采用 24V 电源；用于水下或金属炉膛内的电动工具及照明设备，则采用 12V 电源。对不能采取超低压供电，而人体又可能接触到的带电设备，则对该设备加隔离栅栏或加保护罩等。

（2）间接触电防护。这是指对故障时可带危险电压而正常时不带电的设备外露可导电部分（如金属外壳、框架等）的防护。例如采取适当的接地或接零保护措施，即将正常时不带电的外露可导电部分接地，并根据需要选择适当型号和参数的漏电保护器与低压配电系统的接地或接零保护配合使，防止各种故障情况下出现人身伤亡或设备损坏事故的发生，使低压配电系统更加安全可靠地运行。

施工现场所有用电设备，必须在设备负荷线的首端处设置漏电保护器。漏电保护器应装设在配电箱电源隔离开关的负荷侧和开关箱电源隔离开关的负荷侧。

需要注意的问题是，漏电保护器也有它的局限性。当相线之间，相线和零线之间发生短路、漏电（包括人体双相触电）时保护器并不动作，只有当相线和地之间有短路、漏电（包括人身单相触电）时才动作。所以装了保护器也不能掉以轻心，放松警惕。另外，在潮湿、高温、多尘、有腐蚀气体、激烈振动的场所使用时要采取保护措施，要不断检查保护器是否工作正常。

第 6 讲　机械设备现场防雷的要求

施工现场内的起重机、井字架、龙门架等机械设备，以及钢脚手架和正在施工的在建工程等的金属结构，当在相邻建筑物、构筑物等设施的防雷装置接闪器的保护范围以外时，应按规范规定安装防雷装置。当最高机械设备上避雷针（接闪器）的保护范同能覆盖其他设备，且又最后退出现场，则其他设备可不设防雷装置，详见表 7—4。

表 7—4　施工现场内机械设备及高架设施需安装防雷装置的规定

地区平均雷暴日 T（d）	机械设备高度（m）
$T \leqslant 15$	≥50
$15 < T < 40$	≥32
$40 \leqslant T < 90$	≥20
≥90 及雷害特别严重地区	≥12

机械设备或设施的防雷引下线可利用该设备或设施的金属结构体，但应保证电气连接。

机械设备上的避雷针（接闪器）长度应为 1～2m，塔式起重机可不另设避雷针（接闪器）。

安装避雷针（接闪器）的机械设备，所有固定的动力、控制、照明、信号及通信线路。宜采用钢管敷设。钢管与该机械设备的金属结构体应做电气连接。

施工现场内所有防雷装置的冲击接地电阻值不得大于 30Ω。

做防雷接地机械上的电气设备，所连接的 PE 线必须同时做重复接地，同一台机械电气设备的重复接地和机械的防雷接地可共用同一接地体，但接地电阻应符合重复接地电阻值的要求。

第 7 讲　电气火灾和电气爆炸

一、电气火灾和爆炸的原因

电气事故不但能造成人员伤亡，设备损坏,还会造成火灾（称次生灾害），有时火灾的损失比起电气事故的直接损失要大得多。电气设备在运行中产生的热量和电火花或电弧是引起火灾和爆炸的直接原因。线路、开关保险丝、照明器具、电动机、电炉等设备均可能引起火灾。电力变压器、互感器、电力电容器和断路器等设备除能引起火灾外还会产生爆炸。我们举一个例子，电动机通过橡胶皮带拖动机器时，皮带和轮子之间有相对滑动（重摩擦），使皮带带负电而轮子带正电。负电荷经皮带传送到电动机壳上，使壳上的静电荷越积越多，电位越来越高（设电机对大地绝缘），最后导致机壳和电机线圈之间放电而造成火灾。这种情况只要把机壳接地就可以防止。

二、预防和扑救

预防电气火灾和爆炸的具体措施很多，通常的措施有：

（1）选用绝缘强度合格、防护方式、通风方式合乎要求的电气设备。

（2）严格执行安装标准，保证安装质量。

（3）控制设备和导线的负荷，经常检查它们的温度。

（4）合理使用设备，防止人为地造成设备及导线的机械损伤、漏电、短路、通风道的堵塞、防护装置的损坏等。

（5）导线的接点要接触良好，以防过热。铜、铝导线连接时应防止电化腐蚀。

（6）消除有害的静电。

（7）万一发生了火灾，应尽量断电灭火。断电时应注意下面几点：

1）起火后由于受潮或烟熏，开关的绝缘电阻下降，拉闸时最好用绝缘工具。

2）高压侧应断开油断路器，一定不能先断开隔离开关。

3）断电的范围要适当，要保留救火需要的电源。

4）剪断电线时，一次只能断一根，并且不同相电线应在不同的部位剪断，以免造成短路。剪断架空线时，剪断位置应选择在电源方向的支持物附近，防止断落的导线掉下来造成接地短路和触电事故。

（8）不得不带电灭火时，下面的事项应予以注意：

1）按火情选用灭火机的种类。二氧化碳、四氯化碳、二氟一氯、一溴甲烷（1211）、二氟二溴甲烷或干粉灭火机的灭火剂都是不导电的，可用于带电灭火。泡沫灭火机的灭火剂（水溶液）有一定导电性，且对电气设备的绝缘有影响，故不宜使用。

2）防止电通过水流伤害人体。用水灭火时，电能通过水枪的水柱、地上的水流、潮湿的物体使人触电。应让灭火人员穿戴绝缘手套、绝缘靴或均压服，把水枪喷嘴接地，使用喷雾水枪等。

3）人体与带电体之间要保持一定距离。水枪喷嘴至带电体（110kV 以下）的距离不小于 3m。灭火机的喷嘴机体和带电体的距离，10kV 不小于 0．4m，35kV 不小于 0.6m。

4）对架空线路等架空设备进行灭火时，人体和带电体间连线与地平面的夹角不应超过 45°。以免导线断落危及灭火人员的安全。

5）如有带电导线落到地面，要划出一定的警戒区，防止有人触及或跨步电压伤人。

第 5 单元　常用建筑机械安全用电要求

第 1 讲　建筑机械安全用电的一般规定

施工现场中电动建筑机械和手持式电动工具的选购、使用、检查和维修应遵守下列规定：

（1）选购的电动建筑机械、手持式电动工具及其用电安全装置符合相应的国家现行有关强制性标准的规定，且具有产品合格证和使用说明书；

（2）建立和执行专人专机负责制，并定期检查和维修保养；

（3）接地要按规范要求，运行时产生振动的设备的金属基座、外壳与 PE 线的连接点不少于 2 处；

（4）按使用说明书使用、检查、维修。

塔式起重机、外用电梯、滑升模板的金属操作平台及需要设置避雷装置的物料提升机，除应连接 PE 线外，还应做重复接地。设备的金属结构构件之间应保证电气连接。

手持式电动工具中的塑料外壳Ⅱ类工具和一般场所手持式电动工具中的Ⅲ类工具可不连接地线。

电动建筑机械和手持式电动工具的负荷线应按其计算负荷选用无接头的橡皮护

套铜芯软电缆，其性能应符合现行国家标准《额定电压 450 / 750V 及以下橡皮绝缘电缆》GB5013 中第 1 部分（一般要求）和第 4 部分（软线和软电缆）的要求。电缆芯线数应根据负荷及其控制电器的相数和线数确定：三相四线时，应选用五芯电缆；三相二线时，应选用四芯电缆；当三相用电设备中配置有单相用电器具时，应选用五芯电缆；单相二线时，应选用三芯电缆。电缆芯线应符合规范规定，其中 PE 线应采用绿 / 黄双色绝缘导线。

每一台电动建筑机械或手持式电动工具的开关箱内，除应装设过载、短路、漏电保护电器外。还应按规范要求装设隔离开关或具有可见分断点的断路器，以及按照规范要求装设控制装置。正、反向运转控制装置中的控制电器应采用接触器、继电器等自动控制电器。不得采用手动双向转换开关作为控制电器。

第 2 讲　起重机械安全用电的要求

塔式起重机的电气设备应符合现行国家标准《塔式起重机安全规程》（GB5144-2006）中的要求。

（1）塔式起重机应按规范要求做重复接地和防雷接地。

轨道式塔式起重机接地装置的设置应符合下列要求：

①轨道两端各设一组接地装置；

②轨道的接头处作电气连接，两条轨道端部做环形电气连接；

③较长轨道每隔不大于 30m 加一组接地装置。

（2）塔式起重机与外电线路的安全距离应符合规范要求。

（3）轨道式塔式起重机的电缆不得拖地行走。

（4）需要夜间工作的塔式起重机。应设置正对工作面的投光灯。

（5）塔身高于 30m 的塔式起重机，应在塔顶和臂架端部设红色信号灯。

（6）在强电磁波源附近工作的塔式起重机，操作人员应戴绝缘手套和穿绝缘鞋，并应在吊钩与机体间采取绝缘隔离措施，或在吊钩吊装地面物体时，在吊钩上挂接临时接地装置。

（7）外用电梯梯笼内、外均应安装紧急停止开关。

（8）外用电梯和物料提升机的上、下极限位置应设置限位开关。

（9）外用电梯和物料提升机在每日工作前必须对行程开关、限位开关、紧急停止开关、驱动机构和制动器等进行空载检查，正常后方可使用。检查时必须有防坠落措施。

第 3 讲　桩工机械安全用电的要求

潜水式钻孔机电机的密封性能应符合现行国家标准《外壳防护等级（IP 代码）》

（GB4208-2008）中的IP68级的规定。

潜水电机的负荷线应采用防水橡皮护套铜芯软电缆，长度不应小于1.5m，且不得承受外力。

潜水式钻孔机开关箱中的漏电保护器必须符合规范对潮湿场所选用漏电保护器的要求。

第4讲 夯土机械安全用电的要求

夯土机械开关箱中的漏电保护器必须符合规范对潮湿场所选用漏电保护器的要求。夯土机械PE线的连接点不得少于2处。夯土机械的负荷线应采用耐气候型橡皮护套铜芯软电缆。

使用夯土机械必须按规定穿戴绝缘用品，使用过程应有专人调整电缆，电缆长度不应大于50m。电缆严禁缠绕、扭结和被夯土机械跨越。

多台夯土机械并列工作时，其间距不得小于5m；前后工作时，其间距不得小于10m。

夯土机械的操作扶手必须绝缘。

第5讲 焊接机械安全用电的要求

电焊机械应放置在防雨、干燥和通风良好的地方。焊接现场不得有易燃、易爆物品。

交流弧焊机变压器的一次侧电源线长度不应大于5m，其电源进线处必须设置防护罩。发电机式直流电焊机的换向器应经常检查和维护，应消除可能产生的异常电火花。

电焊机械开关箱中的漏电保护器必须符合规范的要求。交流电焊机械应配装防二次侧触电保护器。

电焊机械的二次线应采用防水橡皮护套铜芯软电缆，电缆长度不应大于30m，不得采用金属构件或结构钢筋代替二次线的地线。

使用电焊机械焊接时必须穿戴防护用品。严禁露天冒雨从事电焊作业。

第6讲 其他电动建筑机械安全用电的要求

空气湿度小于75%的一般场所可选用Ⅰ类或Ⅱ类手持式电动工具，其金属外壳与PE线的连接点不得少于2处；除塑料外壳Ⅱ类工具外，相关开关箱中漏电保护器的额定漏电动作电流不应大于15mA，额定漏电动作时间不应大于0.1s，其负荷线插头应具备专用的保护触头。所用插座和插头在结构上应保持一致，避免导电触头和保护触头混用。

在潮湿场所或金属构架上操作时，必须选用Ⅱ类或由安全隔离变压器供电的Ⅲ类手持式电动工具。金属外壳Ⅱ类手持式电动工具使用时，必须符合规范要求，其开关箱和控制箱应设置在作业场所外面。在潮湿场所或金属构架上严禁使用Ⅰ类手持式电动工具。

其他电动建筑机械，如混凝土搅拌机、插入式振动器、平板振动器、地面抹光机、水磨石机、钢筋加工机械、木工机械、盾构机械、水泵等设备的漏电保护应符合开关箱中漏电保护器的额定漏电动作电流不应大于 30mA，额定漏电动作时间不应大于 0.1s。使用于潮湿或有腐蚀介质场所的漏电保护器应采用防溅型产品，其额定漏电动作电流不应大于 15mA，额定漏电动作时间不应大于 0.1s。

混凝土搅拌机、插入式振动器、平板振动器、地面抹光机、水磨石机、钢筋加工机械、木工机械、盾构机械的负荷线必须采用耐气候型橡皮护套铜芯软电缆，并不得有任何破损和接头。

水泵的负荷线必须采用防水橡皮护套铜芯软电缆，严禁有任何破损和接头，并不得承受任何外力。

盾构机械的负荷线必须固定牢固，距地高度不得小于 2.5m。

对混凝土搅拌机、钢筋加工机械、木工机械、盾构机械等设备进行清理、检查、维修时，必须首先将其开关箱分闸断电，呈现可见电源分断点，并关门上锁。

参 考 文 献

[1] 中华人民共和国住房和城乡建设部. 建筑与市政工程施工现场专业人员职业标准（JGJ/T 250-2011）[S]. 北京：中国建筑工业出版社，2011.

[2] 曹德雄等. 机械员. [M]. 北京：中国建筑工业出版社，2016.

[3] 本书编委会. 建筑施工手册 [M]. 5 版. 北京：中国建筑工业出版社，2012.

[4] 江苏省建设教育协会. 机械员专业管理实务 [M]. 北京：中国建筑工业出版社，2014.

[5] 中华人民共和国住房和城乡建设部. 混凝土结构工程施工规范（GB 50666-201 [S]. 北京：中国建筑工业出版社，2011.

[6] 本书编委会. 新版建筑工程施工质量验收规范汇编 [M]. 3 版. 北京：中国建筑工业出版社，2014.

编辑部 010-88386119

出版咨询 010-68343948

市场销售 010-68001605

门市销售 010-88386906

邮箱：jccbs-zbs@163.com　　网址：www.jccbs.com.cn